启真馆 出品

人造皮革史

FAUX REAL: GENUINE LEATHER AND 200 YEARS OF INSPIRED FAKES

真与伪

[美] 罗伯特·卡尼格尔 (Robert Kanigel) —— 著

卢 忱 —— 译

浙江大学出版社·杭州

ZHEJIANG UNIVERSITY PRESS

图书在版编目（CIP）数据

人造皮革史：真与伪 / （美）罗伯特·卡尼格尔著；卢忱译. -- 杭州：浙江大学出版社，2025.8. --（启真·科学）. -- ISBN 978-7-308-26413-6

Ⅰ. TS565-091

中国国家版本馆CIP数据核字第2025W6V554号

浙江省版权局著作权合同登记图字：11—2025—265

人造皮革史：真与伪

［美］罗伯特·卡尼格尔 著 卢忱 译

责任编辑	聂 瑶
责任校对	汪 潇
装帧设计	林吴航
出版发行	浙江大学出版社
	（杭州市天目山路 148 号 邮政编码 310007）
	（网址：http://www.zjupress.com）
排　　版	北京楠竹文化发展有限公司
印　　刷	北京中科印刷有限公司
开　　本	880mm×1230mm　1/32
印　　张	11.75
字　　数	280 千
版 印 次	2025 年 8 月第 1 版　2025 年 8 月第 1 次印刷
书　　号	ISBN 978-7-308-26413-6
定　　价	85.00 元

一个小房间，但无处不在

目　录

第一部分　仿不可仿之物

第二部分　受到启发的假货

第一部分　仿不可仿之物

第一章　材料世界

1963 年，一群人为这个世界贡献了一种新材料。

在这背后并没有单枪匹马的创业英雄或油嘴滑舌的销售人员，这背后是他们——一群像约翰尼·皮卡德（Jonny Piccard）这样的人。约翰尼·皮卡德是名年轻的化学家，美国早期高空热气球家族的后代，他很有想法，其深沉的嗓音曾在实验站的大厅里回响。查尔斯·林奇[①]，那个长相稚嫩的市场总监，之前在底特律卖乙烯基塑料，后被杜邦挖了过来。还有比尔·劳森（Bill Lawson），二战时在德国领空开过 B-17 轰炸机，现在负责将新材料推广给美国商店和家庭。

他们手中的材料没有任何原始人碰过，欧洲皇室也没穿过。无论在阿巴拉契亚乱石丛生的山路旁，还是在亚马孙丛林的树冠上方，抑或是在西伯利亚矿藏的深处都寻不见它的影踪。它不是钢铁，不是铜，亦非石头。它不是丝绸，不是亚麻、皮子，也不是木头。那些都是古老的、为人熟知的材料，是俗语里常出现的东西：丝般顺滑，铁一般的意志，快马加鞭。[②]

[①] 此处原文为 Charlie Lynch，Charlie 是 Charles 的昵称，为保持全文人名统一，故此处改为查尔斯·林奇。——编者注

[②] hell bent for leather 亦作 hell for leather，最早出现于 19 世纪美国，原意为骑快马，后引申为快速，有坚决之意。这里的 leather 原指马鞍或马鞭。——译者注

　　这个新材料经数年研发，是成百上千人创意和技术的结晶。它号称具有之前的材料从未具备的特性，并承诺将融入百万人的生活。听杜邦说——正是"他们"创造了这个新材料——它将使人们的生活更美好。

3　　那是 1963 年的 10 月，在纽约的希尔顿大酒店，比尔·劳森站在数十个商业、消费和时尚出版物的记者面前。他说他在此"庆祝一个时代的到来，这将是一个全新的化工创新材料的时代"。劳森，化学工程师，45 岁，毕业于康奈尔大学，1949 年进入杜邦后一路高升。他瘦削整洁，身高 1.89 米上下，是个狂热的汽车发烧友，在乡间有一间停满了汽车的仓房。他说他会尽量"保持适当的克制"，但仍希望大家能够谅解他可能流露出的"过分狂热"。他说，"我们今天宣布，一个久已有之的梦想实现了。追逐这一梦想，对我们以及我们之前的一个又一个团队来说，就如化学家的《天路历程》（*Pilgrim's Progress*）一般"。劳森将新材料的开发与 17 世纪约翰·班扬（John Bunyan）的经典寓言相比，劳森把杜邦的努力比作一位贤者终其一生的朝圣之旅。

　　从时代精神上来讲，1963 年更接近呼啦圈而不是嬉皮士的情爱珠（love beads）的年代。回望过去，这之后，肯尼迪于 11 月遇刺，披头士风靡美国，贝蒂·弗里丹（Betty Friedan）出版了《女性的奥秘》（*The Feminine Mystique*），美国陷入东南亚的战争泥潭，这些事件被看作美国当代史的分水岭，代表了真正的"60 年代"，对其的质疑和反抗都发生在此刻之后。20 世纪 60 年代的前几年更接近 20 世纪 50 年代的氛围，更多反映的是 1939 年福特汽车在世博会上的未来世界展览代表的技术繁荣，而不是由越战的伤亡数字酝酿出的愤世嫉俗。1963 年，为了纪念美国西部开发，圣路易斯在密西西比河上横架起了一个弧形拱门。在纽约，世贸中心双子塔拔地而起。

比尔·劳森在时代节点的另一端宣布新材料的诞生。那时候，有了神奇产品会主要面向充满渴望的、有意愿接受新鲜事物的大众做宣传。工程师们成了技术上的前卫和先锋。肯尼迪总统在 1961 年宣布将登月计划作为国家目标，这点燃了人们的好奇心。那时人类登月还只是对未来的展望，尚未定格成为从外太空传送回来的颗粒感强烈的黑白视频图像。在如此光明灿烂的技术背景下，劳森和杜邦赐予世界的是这样一种新材料，它将无处不在，如同黏土之于碗碟、纸张之于书本、尼龙之于丝袜。他的宣告语以及杜邦的整个活动都散发出一种雪白冰冷的必然性之光。

1963 年的那一天，在纽约希尔顿酒店，比尔·劳森描述了 25 年研究的成果。杜邦的新产品被命名为科芬（Corfam），它被认为将取代皮革。

§ §

皮革的历史和人类历史一样久远，它的早期应用可在埃及壁画和《圣经》中找到证据。皮革是自然和真实的标志，是奢华的象征。它的气味和触感能挑起原始的感官愉悦。某个英国人曾形容它"是具有奇妙结构和美感的自然产物"。科学家对其表面纹理之下怪异复杂的纤维分布啧啧称奇。狄德罗和达朗贝尔在《百科全书》中花费一卷的篇幅来描述 1760 年前后在皮革制造和使用过程中所需的工具。书中的专业词汇被用来记录无数的皮革变体：科尔多瓦皮革由马革制成；麂皮是经油鞣加工而成的柔软羊皮；鲨革（Shagreen）是磨蚀过的鲨鱼皮；摩洛哥皮是来自北非的红山羊皮。将皮革染黑、裁减、塑形成一件饰有拉链、皮带和皮带扣的皮衣，然后把它搭在电影《飞车党》（*The Wild One*）里马龙·白兰度（Marlon Brando）的肩头，就有了青春反叛的永恒宣言。把它做成小牛皮包裹的细高跟靴子，就有了满分的恋物对象。把它缠到木头楦子上固定住，鞋匠就会狂热地赞颂它的美德。皮革能激发最高级的表述。皮革优雅地变老，随着时间的推移愈发美丽。"没有什么能比得上皮革"，这是每一个自重的硝皮匠都会默念的咒语。

但在 1961 年 10 月的一个星期五的晚上，弗莱德·欧弗拉赫提（Fred O'Flaherty）来到马萨诸塞州的塞勒姆。他说也许有样东西和皮革类似，这东西会威胁到皮革这个古老的材料以及加工皮革的人们。

欧弗拉赫提在皮革界是长老一般的人物。他参加过一战，获得过兽医和医学学位，还是制革公会实验室的负责人。他毕生都致力于帮助制革匠制造出更优质的皮革。一路走来，他拿到了这个领域里所有的奖项。欧弗拉赫提通晓牛皮，就好像了解自己的皮肤一般。他是个鲜有废话的美国中西部人，但有时一时兴起也会滔滔不绝，他会告诉你他从没遇见过不爱皮革的人。当时已经 68 岁的他来到了马萨诸塞州塞勒姆的霍桑饭店（Hawthorne Hotel）。此时的塞勒姆早已不是臭名昭著的审判女巫之地，它连同临近的皮博迪（Peabody）已成为新英格兰地区皮革和制鞋业的中心。其时正是新英格兰制革协会（New England Tanners Club）年会的开幕式，欧弗拉赫提则是主讲嘉宾。在财务汇报以及新官员任命之后，大会介绍了欧弗拉赫提，他演讲的题目是《入侵制革业》（"The Invasion of the Tanning Industry"）。

"入侵"（to invade）在字典里的解释是"以征服和掠夺为目的的侵犯和扩张"。欧弗拉赫提说，这正是制革匠们面临的境况，即"制革匠们共同的敌人——皮革替代品"，那些看起来像皮革，可以当皮革用，却不是皮革的东西。那时的美国，10 双鞋里就有 7 双鞋的鞋底不是皮质，而是由非皮的合成物制成的，如耐欧莱特（Neolite），一种类似天然橡胶的材料。鞋底之争中，皮革业早就输了。而现在，鞋面——展现鞋子时尚的那一面，人们会把它擦亮的那一面，给世界留下第一印象的那一面，能衬托出舞者纤细的脚踝，让人显得认真、成功、重要的那一面——可能也要由非皮革材料制成了。

20多年来，欧弗拉赫提一直在提醒大家来自合成材料的威胁。二战前，当固特异（Goodyear）公司造出耐欧莱特时，欧弗拉赫提拿到一些样品并警告过制革公会。但在那时，正如欧弗拉赫提后来回忆的那样，制革匠们手头的每块皮子都卖得出去，因此没人能听得进他的警告。二战结束时，耐欧莱特已经牢牢地站稳了脚跟。到1960年，每年有4亿双鞋的鞋底由耐欧莱特制成，而那些专注于鞋底用皮的老牌子——美国橡树（American Oak）、泽勒斯（Zellers）和劳布（Laub）——已被赶出局。而欧弗拉赫提的警告发出一年多之后，制革匠们面临着一个新的威胁，一种可以被用来制造鞋面——鞋面在制革业里所占比重最大——的材料，即便是与皮革打交道的老手也很难区分真皮和这种新材料。

"这已是老生常谈了"，他提醒塞勒姆的听众们，"杜邦生产的一种材料"——这材料还没有名字——"给鞋面制革匠带来了真正的威胁"。他警告说，杜邦生产的新材料和其他种类的合成材料"都处在研发阶段，就像不到10年前的耐欧莱特"。在讨论环节中，欧弗拉赫提搜出了旅行装的皮革替代样品，其中一个就是用杜邦的新材料做的鞋。

从20世纪50年代末到1963年科芬面世，其间的情况一直如此：贸易展上谣言四起，大会分组讨论，制革匠们捶胸顿足，对灾难的预言穿插着对冷静的号召。期待。畏惧。一种因即将到来的伟大时刻而产生的狂热情绪。

1960 年，一个似乎是缓刑宣判的消息从杜邦在特拉华州威尔明顿（Wilmington）的总部传来。据悉，"那种革命性的鞋面新材料还要等两年半才能上市"；它的名字还不确定，叫"卡瓦隆"（Cavalon）或是"多琳"（Dolyn）都有可能。

接着，一则谣言传来，一家制鞋厂商供给美国海军的男式牛津鞋"全部为非皮材质，这批用来进行耐磨实验的鞋子都由杜邦的新材料制成"。

1961 年 11 月，位于密尔沃基市（Milwaukee）的美国制革公会（The Tanners Council of America）得到的消息称，杜邦的新材料"远超迄今为止所有的皮革替代合成材料"。

因此，到了 1963 年 4 月，当杜邦的新合成材料如席卷美国东海岸的飓风一般被跟踪报道时，这个来自威尔明顿的消息自然引发了人们不小的兴趣，足以登上《鞋靴记录》（*Boot and Shoe Recorder*）的头条："杜邦鞋面新材料：科芬。"

假若你身处当时的皮革业，你是逃不开科芬的，无论是它带来的威胁还是它暗示的革命。《皮与鞋》（*Leather and Shoes*）以电报体记录了科芬的到来："杜邦材料再次得分……杜邦鞋面新材料势头强劲。"《鞋靴记录》召集了 60 名制革业高管，询问他们"最大的挑战来自哪里"——人造鞋面材料。格雷斯公司（W. R. Grace）的一个部门曾经收集了剪报和非皮替代品的专利，并衡量其自产的合成鞋面，将其汇编成一份报告，即《制革业与人造皮》（"The Tanning Industry and Artificial Leather"），报告内容主要就在讲科芬。

1962 年，杜邦的一名执行官威廉·E. 克罗伊尔（William E. Kreuer）现身特拉华谷制革协会（Delaware Valley Tanners Club）。他的出现使参会者的数量比以往增加了一倍，多达 200 人。头一次，杜邦胆敢出现在制革匠和制革供应商面前。克罗伊尔承认，协会邀请他出席"就好像让赫鲁晓夫在哥伦布骑士团面前演讲一般"。最后，克罗伊尔和销售经理查尔斯·林奇一起展示了用新材料制作的男鞋、女鞋和童鞋。一则报道描述道，制革匠们围拢在鞋子周围，"像圣诞早晨兴奋的小孩一样"，搓搓、揉揉、捏捏、闻闻。

"不赖。"一位制革匠说。

"像塑料。"另一位说。

"不，像皮子。"第三位制革匠说，他的声音据说听起来"有点失落"。

科芬面世后不久，在 1963 年的美国皮革业年会上，制革匠们受到了一个广告经理的训斥：

> 你们那神圣的牛崇拜和极端保守的产业规划没有任何理由让你们乐观起来……你们这个产业在技术上没有大的进步，整体上落伍了。与其他行业相比，你们投入科研的经费在销售额中所占比例很小。你们没有开拓新科学版图的意愿……你们的纵容使得你们的竞争对手在人造皮方面取得了巨大的进步。你们的行业中居然还有人试图祈祷人造皮消失。

制革匠们好似请了个施虐女王，不留情面地公然羞辱他们。

20 世纪 60 年代的头几年对制革业来说是士气大跌的几年。如一份行业刊物所言，"美国最大的化工生产商的公关部门"在合成材料引介方面的工作非常出色，制革老手们在科芬身上发现了"他们中最乐观的制作者也不敢奢望的性能"。制革匠们沉浸在哀叹和自怜中不能自拔。"是时候了"，那篇文章说，"这个行业不能再充当自己葬礼的抬棺人了"。

　　间或，也有人在尽力驱散悲观的情绪。他们说，毕竟在这个世界上还有 3/4 的人不曾拥有一双皮鞋。全球范围内人们的生活水平在提升，皮革业会由此受益。羊毛业在合成纤维的冲击下依然存活下来，且有了蓬勃的发展。棉和丝绸行业也差不多。皮革也将如此。一位行业杂志的编辑带着一则好消息参与到对制革业的评估中："正当制革匠们一想到合成革就躲在皮毛下瑟瑟发抖时，时尚圈却带来了一百八十度的大转机，他们宣布自然的造型才会在大众中流行……非合成的皮革造型才是自然的皮革造型。"

　　为皮革辩护的人抓住皮革和其独一无二的特性不放。科芬面世时，另一本行业杂志评论道："现代社会已经见证过很多新的'奇迹纤维'，但最重要的是，这些奇迹纤维中最神奇的依旧是最古老的纤维——皮革。皮革的神奇之处在于，尽管科学家和化学家对其进行着不懈的研究，它那复杂而又迷人的结构却始终披着神秘的面纱。"

　　杜邦的新材料在特拉华州震惊四座的几个月后，一位制革业从业人员、一家制革厂的副总裁亚瑟·J. 埃德尔曼（Arthur J. Edelman）对着制革匠发表了一通振奋人心的演讲，他宣称："我爱皮革。"制革业必须灵活起来。"打败合成革，"他说，"孩子们想要运动鞋，好，就给他们造皮质运动鞋。"

　　"我们不能认输，"制革公会主席在密尔沃基对台下的 500 位制革匠说，"我们也不能效仿我们的仿造者。"

　　这些鼓舞士气的啦啦队口号更像是出自一支对阵洋基队的垫底球队之口，但他们还是想尽力一搏。1963 年，来自新泽西的一位制革匠在芝加哥的零售研讨会上对着鞋类推销员大谈皮革的长处。他概括了制革的原理，强调皮革的优点，甚至还搬出了一位足病医生来警告合成革的危险。他说"所有塑料制品以及一切模拟自然的材料"都无法与自然媲美。他警告说，新发现的皮肤疾病有可能与非皮质鞋类有关。

"什么也比不过皮子"，美国制革业宣称，彼时他们的广告花费已增加了两倍。他们警告消费者说，脚上不穿皮会有危险。"不用说，还是皮子更好，"1963 年《生活》杂志 9 月刊的一则广告标题说，"这就是为什么他们要模仿皮革。"

> 数一数真皮鞋的好：它们自然透气、柔韧性好、吸湿降温、不变形，这些都是仿造品要模仿的。
>
> 为什么还要选择仿造品？！真皮鞋就能满足你全家内心深处对安全和舒适的渴求——不费吹灰之力。

然而，皮革已是过去的产物。1963 年科芬横空出世，第二年初就在《服饰与美容》（Vogue）和《世界时装之苑》（Elle）杂志上刊登了 4 页全彩广告。它出现在电视里，出现在大城市百货商店的广告里，出现在纽约世界博览会上。杜邦要传达的信息很简单：它在邀请公众迈向明天。

§ §

将干燥的吸水性材料如硅胶置于一个小容器中，其质量维持在 1 毫克上下。在瓶颈处覆盖一层科芬薄膜，将胶体与外界隔开——除了能穿过薄膜的物质以外。将此实验装置放在高湿度的温控箱内。几个钟头后打开容器称胶体重量，会发现胶体增重并变潮湿了。化学家测量的是"水汽渗透性"。这是大家对鞋子的要求，尤其在炎热的夏日里。

科芬"会呼吸"。乙烯基塑料不能，皮革能。

科芬能像皮革一般呼吸。

科芬看起来像皮革，它有皮革特有的纹理，它通常被用在需要使用皮革的产品上。与皮革不同，它身上没有"充血的血管"穿过，没有毛发刺出。像塑料一样，它脱胎于从地层深处泵出的石油，化身为聚酯、聚氨酯，经熔化、旋转脱水、纺织、收缩、穿刺或精确控制的化学处理和机械处理。科芬不是破烂的塑料。制造科芬的每一步都有专利护航。比如制造密实的纤维面以模仿皮革内里，在水中凝结一层聚氨酯薄膜以形成微小的毛孔。这种材料的样品被制成鞋子供护士、社区巡警和街边打闹的孩子们试穿。为了打造科芬，杜邦倾注了价值几百万美元的实验和营销的心血。杜邦最杰出的化工发明——尼龙，在被杜邦发明之前并不存在，然而这个奇迹的出现永久改变了现代生活。同样地，科芬已被称为"下一个尼龙"。

但是显而易见，这种能像皮革一样呼吸、替代皮革甚至优于皮革的材料终究不是皮革。

它像皮革。它是合成皮革。人造皮革。仿皮。

10   假皮。

或者，用一个狡猾的法语词来规避"假"的污名：伪（faux）皮。

杜邦尽可能不将科芬与皮革相提并论。他们将这个产品塑造成独一无二、自成一类的东西——既不是皮，也不是塑料或化工产品，什么都不是，只是它自己。科芬发布时的新闻稿提到，杜邦在描述科芬时"回避如下术语——'人造皮'、'人工皮'或'皮革替代品'"。

事实上，在研发科芬的过程中，杜邦一直以来都是以皮革为唯一参照物。据内部资料记载，1937 年杜邦曾经调研皮具业，用以衡量"与皮革相抗衡的合成聚合物"的潜力。据杜邦化学家约翰·皮卡德回忆，1949 年科芬的前期研究以"使其最像皮革"为目的。到了 20

世纪 50 年代中期，以其中一个专利的话来说，杜邦的整个专利保护体系都是以"达到皮革的形态和特性统一"为目标的。杜邦的早期研究备忘录里提到的是皮革，杜邦的工程师和科学家们努力仿效的是皮革的物理和化学特性，皮革是衡量科芬成功与否的唯一标准，皮革是科芬立志要战胜的材料。

在威尔明顿郊外的布兰迪万溪（Brandywine Creek）的实验站里，杜邦在半个世纪中汇集了最敏锐的头脑来开发新的纺织品、黏合剂、涂料、纤维和薄膜。在对这些新产品的推介上，杜邦展现了其传奇般的坚忍，并且这些产品都处于不可攻克的专利防御系统的保护之下。**生产优质产品，开创美好生活……这是化工带来的。**这是杜邦的企业口号，也是科芬的承诺。还有耐磨、不变形等口号：**更好的生活**。1963 年，比尔·劳森在纽约希尔顿酒店对记者们说："现在，我们认为技术上已不存在任何障碍。人造的科芬可以在形态上模拟任何一种皮革，无论是铠甲一般的鳄鱼皮还是最柔软脆弱的麂皮。"没什么是科芬做不了的。女人们可以穿着科芬制成的低跟舞鞋参加慈善午餐会，男人们可以穿着科芬制成的高尔夫球鞋走在高尔夫球道上。又一种古老的材料成为技术进步滚滚车轮下的牺牲品。

我们每天使用的，且由某种特定材料制成的东西，突然之间在你眼皮底下永远改变了，这样的状况并不常见。但如果杜邦成功了，科芬就是催生这种改变的东西。

鞋履与皮革的关系，如同你能想象到的其他物品和材料的关系一样紧密。"人脚外部的覆盖物，通常由皮革制成……"，这是《牛津英语词典》对鞋的定义。制鞋的材料有时也包括织物、聚乙烯和木头，还会饰以莱茵石、珐琅和织锦；在电影《甜蜜的生活》（*La Dolce Vita*）中，安妮塔·艾克伯格（Anita Ekberg）在许愿泉（Trevi

Fountain）里戏水时脚上穿的就是一双缎面高跟鞋。但运动鞋的出现是个例外，这种鞋子的鞋面是由涂了橡胶的帆布制成的。罗马式无面鞋（Roman sandals）？印第安软鞋（Indian moccasins）？它们都是皮制的。同样的，出自米兰设计师之手的高级时装拖鞋或英国制靴匠打造的布洛克鞋也都是由皮革制成的。即便到了 1963 年，美国产的皮革中仍有 80% 被用来做鞋。

杜邦发明科芬，正是为了推翻"鞋子等于皮革"这一由来已久的观念。在这之后，科芬也被用来制作其他产品，如手提包和高尔夫球袋，但最初是因为鞋子而开始研发这一材料。在 1961 年美国生产的 6 亿双鞋中，每双皮鞋需要 1.5 平方英尺 [①] 皮料。算算这个数，早在 1937 年，当杜邦的研究人员开始考虑皮革的合成替代品时，鞋面就占据了最大的市场份额。任何一种合成材料都要拥有皮革的这种功能：可以包裹脚。

如果科芬成功打破了物品和材料间的固有联系，这就意味着合成材料已经入侵个人领域，即人的双脚——这个特别私密和特殊的部分。脚由弯曲的脚趾、隆起的骨骼、老茧以及柔软潮湿的部分构成，这使得人的双脚如同指纹一般具有个人特性。包覆双脚的鞋是独特个体的标志，它只为一双脚效劳。把脚伸进别人的鞋子里就是活在别人的生活里——因此这几乎是不可能的。在讲到一个罗马人因为和看上去并无过错的妻子离婚而备受指责时，普鲁塔克（Plutarch）给大家看他的鞋子，这双鞋做工精美，却以他的朋友只能想象的方式挤压和折磨着他的脚。鞋子包覆下的脚的气味和分泌物使得它如腋窝和性器一般私密，它甚至能够挑拨某些人的情色神经。科芬将要入侵的正是人类这

12

――――――――――――――――――

[①] 1 平方英尺≈929 平方厘米。——编者注

个私密的领域，而这一领域一直以来都是由一种自然材料守护着的。

对制革匠和杜邦来说，将要到来的斗争是决定生死存亡的——新英格兰地区每关闭一家制革厂，或田纳西州再开一家化工厂，也许股东们的收入就会增加，一代人的私有财产就会减少，这只是下一代人的又一个历史假设。但是如果换个角度来看，此处的市场竞争只是一个更广阔战场的一部分，即传统材料与现代材料之争。5000 年来船帆都是由棉麻等天然纤维制成的，2000 年来窗户都是由玻璃制成的，100 年来自行车都是由钢铁框架拼接而成的。这些物品与材料的固有组合已经被打破了——船帆有了涤纶，商店的窗户有了莱克桑树脂（Lexan），自行车架有了钛。我们的生活由此改变——这些改变很小，不易察觉，人们几乎意识不到，但累积起来就是很大的变化。这样的改变会在 1963 年发生吗？我们会穿天然皮做的鞋还是合成皮做的鞋？这一改变能不能发生取决于数百万人在每一刻的选择。天平上衡量的是鞋子在脚上的感觉、穿鞋的体验、洗鞋和养鞋的体验、鞋子在日常生活中极端情境下的表现以及它们的卖相和手感。所有来自眼睛、鼻子和指尖的细微体验——那些小小的愉悦和不爽——都是商战中的决定性因素。

§ §

在 1984 年发布的单曲《物质女孩》（*Material Girl*）中，麦当娜提醒我们"生活在一个物质世界里"。这里的"物质"是指世俗的贪婪——占有、财富、舒适、好生活。但在更广阔的视野下看，所有人都生活在物质的世界中——这个世界由我们每天都要用的事物和物品构成，每一样都有它们独特的质感、重量、表面和触感。

这些物质已经改变了。

1991 年 9 月 19 日，来自德国的一对夫妇在意大利北边蒂罗尔一侧的阿尔卑斯山徒步旅行。他们被一具从融化的冰中露出的尸体绊倒了。这是一位遭遇意外的登山者吗？艾丽卡·西蒙和赫尔穆特·西蒙（Erika and Helmut Simon）在想。但是考古学家和其他科学家很快就确认，这具尸体已经存在了 5000 年，去世后被奇迹般地保存在冰层里。这个变得著名的冰人（Iceman）身上携带的东西也被完好地保存下来了。他的腰上系着一个小牛皮制成的腰袋，里面装着打火石工具、一把骨头制成的尖锥和一片可能是用树上生长的真菌做的火绒。他戴着一顶毛皮帽，帽子两侧系有皮带；他上身穿一件毛皮拼接而成的衣服，用浅棕色的毛皮裹腿；腰带是一条磨细了的皮子；披着草编成的长斗篷；鞋底是牛皮的，上面铺了厚厚的草，毛皮鞋面连着鞋底。他穿的是一双靴子。

　　早期人类就像这个冰人一样，周围都是像石头、木头、动物皮毛这类原始材料。他们塑形、敲击、修剪、腌制、烘干和缝制这些材料，以便更好地利用它们。甲虫能用来做紫胶；芦苇能做篮子；黏土能烧制成容器。铁、铜、锡这类金属也没什么不同，它们是加热矿石炼出来的。发酵能使一罐啤酒花变成啤酒、一桶葡萄变成果酒。材料都是慢慢变化的，没有哪一种材料变得如此彻底，以至于无法将它和它原始的自然形态联系起来。

　　然而日复一日，这些深深植根于人类历史中的古老材料开始让位给新材料了。材料变得越来越好、越来越强、越来越光鲜、越来越易于掌控，与自然材料相比也越来越便宜。我们画油画不再用油而是用丙烯酸；柜子不再是木头的，而是彩色塑料的；书不再用皮革和亚麻装帧，而是乙烯基塑料；食物是工厂里生产出来的；香味不再是从花瓣里提炼出来的，而是在实验室里调配出来的。一个又一个新材料问世，对世界产生影响，又很快就被看作理所当然的存在。陶土罐变成了镀锌的铁桶，铁桶又变成了塑料盆。渐渐地，古老的材料消失不见了，21 世纪的人类开始生活在一个由新材料构成的新世界里。

若干年前，知名摄影师彼得·门泽尔[①]进行了一项非常大胆的艺术、文化实验，之后结集成书《物质世界：全球家庭肖像》(*Material World: A Global Family Portrait*)。他和另外 15 位摄影师走遍全世界——马里、科威特、古巴、不丹、波黑和美国等 30 个国家和地区——在每一个地区说服一个家庭汇总他们用到的所有物品，并将这些物品摆放在房前，一家人和他们的物品一起拍一张正式的合影。照片呈现出的一些对比完全是意料之中的：穷困潦倒的海地家庭在棚屋前堆放着数量十分有限的盆、桶、光秃秃的木椅和简陋的农具；来自得克萨斯州皮尔兰的富裕的美国家庭有 3 台收音机、3 组立体声音响、5 部电话、玩具、汽车、家用电器以及很多其他东西，这么多东西横跨了摄影集的两页。

虽然有这么多不同，但其中也有很多相同之处。现代材料已经渗透进了每一种文化。在海地人的生活中也能找到塑料桶。危地马拉家庭的棚舍里装点着塑料的花朵，一家人挤坐在公车椅上，包裹椅子的材料好像是瑙加海德革 (Naugahyde)。印度妇女身上的亮片好像是塑料材质的。一个阿尔巴尼亚孩子穿着一双塑料靴子，上面的图案是忍者神龟。住在乌兰巴托郊外毡房（一种传统的类似于帐篷的住宅）里的一个蒙古家庭，他们家里最贵重的物件是一尊木质佛像和他们的电视机。

当然，埃塞俄比亚人房子的墙体上还是涂着牛粪，越南人家也还是坐在竹凳上。但是门泽尔的这个项目告诉我们，古老、传统的家庭

----

① 此处原文为 Paul Menzel，但经核查该书著作信息，这位摄影师应为彼得·门泽尔 (Peter Menzel)。——编者注

用品——铁、木头、石头、皮革、羊毛、稻草和泥巴——在世界范围内正在让位于在人类生活中出现的时间很短的、经处理而成的材料，尤其是塑料的各种变体。每一天，物质世界都变化一点点。每一天，自然材料都在缓慢而不可抗拒地屈从于合成材料；手工制品屈从于机器制品；粗糙、不规则的表面让位于平整光滑的表面；形形色色、丰富多彩的东西让位于几乎同质化的东西。这样的变化成了我们生活的底色而非前景，因此并不凸显，看上去好像太阳升起一般无伤大雅，不可避免，也不值一提。最终，在人类文明一万年发展的尽头，塞伦盖蒂平原的原始精华让位于新泽西购物中心明亮的塑料光泽。

　　然而，新材料经常向被自己取代的材料致敬。郊区房屋的铝制壁板刻有木纹；砖上大量涂抹拉毛水泥以模拟石头；一个中等价位书橱的表面镶板力图在千分之几英寸①的方寸之间表现胡桃木的丰富内涵；机场候机厅的塑料椅显示出皮革的纹理。这些花招好像在证明石头、皮革和木头对人们还有着隔代遗传般的影响。这点是新材料们不得不承认的，就像新上任的政客尽管并非出于真心，却也要对其前任恭维几句一样。但同样显而易见的是，新材料的这种粉饰是不诚实的，这不是令人愉快的人造，而是赤裸裸的造假，而这引发了欺诈和虚幻之感，这两者正是我们这个时代的标志。

　　几个世纪以来，工匠、工程师和发明家寻找各种方法在低品质的木材上贴上新奇的镶片，使其看上去更好看、更稀有；他们在普通金属上镀金，使其看上去像真金一般；他们制造石膏模具来模拟精细的木刻。后来，他们用早期塑料仿造那些贵重的、令人垂涎的材料，如象牙、乌木和玳瑁等。他们仿得如此之好，以至于全世界都觉得那些

———————————————

① 1 英寸约等于 2.54 厘米。——编者注

塑料就是象牙、乌木和玳瑁。他们仿造的钻石如此逼真，只有珠宝商才看得出真假钻石的区别。他们造出了影印机，能够伪造美元和英镑。他们造出了像丝绸一般的塑料纤维。

面对传统的工艺、产品或材料，这些东西都可以回溯到最早的文明，这些男人——直到最近，这个群体中都鲜有女性——造假以冒充真品，这些仿造品更便宜、数量更多，或两者兼顾。他们用聪明才智和高超技艺创造的这些仿造品，随着时间的流逝，有些会因其工艺而获得人们的尊敬，被看作诚实的材料。如赛璐珞的梳子，如今和它的祖辈——牛角梳和骨梳———一样被人们当作古董收藏。

更多的时候，这些伪造者们被道德和伦理的恶名缠绕。显而易见，他们并非不诚实。这些发明家和工匠们不是伪造者，不是造假者，也不是骗子。他们永远也不会被拖进法庭，被控欺诈或诈骗。然而，他们创造出的材料通常被拿来和他们试图仿造的那些值得信任的、传统的、被人深爱的材料做对比，这种比较自然是鄙视新材料的。如此一来，他们这些人的手工也就有了虚假和平庸的污点。对一些人来说事情很简单：自然的、原始的和真的就是好的；合成的、仿造的和人工的就是质次价廉的坏东西。再没什么可说的。

在大萧条时期，《经济学季刊》（*Quarterly Journal of Economics*）上一篇题为《掺假和仿造的经济学状况》（"Economic Aspects of Adulteration and Imitation"）的文章中，一位斯坦福大学的学者卡尔·阿尔斯伯格（Carl Alsberg）研究了被用来描述脱脂牛奶、再加工红宝石和仿皮的术语，如"仿造""人造""合成"……很显然这些词是不同的，但它们之间有没有什么共同之处呢？阿尔斯伯格发出了这样的疑问：有没有哪个术语可以涵盖所有这些词语？最终他选择了"伪造"（falsification）这个词。这个词在他看来比另一个候选词更恰

16

当，那个词是"降低"（debasement）。当然，这两个词都不讨喜。

在伊恩·麦克尤恩（Ian McEwan）的小说《赎罪》（*Atonement*）中就有这样的偏见。二战前夕，衣冠楚楚的保罗·马歇尔（Paul Marshall）来到英国乡村的一个庄园做客。他是一名化学家，因此在庄园里的上等人看来是"不完整的人"。马歇尔正力争与英国军方达成一笔巧克力大生意，同时他也在研制一个全新的产品。他似乎"找到了一个方法，能够用糖、化学制品、色素和植物油造出巧克力，完全不用可可脂"。换句话说，他在造不是巧克力的巧克力。

毫无疑问，保罗·马歇尔做不出什么好事。

这样说来，世界上那些类似保罗·马歇尔的人就一定都败坏了人类文明吗？他们都是掺假者、低劣的仿造者和没有灵魂的二流货品贩卖者吗？他们手里的每样东西都很低劣，他们正把我们引向一个不自然也没有自然的勇敢新世界吗？还是说——让我们想象一个同样如卡通般极端的情景——他们是创新者吗？是人类的恩人吗？他们是梦想家和实干家吗？他们给数以百万的人带来效用和美吗？这些东西的原型对他们来说都是昂贵和不易获取的吗？

我们的故事里没有完美的好人，也没有彻头彻尾的坏蛋。但自然与合成、真与伪之间的边界已经成为数字时代的战场，例如在"虚拟现实"（virtual reality）这个在文化上令人感到不适的短语中。今天我们到处都能发现复制品、仿制品和替代品：音响系统许诺高保真度，保的什么真呢？保的是音乐家现场演奏音乐的真，然后再不完美地将其复制出来；彩色复印机能够伪造出与真币几乎难分真假的假币；科学家克隆基因和羊；飞行员在模拟机中训练，这种模拟机能够模拟飞行员在现实中飞行穿越大雾弥漫的云层时可能听到的声音、看到的图景以及感受到的摇晃。计算机科学家给我们带来的虚拟现实，随着时间的推移，离虚拟越来越远，却离现实越来越近。

一个基因改良过的西红柿还是一个真正的西红柿吗？我们再也不知道什么是"真"了。我们甚至不确定"真"指的是什么。这个不稳固的境地使我们很多人感到困惑，也让我们为之着迷。

17

§ §

关于科芬与皮革的遭遇将在第七章展开。科芬并不是最早的伪皮，当然它也不会是最后的伪皮。早在 14 世纪，用特殊油脂处理过的织物就被用来模仿皮革。19 世纪 70 年代有了人造革，主要用于书籍装帧。大约在同一时期，无名的日本工匠找到了处理和修饰传统和纸的方法，使其能够媲美装饰欧洲宫殿大厅的西班牙皮。20 世纪初期有了漆布（Fabrikoid），被用来包裹福特 T 型车（Model T Ford）的座椅。20 世纪 50 年代出现了瑙加海德革和其他乙烯基织物，这类材料既被人嘲讽又为人所喜爱，它们是名副其实的伪物偶像。自科芬出现之后，我们还将看到更多新材料的诞生，每一种新材料背后都有科学、技术和企业创新的故事。每一种新材料都借鉴了皮革的某些特性，每一种都试图超越皮革的某些局限。每一种新材料都要与真皮相比，并号称其优于真皮。"优于真皮"说的是 1963 年的科芬，但类似的话在 2003 年或 1883 年也能听到。

今天，皮革和仿皮都是我们日常经验中不可分割的一部分：大联盟投手抓住又投掷出去的棒球；明朗秋日里搭在肩头的山羊反绒皮外套；从布满灰尘的书架上取下的书；飞琳地下商场（Filene's Basement）的便宜手袋；上千美元的西部牛仔靴；汽车的内饰和仪表盘填充材料；系住裤子的皮带和骑自行车时佩戴的手套。你的包、钱包、记事簿和帆布托特包的包边。篮球、鞋、手机套和旅行箱。布劳耶椅（Breuer chair）的椅座，你的耐克鞋，你穿着能跳一整晚舞的无带凉鞋。这些东西都有不同的质地和重量，但它们都有着显而易见的皮革的特征。其中有的是真皮所制，如牛皮、猪皮、鳄鱼皮和鹿皮。其他的材料则远非皮革，它们来自地下石油的聚氨酯、聚酯和其他聚合物，在经过吹、转、挤、叠、压后变成类似皮革的材料。有些是你能想到的最便宜、最油腻、最诡异和最令人作呕的东西，有些却能好似感官天堂一般。有些是真，有些是伪。

偶尔，这些真皮和伪皮会在我们的生活中凸显出来，迫使我们注意它们。有些为我们服务，承受了岁月的磨砺迫使我们注意到了它——你上千次从口袋里掏出钱包，把它打磨出了光亮。有些让我们失望，不得不注意它——座椅套在最糟糕的时刻开裂、恶化、褪色和扯开。大多数时候，我们风风火火地活着，无暇顾及我们穿着和碰触的材料，无论我们的眼和手与它们接触的时间是长还是短，它们终将被我们忽略，被我们忙碌生活中其他更大的愉悦和失望取代，成为微不足道的东西。

但只此一次，我们能不能慢下来一点儿？

不过这只是我的建议。

《人造皮革史：真与伪》这本书涉及皮革及其模仿者，有关"天然"材料以及将要取代和已经取代它的人造材料。

这本书谈及把新材料带到这个世界上的人，也提到那些珍视在人类经验中存在了上千年的古老材料的人。

这本书关注表面的光彩，也关注表面之下的东西。

这本书谈论美丽的东西和做工美观的东西，也谈论那些应该美却并不美的东西。

这本书关涉真实和仿造、假冒、复制、摹本和伪造。

2003 年 9 月，网络音乐下载导致 CD 唱片销量下降，美国唱片工业追踪到了 261 名嫌疑人并对他们提起诉讼。这一举措引发了许多争论，尤其是复制的合法性和伦理，以及更普遍意义上的知识产权。在《纽约时报》的文章中，作家约翰·利兰（John Leland）把美国定义为"剽窃的国度"。美国人从网上复制别人的东西，购买盗版的普拉达（Prada）包，阅读像史蒂芬·E. 安布罗斯（Stephen E. Ambrose）这类剽窃他人的作家的书。"这个国家曾经以其制造和消费为荣，而今其文化热度却依赖于复制、粘贴、剪辑、采样、引用、回收、自定义和循环。"像汤米·希尔费格（Tommy Hilfiger）和耐克这样的大品牌并不陶醉于其产品质量，而醉心于品牌认知度。他们只关注他们品牌的衬衫或鞋子表面的那几毫米，那里有品牌的商标或印记。"在品牌市场里，"利兰写道，"价值不体现在制造上，而是体现在把品牌标识复制在尽可能多的产品上。"

这就是几百年来人们对皮革做的事情：皮革的"标识"——它特有的形态，它的品牌认知度，这体现在它特有的纹路、毛囊的样式、皮的斑纹以及血管上，这些加起来使得皮革成为皮革。

一直以来，手袋、鞋子、足球、廉价《圣经》的封面、福特 T 型车的内饰、雪佛兰和奔驰的乙烯基仪表盘上都在凸显着皮革的特征。一件女式洋装如果没有商标就会滑入面目不清的时装海洋。可一旦它缝上了商标，你就能标出它的市价。这种做法和鞋履、手袋以及汽车内饰制造商们印刻皮革的表面纹理是一样的。有时候刻得深，有时候刻得很浅很假，但只要刻了就是在追逐着皮的标识。

事实上，他们模仿的不是普通的、没有辨识度的"皮"，而是不同种类的皮革，是制革匠们对皮的特殊处理。比如，一家公司把它的乙烯基产品命名为格雷兹（Glaze），称其模拟出了古董皮那优雅的外表和磨光的质感，其光亮的底色上有着突出的皮革纹理。还有珍珠皮

（Symphony Suede），这种仿皮表面为突出的颗粒纹路，颗粒之下填充有柔软的絮状织物，使其看上去类似于反绒皮。仿旧皮（Vintage）模仿的是具有"蜡质光泽的平面变色皮"，这是又一种制皮艺术的标志，这种皮子在拉伸和弯曲的时候会形成独特的纹理。事实上，有些格雷兹并没有突起的纹理，有些蜡质仿旧皮也并非蜡质。

曾几何时，仿造者们模仿的只是皮革的表面纹理，鲜有复制皮革其他特征的尝试。但科芬和近年来的其他材料追逐的不单单是皮革的外表，还有皮革的本质。要使其像皮革一样呼吸；使其具有皮革一样的重量和质地；使其背面如同皮革一样有丰富的纤维，好似曾经有肌肉一般。

皮革和其模仿者就像是互不信任的兄弟一般。作为同胞，它们具有家族相似性；毕竟，它们本该具有相似性。但传统上，模仿者都会被烙上家族里害群之马的烙印——永远也不够出色，永远在追逐他那第一名的老大哥。

然而，现如今一些弟弟已经站直腰杆，更加自信了。你可能不相信，这就像瑙加海德革的孩子，他们长大了，去礼仪学校学习了如何穿衣打扮，如何开口讲话；他们身上不再带着欺骗的味道，也不再油腻腻的；他们不再扮大人，也不会很快就衰竭；他们在上流社会也能如鱼得水，不说错话，不会把自己置于尴尬的境地，他们够得上他们那优雅的、外表英俊的哥哥的标准。到最后，皮革和其仿造者与其说像兄弟还不如说更像双胞胎；要分辨他们得用上显微镜。

在《人造皮革史：真与伪》这本书中，我打算把这些寻常的材料——皮革与伪皮和它们的各种排列组合——放在另一组镜头下加以考量。停下来，放慢脚步来看看每一样材料是从哪来的，又是怎么到我们手上、脚上和肩膀上的；来看看它们背后的科学和技术，看看它们是如何被制造出来的；考察它们的性质、强项和弱势以及它们特别

20

而又怪异的用法；还有它们在我们生活中的位置。

在这个故事里，我们会看到深深嵌入现代生活中的真实与仿造、自然与合成以及真伪之间的张力。在我们脚上穿的鞋子里，在我们吃的食物中，在我们工作和游戏的方式里，在我们珍视和鄙夷的东西中，都能感受到这种张力。古老的由木头、石头、棉和皮组成的世界已经变形，化身为人造甜味剂、富美家（Formica）桌面、电脑像素图。这些东西越来越多，无处不在，越来越被看作理所当然的存在。人们拥抱新事物，义无反顾，不可避免。

正如我们将要看到的，对仿皮革材料的追寻赋予了我们一种敏锐而又万能的工具，我们能够用它探究那些已经存在了几个世纪的趋势，让我们考察那如不确定性河流一般穿过文化的永恒的二元对立：自然和繁茂的真实对我们的吸引，还有那明确宣称自身为假的材料对我们的吸引力，以及这两者之间那含糊而又彼此渗透的界限。

我并不是说皮革及其仿造者的故事里藏有理解现代文明的秘密钥匙。在这里，我要说得更谨慎，更近似于如下情形：小说家在密西西比的乡下小镇找到了人性的弱点；生物学家在几滴池水里认清了自然。通过记录从我们生活中消失的传统材料——"真实的""自然的""真正的"材料——来记录人类在过去几百年里试图仿造、替代和合成这些传统材料的不懈努力。

为什么选择皮革？

因为我爱皮革，一直都爱。这一点，我最好一次交代个明白。 21

从小时候起，我就记得妈妈的钱包，那纤细的精致皮条好似蒙德里安的画。森林绿、驼色和棕色调，表面光滑，泛着光泽。我记得爸爸的计算尺包，它坚硬牢固，足以保护里面装着的红木工具，那焦橙色的表面因渗入皮下的化学色剂而变色。其背面纤维的细小纠缠表明它的确是皮。我拿皮革做过东西，有公文包、钱包、凉鞋和鞋子。这些东西的工艺并不好。纵然我技艺不精，但皮革担在胳膊上的重量、用刀子割开皮革的方式以及皮革在我指尖的触感，这一切仍支撑着我坚持下去，材料本身带给我欢愉。

是的，我喜欢皮革，并且我也不认为表达对某种材料的喜欢是多么不正常的一件事。细木工们爱细木，陶工们爱精致的白色瓷器。有光泽的黑檀木，光亮的黄金。真正的材料。纯正的材料。几乎在人类历史上始终伴随着我们，愉悦眼睛，满足触感，挑起情感的这些材料。橡木、砖、银、丝。这种对特定材料的喜爱，有没有一个词可以描述它呢？是材料癖（Materialophilia）吗？合成材料也能引发这种喜爱吗？富美家能吗？塑料壁板呢？瑙加海德革呢？沥青呢？尽管我们大多数人靠新材料过活，但那些古老的材料对我们是不是还有着原始的吸引力？

"我喜欢你的外套。"在电影《28 天》（28 Days）中，一个年轻人专注地看着桑德拉·布洛克（Sandra Bullock）扮演的角色说。

"谢谢。"她目光低垂着回应。

"是皮的吗？"

"是。"

"不是塑料？"

"不。"

"你赞同宰杀动物吗？"

"是。"

"宰杀来做衣服？"

"当然。"

"我也是。"

这是真货，她外套的皮革是真实的护符。

在今天的众多变化中，20 世纪 50 年代的感受与鉴赏力已经逆转了。美国工艺运动的复兴——宝石匠、拼布匠、陶工、乐器匠、皮革工匠、木工——摒弃了除精细材料和做工之外的东西。富裕的消费者渴望占有它们。老东西——自然的、正宗的和原始的东西——具有威信，要价高，比如橡木家具、纯羊毛、全棉、真皮。

在某些方面，与其他天然的传统材料相比，皮革代表的是更正宗和纯粹。真皮（Genuine leather）像一个德文词，它代表着我们能想到的那些特质。皮革的毛孔中、纹理的旋涡里都刻有动物印记，皮革已经成了美德的文化缩略语：真之于合成，原版之于复制，纯之于假，精美之于低劣、二流。因此它代表了这样一极，现代生活中充斥着仿品和伪造，使其愈发地远离了这一极。透过仿造者手中皮革的命运，我们能够追踪材料世界的变化。

第二章 "让好手艺传承下去"

小盒子们。

曾几何时，这些小盒子里装的是刻印的名片、女士们的扇子、黄金的领带饰钉。时任华盛顿史密森学会（Smithsonian Institute）首席信息官（CIO）的谢莉·富特（Shelly Foote）从学会的地窖里拖出了一个纸板浅盘，把盘子里的小盒子递给我。我打开这些盒盖时触碰到了隆起的软垫，它们是用松软的缎子或天鹅绒做的。

一个盒子表面用的是奢华的、奶油糖颜色的皮子。这个盒子来自罗马的一个商店。它的扣子即便经历了几乎一个世纪的开合，仍能"啪"地一声关上。另一个盒子来自19世纪90年代，它带有巴黎嘉布遣大道（Boulevard des Capucines）上一间商店的刻印。这是一个扇子盒，外壳包裹着褐红色的皮子，盒子原来的主人是美国政治家伊莱休·鲁特（Elihu Root）的女儿，她去世后捐给了史密森学会。她一共捐了大概20个盒子，有椭圆形的、圆形的、长方形的和蚌壳形的，颜色也各不相同。但如果隔着几英尺[①]看，它们看起来更相似而非相异，似乎是同一类的东西，都是被皮革包覆着的优雅而贵重的东西。

但其中有些盒子只有露在外面的部分用的是真皮，在侧面和底部用的都是假皮。这样的对比使我联想到巴尔的摩的联排房屋。我在那

---

① 1英尺约等于30.48厘米。——编者注

里住过，那些联排房屋的正面都很美，背面小巷却杂乱一团——房子的正面漂亮壮观，巷子里因为访客看不到就成了堆垃圾废物的地方。在一个产于1895年前后的蒂芙尼盒子里，我看到了真假两个世界的交集——在那条边界上，一种材料粘在另一种材料边上。盒子的一面是经年打磨的皮子，它呈现出细细的纤维状的蓝色；盒子的另一面则是成片的白色斑点，卵石花纹的人造革的薄薄表层已经磨破，露出了底下的纸。

24

在今天，"人造革"可用来指代任何一种像皮革的材料——可能是乙烯基，可能是涂层纸或涂层纤维。《圣经》是用人造革装订的，椅子上装的是人造革材质的软垫。人造革中那个轻侮的后缀"-ette"表明了它不是真货。但有那么一次，在1875年的英格兰，人造革（Leatherette）——如果你愿意的话，这里用大写"L"——成了某人的骄傲。在一本镀金的小册子里，伦敦代理人为人造革辩护，大力宣传人造革的价值。这本书叫《人造革》（*Leatherette*），它宣传的正是人造革，并且它也是由人造革装订的。书里附有人造革皮样，皮样颜色有深红色、紫色和绛紫色，如今看来依旧鲜艳异常，与100多年前刚刚粘进书里时一样。

人造革的制造商哈林顿公司（Harrington & Co.）宣称人造革是"一般皮革的替代者"。每100张人造革皮样售价为42先令，是真皮价格的1/8，可以用来包覆看戏用的小望远镜，可以做手袋和珠宝盒的里子，也可以做墙壁的镶板。这种经过压实、上了清漆的长纤维毛毡有真皮的表面纹理，并且里外都染了色。有关这一点，哈林顿公司特地指出：这种材料不会像那个蒂芙尼盒子那样在磨损后露出白色的纸质补片。这本册子已经有130年历史，其磨损的边角依旧有明艳的色彩，还是非常花哨艳丽。

　　1875 年的春天，哈林顿公司的皮样出现在英国的很多行业杂志里，哈林顿公司看到其带来的美誉一定也很高兴。有人说"除了最顶尖的皮革之外，人造革比大多数皮革都要坚固，并且它还具有皮革一般柔软温暖的触感"。一位书籍装订商坦承，他手下的工人抱有固执的偏见，他们还是更倾向于真皮而不是仿皮。但这位装订商同时表达了这样的意愿，他想向"发明家（其精神和所付出的精力）致以敬意，因为他们把人造革提升到了现有的完美高度"。另一位记者写道，有一种叫鲍威尔毛皮（Powell's Pelt）的人造革近亲"或许是我们能够获得的在外观上最接近天然材料的仿制品了。它对天然材料的模仿是如此完美，以至于几乎需要动用显微镜才能一辨真假"。这种材料的皮样甚至"骗过了皮革业行家的眼睛"。

　　但在那年秋天，《书商》（*The Book Seller*）杂志中出现了对人造革的非难，文章署名为有着 30 年经验的"讲究实用的装订商"。他写道，人造革"完全没有皮革的柔软和弹性"。这使其"一无是处"，证明了"那句老话，什么也比不上皮子"。隔了两期之后，这个人又出现了，这次的攻击更加露骨。他考察了用人造革装订的袖珍日记簿，他感觉这东西"看起来廉价、糟糕，拿着也不舒服"，既不柔软也不柔韧。另外，如果人造革本身真的有什么优点的话，"它为什么还要把自己打扮成皮革的样子呢"？为什么？为了欺骗大众，这就是原因。"这玩意就是个冒牌货"，理应被揭发。

　　哈林顿公司立即回击："没有欺骗意图也就谈不上是冒牌货。"他们宣称自己根本就没有欺骗大众的企图。然而，其发行的那本小书里表明的情况恰恰相反：人造革像真皮像到"除了它的发明者，没人能分辨得出这两者之间的区别"。并且，"它仿得如此逼真，以至于一般的观察者十个中有九个都会把它误认为真皮"。

25

这些英国行业杂志里展演的交锋，就是自此以后围绕仿皮——就此而言，一切仿物——的争论主题所在：技术革新与传统之争；低价伴随着低质；善意的模仿面临着欺骗与冒牌的指控。

人造革于 1872 年获得专利，它并不是第一种仿皮。事实上，人造革面世时英国正处于伟大的维多利亚时代的中期，工业革命正如火如荼。发明家、手艺人和企业家们都一窝蜂地投入制造和销售的洪流中。人造革引发的并非其与真皮的比较，而是像有人说的那样，是"与其数不胜数的模仿者的比较"。

§ §

橡胶的到来带来了仿造的繁荣。橡胶的历史与皮革的历史一直奇怪地并行到今天。查尔斯·固特异（Charles Goodyear）一直纠结着，想找到一种方法使天然橡胶在太阳下不变软，在寒冷的环境里也不断裂。1839 年，他终于找到了一个方法。"硫化"（Vulcanization）是英国的一位竞争者给这个处理过程起的名字。这一处理要硫黄和热度在恰当的时间以恰当的比例加入才能成功。随之而来的橡胶工业大发展为大西洋两岸带来了一波又一波的新产品。其中之一就是仿皮。

26

或者，这里应该用复数形式，仿皮们。在接下来的 75 年里，出现了无数以橡胶——也叫天然橡胶（caoutchouc），这是南美印第安人对橡胶的称呼——为关键配料的仿皮专利。与油、颜料、布、软木、废皮和其他材料混合，依次经过压碎、混合、碾碎、揉捏、熔化或溶解，这些橡胶混合物或被滚成薄片，或覆在布料上变成类似皮革的东西。一份来自 1854 年的记录说：

最理想的仿摩洛哥皮是将天然橡胶或古塔胶（gutta percha）覆在平织或斜纹棉布表面。表面仿照摩洛哥皮呈波纹状，并在上色和涂清漆后呈现出摩洛哥皮的外在形态。这种仿皮的弹性很好，完全没有皲裂的可能。

　　在有关伪皮、类皮以及代皮（ersatz leathers）的早期记录中，它们的弹性和其他特性往往是很完美的。这些仿制品看上去往往像真品一样，或更好。从 19 世纪早期开始出现的一种上了色和涂了清漆的桌布号称"比皮的效果更好"。鞋靴的 1847 年历史记录中提到一种专门推介给足部柔弱敏感的女性的材料，这种材料叫靴子皮衣（pannuscorium），是一种油布。它在"足部需要比最柔软的皮子还要柔软的材料呵护的人群"中很受欢迎。大多数人造皮革都只是在棉布或麻布上面覆上一层涂层，干燥冷却后这种材料就会呈现出皮革的样子，具有皮革般的纹理。在这个大范围内，排列组合数是无穷无尽的。

　　发明家使用的材料中大部分都距其植物、动物和矿物的原始材料不远。古塔胶是一种黄色乳胶，产自南太平洋或南美洲的树上，被用来制造口香糖、绝缘材料和高尔夫球等多种产品。瓷土，也叫高岭土。这个名字源于中国的一座山，这座山几个世纪以来一直被开采生产瓷土。瓷土是一种白色的粉末状黏土，将其与水混合后便可塑造成型，再加水就会变成经常用来造纸的纸浆。类似的材料还有明胶、树脂、油脂、黄油、蜡和稻草以及木纤维，这些东西都适合当女巫汤锅里的原材料。这些材料以前都曾是早期仿皮的组成部分。

27

　　早期生产仿皮的一个知名厂商叫斯托里兄弟（Storey Brothers），这是一家位于英格兰兰卡斯特的公司。1850 年，该公司生产的"漆布"（leathercloth）被用于一家英国小型铁路公司的车厢内饰，且其业务很快扩展至马车车厢。到了 1862 年，斯托里兄弟的产品种类已达 3 种，颜色多样，使用不同种类的布料。后来，它还出口至印度，被用来制作人力车的车篷。

后来，斯托里兄弟开始用机器生产漆布，但在早期——据记载大概可以上溯至 19 世纪 60 年代——他们的漆布都靠手工生产。工人在一块长十几码①的木台子上铺开一块布料，在布上用刮刀抹上不同种类的橡胶、油和颜料。这个技术大类之下有一种材料是用在地板上的，这种材料叫油毡（linoleum）。还有一种是油布（oilcloth），它可以取代桌上的棉布或麻布。这些材料一般都印有纹样，其中一些十分精致，取的名字也很华丽夸张，比如马达加斯加缎（Madagascar Damask）或凡尔赛挂毯（Versailles Tapestry）。

第三种叫"美式漆布"（American Leathercloth），它不是装饰用的，上面不会印着漂亮的《堂吉诃德》或荷兰花园的图案。它的目标是要完全模仿另一种材料。其首要目标是皮革表面的纹理。先将皮革的纹理复制到一个小的手刻模具上，模具大约 6 英寸长，表面布满了空洞、脉络和沟纹，再把这些纹理细节转印到一个几英尺长的大滚筒上。这种漆布用在书籍、童车、家具甚至是鞋靴上——这些产品原本通常都是由皮革制成的。

那么，人造革和漆布……

还有充皮（leatherine），以纺织品为基底，表面浸入橡胶。

还有再生革（leatherboard），皮浆和白垩，用淀粉、明胶和松节油上釉。

还有各种各样的块状、浆状或粉状的皮屑，混入橡胶、各种不同的树脂或煮沸的亚麻籽油等凝集物。

还有纤维皮（fibroleum）。这种材料来源于动物胶，混入纸浆和甘

---

① 1 码约等于 0.914 米。——编者注

油，然后将其压实。发明人宣称这种材料的"弹性如真皮一般持久"。

然而，这些材料中没有一种真的有那么好。

当然，这么说并不公平，严格来说也并不全对。

28   在 19 世纪晚期忽起忽落的商业环境里，一些人找到了市场，挣到了钱，他们造的材料酷似真皮，能够满足使用者的需要。然而，每种材料也都存在问题。还记得关于人造革的批评吗？一直有人哀叹其缺乏真皮的柔顺质感，它或许看上去像真皮，可实际上它的质感不像真皮。有些早期纸质仿皮见水就会破。在给另一种伪皮表面上涂层时，他们会加入蓖麻油以增加其弹性，但最后一点都不像真皮。斯托里兄弟生产的那种油基的漆布在如印度般潮湿炎热的环境下就会暴露其缺陷。一则公司日志记载"偶尔会出现这种可悲的情况——放了一段时间的库存会变成硬的、令人作呕的一大块，谁也用不了了"。

§ §

那时的伪皮还不够好并不是因为人们试验的还不够多。19 世纪末、20 世纪初是商业和技术生机勃勃的时代——是建立在蒸汽动力基础之上的第一次工业革命之后的第二次工业革命，是钢铁、化工和机器的工业革命。工厂拔地而起，伟大的联合企业运转着。这是固特异、爱迪生和威斯汀豪斯（Westinghouse）以及其他发明家偶像的时代，还有数以千计的今天已不为人知的发明家。这些发明家做的大部分工作都是在模仿。模仿什么？模仿一切。

在 1913 年出版的讽刺小说《乡土风俗》（*The Custom of the Country*）中，伊迪丝·沃顿（Edith Wharton）笔下一个钻营的角色温蒂妮·斯普拉格（Undine Spragg）离开费尔福德（Fairford）家时，对在那个破房子里吃的一餐十分失望，部分原因在于：

本该是煤气炉子或是锃亮的壁炉，里面是罩在红玻璃后面的电灯泡，他家里却是老式的烧木头的炉子，就像《回乡过圣诞》（*Back to the farm for Christmas*）那幅画里那样；炉子里的木头掉出来的时候，费尔福德太太或是她兄弟就得跳起来立刻把木头放回原位，这样一来炉灰就弄脏了壁炉边的地面。

沃顿小说中的时代及此前的整个维多利亚时代，新的工业生产方法生产出的替代材料在每一处都模仿自然——连火光也不放过。模仿充斥着整个维多利亚时代。

在《便宜、快速和容易》（*Cheap, Quick, and Easy*）中，华盛顿与李大学（Washington and Lee University）的艺术史学家帕梅拉·H. 辛普森（Pamela H. Simpson）描写了当时盛行的仿造建筑材料。冲压成型的金属房顶、混凝土块、压纹的墙面涂料和油毡正在取代雕刻的木头、花岗岩和上好的皮革。那时的人类似乎正沐浴在狂热的仿造荣耀中。正如美国历史学家杰弗里·米克尔（Jeffrey Meikle）对那个时代的总结，他称仿造体现了——

> 技术繁荣导致的急躁精神……建筑物的正面和铸铁都在模仿砖石的轮廓和纹理。自动化机械生产出的木刻像经过工匠精雕细琢一般，混凝纸冲压成型技术使得家具和小摆设上的木刻效果再也不依赖于木材本身。

难怪评论家们会吹毛求疵。在很多评论家看来，嘲笑和不屑是对仿造唯一恰当的反应。他们眼中的仿造是丑陋、廉价和华而不实的，广泛渗透在维多利亚时代的社会景观之中。"把戏和虚假"或许会蒙蔽人的双眼，却逃不过"上帝那洞悉一切的眼睛"，奥古斯塔斯·韦尔比·诺斯·皮金（Augustus Welby North Pugin）慷慨陈词道。皮金是著名的哥特复兴式建筑师，早在 19 世纪 40 年代，他就认为铸铁、人造石、石膏和模仿木头的材料纹路是最可悲的虚假技术。

其中最后一种做法激怒了约翰·拉斯金（John Ruskin）①，那位具有开创性和影响力的艺术评论家。在其著作和无数文章中，拉斯金展开了对篡夺人类工作、智慧和才能的工业的抵制运动。关于纹路处理，拉斯金写道：

> 对人类来讲，没有比模仿大理石和木头的纹理更低劣的工作了……我不知道还有什么比这更令人羞耻：一个四肢健全、有头脑有灵魂的人用刷子和托盘，却只是为了模仿一块木头。

拉斯金的回应里充满了狂热的道德感。对新的模仿技术，有很多这种"应该、应当"的评论。英国诗人、艺术家和设计师威廉·莫里斯（William Morris）直言，机器制造的设计不应"使石头像铁制品，木头像丝绸，陶器像石头"。

但英美工业继续在此方向上前进。当帕梅拉·辛普森开始研究仿造材料时，令她不解的是，当评论家们如此迅速地将仿造贬低为"粗俗、廉价和没有品位时，为什么在周遭环境中这类材料如此之多？这仅仅是坏品位的问题吗？"并不是，她认为这是因为这类材料造福于

---

① 约翰·拉斯金（1819—1900），英国作家、艺术家、艺术评论家。他是兴起于 19 世纪的"工艺美术"运动的精神导师，对威廉·莫里斯等人的影响很大，唤醒了人们对工业革命之后艺术现状的反思。——译者注

人："机器使大众获得装饰材料。"评论家们尽可以哀叹坏品位，但毋庸置疑的是，曾经家徒四壁、毫无点缀的穷人家庭，现如今也可以来上那么一点色彩和设计，用来为自己的生活添彩，这在以前是没有的。

模仿无处不在。透过适当的角度来看模仿，它就成了好东西。

§ §

1884 年 4 月 7 日，两个人在一份英国专利申请后加上了自己的名字，这份申请中的专利名为"适用于清漆及漆布的含硝化纤维素化合物的生产优化"。这两个人分别是约瑟夫·斯托里（Joseph Storey）和威廉·弗戈·威尔逊（William Virgo Wilson）。前者是来自兰卡斯特的亚麻籽油漆布生产者，后者则被称为"颜色制造者"。7 个月后专利被批准，在这项专利中两人指出，硝化纤维素能够溶于乙酸戊酯，其溶剂具有"清漆的稳定性"，更浓稠的话能以糊状或团状形态存在。一旦与颜料和油尤其是与蓖麻子油混合刷在布上并晾干，就可以用于多种制品，如人造皮革。

在这里，乙酸戊酯与蓖麻子油是新来的——新原料，是构成该专利基础的首要条件。但硝化纤维素才是众人的关注点所在。人们关注它的特性、特质以及人们想将其扩展到工业应用领域。硝化纤维素来源于纤维素，而纤维素又来源于木头——就此而言，可以说是来源于植物界的所有物种；它是自然形成的有机物中存在数量最多的。如果从纤维素中能造出有用的东西，就有了廉价且取之不尽、用之不竭的原料供应。

时年 45 岁的瑞士巴塞尔大学教授克里斯蒂安·弗里德里希·舍恩拜因（Christian Friedrich Schönbein）是一位德国化学家。在 1845 年的秋天，他在研究硫酸和硝酸类的混合物及其对纸和糖类有机物的

31

影响，当然还包括有机棉。他将棉签浸入混合物中后拿出，棉花并无多大变化，但点燃后棉花立即猛烈地燃烧起来。这种新材料能否为军事所用呢？第二年春天，舍恩拜因建议巴塞尔当局对这种新材料展开实验。他预言这种"易爆脱脂棉"——即广为人知的火棉，化学里的硝化棉——最终将取代当时使用的各种火药。事实的确如此。

1847年，英国第一个火棉制造大厂发生爆炸，工人无一幸存。第二年在法国布歇（Bouchet），1600公斤火棉爆炸，彻底摧毁了周边的乡村。这就是硝化棉，也是威尔逊和斯托里专利中那个引人注目的材料。这样一种材料怎么会在之后成为人造皮革的基础呢？

事实上，叫它硝化棉并不恰当，这种材料并非单一物质。纤维素和硝酸反应生成的——舍恩拜因实验中的硫酸只是催化剂，并不直接出现在整个反应中——所谓"硝化棉"在今天被叫作硝酸纤维素（cellulose nitrate），一个东西两个名字。1911年，化学家爱德华·昌西·沃登（Edward Chauncey Worden）出版了两卷本1200页的巨著《硝化纤维工业》（*Nitrocellulose Industry*），其中一章名为《火药棉、无烟火药及易爆硝酸纤维素》（"Gun Cotton, Smokeless Powder and Explosive Cellulose Nitrates"）。

有**很多**硝酸纤维素。

纤维素本身是一种自然聚合物，由基本单位重复累加而成。这个单位就是 $C_6H_{10}O_5$，这里 C 代表碳，H 代表氢，O 代表氧，比如 H_{10} 的脚标10代表每个单位中有10个氢原子。在纤维素中加入硝酸 HNO_3 和一个硝基 NO_2，取代纤维素亚单元中的一个氢原子。这就生成了硝酸纤维素，其化学公式为 $C_6H_9(NO_2)O_5$，明白无误地记录了氢原子被硝基取代的事实。这种记录仍然是粗糙的，还远远不够。因为它并没有回答这个问题：为什么纤维素的10个氢原子中只有1个氢原子，而不是两三个或更多个氢原子被硝基替换？

事实上，氢被硝基替换的多少取决于反应的其他限定因素，如温度、酸浓度等，因此可能产生不同的硝酸纤维素，其间的差别取决于"硝化的程度"，即有多少个氢被替换成了硝基。而每一种硝基纤维素都有它自己的名字和公式。例如，二硝基纤维素（dinitrocellulose）就是两个氢被替换掉了，其化学公式自然为 $C_6H_8(NO_2)_2O_5$。

每一种硝基纤维素的特性取决于其在硝化程度上的微小差别。很多种硝基纤维素在外观上十分相似，更不要说作为反应发生地的原料棉花了。但棉花在不同溶剂中的溶解度以及爆炸性天差地别。你造出来的可能是海德先生，也可能是杰基尔医生。[①]如果一份样品中氮的含量占总体重量的 13%，那么得到的就是足以炸飞整间实验室的炸药。如果只限定其中发生硝化反应的氮为总量的 11.5% 或 12%，得到的就是用来制造电影胶片和女士发梳手柄的材料。将这种硝化程度低的硝化纤维素溶解于乙醇或乙醚中，就得到了 19 世纪中叶人们称为焦木素（pyroxylin）的东西。

干燥后，焦木素就形成了坚硬透明的涂层，在美国南北战争中被用作外伤敷料。在那之后不久，英国化学家、发明家亚历山大·帕克斯（Alexander Parkes）将其与樟脑——从一种亚洲树木中得到的白色蜡质物质——混合，得到了赛璐珞。今天人们最熟悉的赛璐珞产品就是乒乓球了。历史学家罗伯特·弗里德尔（Robert Friedel）在他的书中称呼赛璐珞是"塑料先驱"。在半个多世纪里，赛璐珞撑起了一个伟大

32

① 海德先生（Mr. Hyde）和杰基尔医生（Dr. Jekyll）是英国作家罗伯特·路易斯·史蒂文森（Robert Louis Stevenson）小说《化身博士》（*The Strange Case of Dr. Jekyll and Mr. Hyde*）的主角。书中讲述善良的杰基尔医生喝了一种药水，在晚上化身邪恶的海德先生四处作恶。——译者注

的工业。在历经无数专利，辗转于若干化学家、实业家之手，被冠以许多商标称谓之后，赛璐珞化身为电影胶片、项圈、琴键、台球、梳子，其中有不少物品伪装成象牙、角或木头材质。

早些时候，有人曾试着将焦木素涂在布料表面来模仿皮革。但焦木素**坚硬透明**的特性并不能使人联想到皮革。因此，1911 年沃登写道，早期配方"缺少皮革显而易见的柔韧性，这使其无法成为真皮名副其实的竞争对手"。然而，1884 年，斯托里和威尔逊带来了蓖麻油和乙酸戊酯的配方，这使新材料又有了新的转机，这样一来真皮真正的对手出现了。

乙酸戊酯，易挥发易燃，外观无异于任何无色液体。闻一闻、尝一尝就会发现它的与众不同：**香蕉味**。今天，它被用作香蕉调味剂，事实上我们能在天然香蕉油中发现它的存在。它和蓖麻油一样黏稠、难吃，从印度和巴西那生长迅速的植物果实中提取而来，被冷酷的医生和家长当作泻药开给孩子。1884 年的这个专利则使这两种材料在加上焦木素和适当的颜料后变成了一种涂层，将其涂在布料表面能够压出皮料的纹路，就制成了一种更新更好的人造皮；谢莉·富特的史密森学会藏品中至少有一个盒子表面使用的就是这种材料。

基于硝化纤维素制成的漆布被广泛使用在书籍装帧、汽车座椅、吸墨用具和婴儿车中，就像我们时代的瑙加海德革一样无处不在。在英格兰，斯托里将其命名为"女王皮革"（Queen's Leathers），推向市场。几乎同样的材料，其他厂商将名字改为瑞克新（Rexine）和佩格莫爱德（Pegamoid）。在欧洲，这些成了家喻户晓的名字。在今天的意大利，**佩格莫爱德**仍被用来指代人造皮革。

在美国，几家公司制造出同一材料的不同版本，每种都有自己独特的溶剂、油脂和颜色配比，每种也都在耐久性和柔软性间权衡。其中就有谈耐特制造公司（Tannette Manufacturing Company）。该公司于 1890 年成立于新泽西的斯普林菲尔德市，即之后的波士顿人造皮革公司（Boston Artificial Leather Company）。公司制造出了摩洛哥琳（Moroccoline），这个名称源于书籍装帧中使用的柔软的摩洛哥皮。这类公司此消彼长，共通点是它们生产制造的都是一种东西的若干变体。有一种叫克拉托（Keratol）的产品其实是另一种形式的马洛金（Marokene），或者说是德克萨德姆（Texaderm）的第三种变体。光这些产品的名字就足以写首诗了。

第四家公司名为美国佩格莫爱德公司（American Pegamoid Company），1896 年创建于新泽西州的霍霍库斯（Hohokus），于 1898 年更名为纽约皮革涂料公司（New York Leather & Paint Company）。1900 年，一群商人集资 5000 美元——以今天的价值衡量，接近 15 万美元——将纽约皮革涂料公司吸引到纽约州的纽堡（Newburgh）办厂，就在哈德逊河的西岸，纽约市以北 50 英里①处。两年之后，该公司——即现在的漆布公司（Fabrikoid Company）——搬到了城边的废弃毛毡厂所在地。到 1908 年，该公司已年产近 200 万码人造皮，广泛用于鞋衬里、车厢内饰、车身顶盖、棒球等产品中。按某些指标衡量，纽约皮革涂料公司是当时世界上最大的人造皮革生产厂商。

与此同时，杜邦正伺机而动准备出手。在推出科芬之前的半个多世纪里，杜邦还远远不是它今天这个样子。那时候的杜邦也算是一家成功的大公司，但绝不是"化学公司"。自 1802 年一位法国大革命流亡者创立杜邦以来，杜邦一直都是生产炸药的，并且只生产炸药。今天，如果你有机会拜访特拉华州威尔明顿市的哈格利博物馆（Hagley

①　1 英里约等于 1609 米。——编者注

Museum）和布兰迪万溪边被精心保护的炸药工厂遗址，呈现在你眼前的将是一派田园牧歌般的美好景象。然而事实是，尽管杜邦的产品也被用于建造隧道和清除水下障碍物，但其最大的获利来源始终是军事。它的产品里有硝化纤维素制成的无烟火药，这门生意时刻受到来自华盛顿方面对"火药托拉斯"的异议，即对杜邦垄断炸药表示不满。或许，美国政府是想自己生产炸药。

面对可能出现的产能过剩危机，杜邦开始研究硝化纤维素的其他可能性。1908 年 12 月，一份题为《人造皮革及其衍生产品》（"Artificial Leather and Allied Products"）的详尽报告被提交给杜邦当时的执行委员会。该报告调查了行业内的其他公司，其中一些还是杜邦牌硝化纤维素的买家。报告还综述了生产人造皮革的技术问题。报告最后预估了所需的大概投入，细化到建造锅炉房和购进压花板材。

最终，杜邦没有选择自力更生而是通过购买来开启这个崭新的领域。成为联合大公司的第一步就是花费 100 多万美元买下漆布公司。很快地，杜邦的人造皮日产量就达到了几千码。

杜邦在纽堡的工厂由组织松散的若干厂房构成，都是些低矮的、并不宽敞的建筑，有一些甚至是铁皮屋顶的窝棚，其中一间厂房的历史据说甚至要早于美国南北战争。这些厂房建在一条小河的两边，河上建有管道、河坝和木头人行桥。涂层的大车间面朝厂区内部，东边在小河远端的建筑被用来储存硝化纤维素或其他溶剂，这些原料被用来混合涂层。

首先，将布料染色以匹配涂层混合物，然后用滚子碾轧布料去除多余的染料，烘干之后把布料重新卷起，大概 300 码一卷，然后送到涂层车间，在那里上第一层神奇的涂料。一个很常用的配比是 40 磅[①]

---

① 1 磅约等于 453.6 克。——编者注

硝酸纤维素兑 55 磅蓖麻油，以及 8 加仑^①乙酸戊酯和其他溶剂，还要 35
有足量的染料以达到期望的深浅度。最终的混合物要像糖浆或咖喱一
样浓稠均质。

等待上涂层的布料要经过一个固定的铁片刀，这个铁片被称作
"医生"刀，是机械行业里的一个古老术语，专指用来去除瑕疵、校
正或调整用的刀片。在这里，"医生"刀像是一座水坝，被用来挡住
来自上方和后方的多余涂料，以确保缓慢移动中的布料在浸入涂料
后，只留下适量的一层薄涂层在上面。加了蓖麻油的第一道涂层会变
厚重，这增加了布料的柔韧性；后面几道涂层因为加了硝酸纤维素也
变得厚重起来。

在大烤炉中加温至 185 ℉（85℃）左右，溶剂就会蒸发，轰鸣的
风扇带走蒸汽。干燥后，布料的表面通常会有些小洞，接下来就要
对布料进行"压光"（calendered）处理了。"压光"这个词和"汽缸"
（cylinder）的拉丁语词根一致，意思是让布料在滚烫旋转的滚柱间穿
过，以达到平滑发亮的效果。最后，用蒸汽加热的滚轮或平板设备在
崭新的表面上压印出花纹。平板设备更昂贵，但做出的布料清晰度更
好。上了涂层的布料不间断地进入平板之间，被挤压后再继续前进。
杜邦在一份 1919 年的宣传物中说："再造皮革纹理的忠实度很自然地
给皮革替代产品带来了优于真皮的美丽花纹，这件事本身也很令人惊
讶……真皮中偶尔出现的完美花纹却可以普遍存在于漆布这种人造皮
革中。"到了 20 世纪 20 年代后期，杜邦可以制造出 100 多种皮革纹
理，由此能生产的不同颜色和深浅的涂层多达上千种。

随着时间的推移，制造过程一直在不断优化，化学成分也经历了

---

① 1 加仑（美）约等于 3.785 升。——编者注

微调。但就是这种简单直接的技术和外表朴实的工厂在 1915 年生产了 600 万码人造皮革漆布。这距离斯托里和威尔逊成功申请专利已过去了 1/4 个世纪。漆布一直以来也算不上前沿技术，正如 1923 年一份纽堡操作记录中承认的那样，"涂层、压印和抛光，这算不得什么科学"，与其说这是化学家和工程师干的活儿，不如说是工匠和操作员的工作。生产漆布的过程充满了各种问题——复制颜色、还原溶剂，但这些仅仅是常规问题。

36

一直使人困扰的是如何使漆布看上去、摸上去和用上去更像真皮，这样的困扰在杜邦介入的头几年尤为突出。1910 年，漆布最主要的竞争对手二层皮（split leather）的价格为每平方英尺 28 美分，而漆皮价格是每平方英尺 17 美分。生产商们订购漆皮是因为他们不想用价格更低的劣等皮料，他们希望自己制作的扶手椅、书皮或汽车内饰能够接近真皮，这样才配得上这些产品的消费者。为了足够接近真皮，杜邦的工程师和技术人员忧心忡忡，烦恼不已。

1915 年 12 月 28 日，漆布的销售员们在纽堡的角鹿社（Elks Club）济济一堂，参加杜邦漆布敲门人俱乐部（Fabrikoid Knockers Club）的第五届年会。在享用了火鸡、扁鲹、奶油洋葱和普鲁士土豆之后，晚宴以甜点和雪茄作结。席间，他们庆祝过去的一年并展望未来；当年的出货量比 1914 年的出货量增加了一多半。今天的我们无法想见当时的盛况，不知他们是否高歌一曲《漆布之歌》（*Fabrikoid Yell*），如果当真如此，他们又是怀着怎样的兴奋、欢乐和狂热纵情高喊的？节目单上印着《漆布之歌》，这不难使我们的思绪回到一个世纪以前的那个初冬的夜晚：

生意怎么样？

好—好—好！

奖金又如何？

很—不错—艾迪。

要是不给你？

惨—波—琳

呼啦—呼啦—呼啦

说—真—的

比真皮更好

漆—布。

但是，漆布并不"比真皮更好"，甚至一直比不上真皮，这一点杜邦的管理层、化学家和工程师们心知肚明。

§§

"最近我一直被这事困扰，我们似乎被引上了这样一条路：我们要保证（无论明示还是暗示）汽车里用的漆布'和真皮一样好'，甚至比真皮还要好。"这封信写于 1913 年 5 月 14 日。信的作者是当时 37 岁的伊雷内·杜邦（Irénée du Pont），他于 1897 年毕业于麻省理工学院（MIT），杜邦三兄弟之一，在之后的 40 年里主管杜邦的扩张。这封信是写给时任杜邦销售总监威廉·科因（William Coyne）的。

杜邦生产的漆布业绩很好，大部分卖给了汽车制造厂商，尤其是福特。"我看见他们两分钟之内就组装好了 6 辆车"，一名漆布销售代表在参观完福特的流水线之后汇报说。汽车制造厂商生产的全部汽车中几乎有 1/3 的顶面和内饰用的是漆布。显而易见，福特不愿再使用真皮。即便如此，伊雷内·杜邦仍忧心忡忡：一直以来，他们不断游说福特和其他汽车厂商，让他们确信漆布和真皮一样好，然而事实正好相反。

　　杜邦的公司名誉就系于此。两年前科因曾在杜邦内部简报中断言，漆布比很多种类的真皮都好，但是汽车厂商内部对这种材料有点抵触，原因是他们担心"这样一来，他们生产的汽车在消费者眼中会变得廉价"。如今，杜邦已经成功扫清了来自汽车厂商的顾虑和抵触。当前的问题是，福特和其他汽车制造厂商有可能发现漆布是不错，尤其是就其价格来说。但是，伊雷内写道："很显然，它比不上真皮，因此在销售漆布时就应深知……（它不是）真皮的进化版，甚至都无法等同于真皮。"在几年后发给销售员的指导手册中，杜邦也承认：真皮更柔软、温暖、触感更好——"比漆布更美，科学无法跨越那窄窄的距离，完美地复制自然"。他们能否消除或缩短那段距离呢？

　　1910 年 9 月，也就是漆布获得批准的两个月后，化学家 H. F. 布朗（H. F. Brown）给伊雷内·杜邦写信，敦促他"研发新的材料，给人造皮革加上真皮的味道"。因为漆布的味道很难闻。有报道说，生产中用到的溶剂使漆布带有"一种特殊的，让人反感的气味"。而漆布又无法始终保持不错的状态，因为有些时候蓖麻油会变质。设想一下，你开着福特 T 型车载着女伴，或者把行李装到新箱子里正要出门远游的时候，你可不想闻到这么难闻的气味。1911 年 11 月，一名记者在参观完布兰迪万溪的实验站后表示，需要一种皮革气味，好盖过化学溶剂或变质蓖麻油的味道。

　　即便在全体职员还不超过 70 人的时候，实验站也是个"大"地方——在理念上，它要成为工业研究里的标杆，充满了能量和想象力。实验站里的化学家们开始着手研发闻起来更像真皮的人造皮革。他们试验了干馏木材提取出的油脂，如"俄国皮革油"，这种油闻上去有点像有香味的焦油，试验者觉得像香草的味道。他们还试过生姜和铁杉的油，柏树和广藿香的油。他们收集制革和削皮时使用的溶液的提取物。

他们将实验所得和常规焦木素凝胶混合，用刮刀涂抹在布料样片表面，再将其裁剪成 1 英尺见方的大小，做好标记，平铺风干，一周后再来观察并记录结果。结果一直不理想。其中一组样品的观察记录写道，"气味仍令人不悦"。有一组样品真的产生了近似真皮的味道，因为里面添加了真皮废料的提取物，但很显然这种方法在生产中是不可行的。

气味只是漆布无法与真皮抗衡的一个方面。在接下来的若干年里，杜邦的研发人员还将遭遇其他方面的很多问题。时任总经理助理的伊雷内有时会将哥哥皮埃尔的技术建议传达下去——皮埃尔也是麻省理工学院的毕业生。如果布料能够浸透明胶，像"真皮纤维里的填充物"那样，或许漆布就不会那么容易起皮剥落了。漆布一旦沿对角线方向拉伸，压印出来的纹理就会被破坏，暴露其"布料"的本质。还有，漆皮暴露在外的边角极易磨损。其结果就是内层面料肿胀凸起，凸起部分磨损，在光亮的表面上极其刺眼；有报道说，这些问题暴露了"产品的人工特质"。伊雷内在 1914 年 12 月的备忘录中总结了哥哥皮埃尔的这些建议，如上缺陷促使杜邦研发一种新的漆布，从而能够"达到皮革的最优品质"。

需要一种新东西，能超越旧有的焦木素、蓖麻油的东西。漆布子公司的负责人弗兰克·尼芬（Frank Kniffen）在 1915 年 5 月与伊雷内和皮埃尔的会议记录中写道，"杜邦先生建议用显微镜仔细研究真皮，进行力量和弹性测试等，并以此为参考指导"。

这一系列努力得到的第一个成果发表在一份 1915 年 6 月的报告里，今天读来好似凭空想象出来的一样。其中没有实验记录，没有

引用其他研究，就像仅凭阅读、思考、随自己心愿展开想象，就涌
出了点子——还没付诸检验。报告称，"人造皮革新品"更准确地说
是一系列新想法，它们来自德国、英国、法国和美国的专利，或精选
自讨论技术的文章，或由实验站化学家提出，总共 83 个，并被拆解
归类。

　　第一种方法是基于漆布的变体，即编织面料涂层加工。例如，不
是仅仅在面料上进行涂层操作，而是将面料浸在橡胶、赛璐珞或油毡
胶黏剂（linoleum cement）中，这样能够遮盖掉面料本身的纹理结构。
第二种方法是舍弃传统的面料背衬，换成其他材料，如毛毡；或者用
两层或更多层普通面料叠加，确保其纹理走向不同；或者用特制的纸
做背衬材料；或者把棉花和碎布当作原始材料对其进行化学处理，再
将毛毡面料浸入其中。第三种方法是要把不同种类的填充物和黏合剂
压在一起。可以将动物毛、生皮与糖、甘油混合，也可以将橡胶和硫
化纤维、石灰石、石棉以及不同化学品混合并将其硫化。实验站的化
学家援引一份法国专利称："将酪蛋白或白蛋白与碱溶液混合，直至
其如糖浆一般黏稠。在单宁中搅拌。在油中加入天然橡胶溶液，再混
入亚麻籽油和硫黄……"这听起来像一份菜谱。

　　若不是这帮家伙很愉快地想出这些点子——每一个都很不一样，
有时一个比一个蠢——那就真是不会找乐子了。在接下来的若干年
里，他们试验了一些点子，但大多数都被否决了，又有一些新点子
取而代之。实验站进行了一系列研究、实验、文献综述、实地试验
和专利搜索。他们制造了试验件，订了特殊面料，上了涂层，规划
出了配料，列了结果。皮埃尔·杜邦（Pierre du Pont）鼓励大家，
"很好，继续，"他在回复一份报告时说，"在已经完成的产品中，一
定蕴藏着希望。"

但希望并不多。报告附信中提到，实验站的技术人员们最担心的是布料质感及沿着对角线方向拉伸，没有很关心真皮的其他主要优质特性，"尤其是柔软和柔韧性"。因此，他们写道："我们提交这份报告和样品并不代表我们认为它具有商业价值。"事实证明，这个评估是正确的。

那些年里，附在这份报告和其他有关人造皮革的报告后的是无数样品。有的样品直接订在信函上，其他的用铜别针粗暴地别在信上。一块二层皮，纤维细长，结疤被压平，皮子被涂黑。小块织物样品将被涂上这种或那种配方的涂层。新材料历过了诸多实验，如今一些样品已经破碎或者凝固了，几乎没有了弹性。一些样品油油的，满是化学品，里面的成分已经渗到随附的信纸上，导致褪色和染色，把浅蓝色的信纸变成了茶色。

所有这些都是努力尝试的证明。

§ §

这之后的任何一个人回看杜邦在这一时期的努力时都无法看出有什么伟大的突破，如 1884 年斯托里和威尔逊的专利，或后来的聚氯乙烯那样。这一时期被记录下来的更多的是挫折和失败，而非胜利。人们一度讨论过想用漆布做鞋面，他们让当地的邮递员们试穿，甚至还卖出了几百双。但这种材料不透气，涂层坚硬易碎，穿久了就会断裂。另外，鞋厂着迷于其他真皮替代材料，对漆布并不买账。漆布这个材料本身也的确没有改进。因此，在若干年里，纽堡生产出来的产品一直是老样子。

再后来，杜邦的宣传材料里不再把漆布称作人造皮革，转而将其描述成一种创新涂层面料，即"焦木素涂层纺织品"。它的生产则是"化学天才的伟大胜利"，它自身蕴含的美感与钢铁和铬合金所代表的现代精神和谐共存。但那是之后的事，至少到 20 世纪 20 年代早期，漆布最主要的竞争对手和品质标准还是真皮。

杜邦的一则广告描绘了这样一幅图景：一位白发高级主管和他的下属。主管命令道："汤姆，我们用漆布吧。"公司的销售手册要"把信息直接传递到私人办公室的红木办公桌上"。普通布面的手册完不成这个任务，因为它们"看上去不够重要"。真皮又太贵。漆布则"会像真皮一样受欢迎——因为你很难区分它和真皮"。

杜邦的一些广告不会提真皮，即便在暗示漆布优于真皮时。一则广告展示了男人俱乐部的场景，两个富有的男人坐在奢华的扶手椅

41　上，被光亮和温暖环绕。

舒适伴侣

真正的友谊、烟草的醇香以及来自工匠漆布的奢华包裹的和谐——绝对的舒适组合！

无论是在家，在俱乐部还是在酒店，只要有休闲椅和长沙发供你放松身心，工匠漆布就是最优的选择。色彩多样、触感柔软、卫生耐用，它是家具装饰面料中的贵族。

这里没有提到真皮。

除了在广告底部，漆布商标旁出现了一个有意思的设计——一块平铺的毛皮，有截断的四肢，还有尾巴以及口鼻的痕迹——无论是在当时还是在现在，这样的符号让人立即联想到真皮。叠印其上的是一头牛的轮廓和这样的文字："一头牛有多少皮？"

这指的是杜邦 1914 年的一次广告营销，这次营销强调的是把一块牛皮处理成家具装饰用皮，得到的面积是原始皮面积的 3 倍。其

中的奥秘是用机器把一块皮分成二层或三层；南北战争之前的操作方法是用循环旋转的带锯。一块皮子进去，大概 3/8 英寸厚，出来就变成了两张皮子——一张叫"头层皮"（top grain），另一张叫"皮"（leather），但比第一张皮更松更脆，各方面都逊于第一张。继续这个操作就得到了第三张甚至第四张皮。直到 1905 年，人们还会把这些劣等皮直接扔掉。但后来，制革工匠开始在这些劣等皮上进行涂层和压印操作，以便模拟头层皮——有时是海豹皮，有时是鳄鱼皮，或者是你想要的任何稀有物种的皮。

他们用什么涂层呢？通常就是杜邦用来制作漆布的焦木素。杜邦买下漆布时，二层皮在美国家具装饰材料中已经相当普遍——杜邦急于指出的正是这点。杜邦在广告里问："一头牛有多少皮？"为什么？因为制革工们在拙劣地模仿真皮！前文也提到这点。杜邦的一个竞争对手宣称，这是"有史以来最聪明的人造皮广告"。在"伙伴"广告中，杜邦狡猾地提出了那个老问题，轻而易举地唤起了人们对低劣二层皮的回忆，与之相比，漆布明显更具优势。

在 1919 年的公司内部刊物中，杜邦称赞这次营销行动"通过富有攻击性的营销和大胆的广告，把真皮的替代品从模仿更优质东西的弱势地位提升到了优于 3/4 的真皮的高度"。这个 3/4 是杜邦对准确性的妥协：漆布并不优于最好的皮革，它只是好过二层皮。

但大多数杜邦广告忽视了其中微妙的差别。1914 年，意大利玛格丽特王后（Margherita of Savoy）的豪华轿车内饰采用的材料就是漆布。杜邦急忙在《科里尔周刊》（*Collier's Weekly*）和《星期六晚邮报》（*Saturday Evening Post*）上登广告。这证明了漆布的魅力"并不在于其价格比皮革低，而在于它更好，其观感和触感都仿若皮革"。没有限定词，只是皮革。有时候，杜邦还会把漆布称为"制造出来的皮"

42

（manufactured leather），以此对应"皮革"（hide leather），或者叫它"改良皮"（an improvement on leather）。有一次甚至宣传其拥有"皮革具有的一切奢华感和美感"，而这恰恰是令伊雷内·杜邦感到焦虑的提法。

有时，漆布被用在垫套、舞台道具或其他不常使用皮子的物品上。但更多时候，杜邦将目标设定在最早使用真皮且最传统的领域——比如书籍装帧。1913 年，杜邦夸下海口，"只用比布料贵一点点的价格就能换来奢华的真皮装帧"。法律书籍、百科全书、"哈佛经典丛书"（*The Harvard Classics*）——这些书全都用漆布装帧。而令潜在消费者踟蹰不前的正是因为漆布在关键方面都无法与真皮抗衡。实验站在关于书籍装帧业对漆布的抵制调查中提到，漆布摸上去很油，另外还有压印的问题——这两点使漆布看起来不如真皮。

冒充真皮，漆布不得不这么做。1921 年前后，《科里尔新百科全书》（*Collier: New Encyclopedia*）的出版方决定用漆布来装订最新版本，他们采纳了杜邦广告里的宣传，"用特殊压印和手工上色技术精巧地再现西班牙皮革"。当然，一如既往，这些书和"古老的书籍装帧大师的作品不分上下"。

进入这个行业开始制造和销售漆布的这些年里，杜邦的技术人员一直试图模仿真皮这种天然材料，却屡屡被其甩在身后。真皮无所不在，在公司的宣传里，附在实验报告后，在纽堡的工厂里，在威尔明顿管理者的忧虑里，在实验站的显微镜下。化学家查尔斯·阿诺德（Charles Arnold）曾负责指导实验站的很多人造皮革项目。在 1920 年的一份报告开头，阿诺德描述了他们如何获取一辆凯迪拉克车的内饰皮革样品，并将其作为"将要达到的目标的指导和标准"。若干年后，阿诺德写了一本关于那段日子的简要回忆录，他在其中夸奖了当时的同事，其中一个叫乔治·普里斯特（George Priest）的，他"很有价值"——阿诺德写道，"因为他很了解真皮，而我们正在做的就是模仿真皮"。

真皮是衡量他们成就的标准，这种天然材料的外观、触感和强度都是他们追寻的目标，是他们的圣杯。　　　44

第三章　活的皮

1834 年夏末的一个中午，19 岁的理查德·亨利·达纳（Richard Henry Dana）留下哈佛大学本科生的长礼服和羊皮手套，带着装了够出海两年物资的水手储物箱来到波士顿码头，登上一艘叫"朝圣者"（Pilgrim）的双桅帆船，成为一名普通船员。他决心要"彻底改变人生"。在他那本史诗般的回忆录《桅杆前的两年》（*Two Years Before the Mast*）中，他回忆了自己年轻时代的冒险经历。多数时候他都是在加利福尼亚州沿岸收牛皮，那时的加州还隶属于墨西哥。他们从印第安人手里买下还带着肉和脂肪的牛皮，装满一船至少要 1500 张，一年多以后运回波士顿。达纳的工作和其他船员一样，就是确保这些牛皮在被运到波士顿之前不会变坏，以便制成皮革。

在回忆海边小镇圣巴巴拉（Santa Barbara）时，达纳写道："海浪在岸边翻滚咆哮，白色的船、深色的小镇和不长树的高山。"在那儿，他们用"加利福尼亚的方式"收毛皮：用骡子或马车把风干的毛皮运到海滩。他和其他人戴着厚厚的帽子，把又重又硬、奇形怪状的毛皮扛在脑袋上，光着脚踏进水里，把毛皮扔到小船上，小船再把一堆毛皮运到停在海湾里的"朝圣者"号上。

后来，他们在靠近圣胡安卡皮斯特拉诺（San Juan Capistrano）的一个俯瞰大海的悬崖顶上和印第安人交易牛皮，然后把皮从悬崖上——达纳估计那有 400 英尺高——扔到岸边的石头上。

> 我们把皮子从高处抛下，尽量往远扔；皮子都很大，很硬，折叠着像书皮一样。风托着它们，摇晃着、转着圈，在空中时而俯冲，时而上升，就像断了线的风筝一样。

在山脚下，另一群人负责把毛皮装上小船。

沿海岸收来的毛皮在圣地亚哥储存，之后再装上船运往波士顿或其他制造中心。绕道好望角的航线航程很长，因而需要妥当地保护好毛皮。达纳和他的同伴趁退潮时把毛皮拿到水边放两天，任凭上涨的潮水冲刷。在海水的作用下，毛皮会变干净，也更柔软。然后，他们把毛皮卷起来装到手推车上运走，再倒进盛满盐水的大桶里，盐水是含有自然盐分的海水加大量精盐勾兑而成的。在桶里浸泡 48 个小时后，毛皮被展开固定，皮肉向上。这时的皮子潮湿柔软，达纳一伙人跪在皮子上用刀割掉残留在皮子上的肉和脂肪——因为他们清楚，"如果不处理一下就在船上放几个月的话，所有的皮子都会坏掉"。这项工作非常艰苦，对人的背部伤害很大。最初，达纳一天只能处理 6 张皮子。在圣地亚哥的太阳下暴晒一个下午，皮子里的油脂就会跑出来，这东西也要被刮掉。之后，他们会把皮子折好，有毛的一面向外自然晾干。

整个过程远不止这些这么简单，更不要说还有把皮子塞进船里这项工作——他们管这叫"吊货"（steeving）。达纳写道，最终这些毛皮"被运到波士顿，制成皮革，做成鞋子"和其他皮制品，其中一些毛皮毫无疑问会回到加利福尼亚，当然，"在追捕小牛或处理其他皮时也会有磨损"。

　　若干年后的 1859 年，已是著名律师和作家的达纳拜访旧金山。
他在码头上看见摞在一起的毛皮。"我站在那陷入沉思。对我们，对
46　24 年前的我来说，这些毛皮是什么？又不是什么？它们是我们日复一
日的劳动，是我们的第一要务，是我们习惯性的思考……"

　　今天，在宰杀剥皮后的几个小时里，屠宰场就能将毛皮处理成皮
革。但在达纳的年代，以及人类制皮历史中的大多数时间里，毛皮是
一种独立的商品，有专门买卖毛皮的市场，车船载着毛皮运往世界各
地——毛皮仅仅是原材料，还没制成皮革。

　　毛皮是毛皮，皮革是皮革。无论如何，这是事实。

　　另外，每一张皮革都始于毛皮，有完整的皮毛和斑点，带有每一
头动物生存过的独一无二的痕迹，是名副其实的圣痕。来自肯尼亚的
皮革制品制造商在向世界介绍其新出的高档手袋产品线时告诉行业杂
志的记者，他们使用的骆驼皮如何反映出了非洲东部骆驼栖息地生长
的茂密的灌木和荆棘："看上去好像每一头骆驼都生活在现实世界里，
都要应对自然。"动物们，无论它们是被放养在牧场里还是圈养在畜
棚里，它们生病与否、喂养得是好是坏、是否摄入化学物质、身上的
痕迹是烙上去的还是感染造成的、是在夏季还是在冬季被宰杀的——
所有这些都最终会反映在由这些毛皮制成的皮革上。

　　在相对温暖的气候里生长的动物皮毛更短，皮革表面更平滑，纹
路也更精细。炎热的白天和寒冷的夜晚会给皮革带来"马赛克效果"，
这是皮下毛细血管扩张的结果。不良饮食会导致皮肤变薄，缺乏弹
性。皮革的质量甚至还取决于它来自动物身体的哪一部分，比如山羊
皮，覆盖脊柱部分的皮有 17 毫米或 18 毫米厚，肚子附近的皮则只有
9 毫米或 10 毫米厚。另外，动物腹部就像人类的肚子一样会伸缩松
弛，这部分皮革相应地就会比背部的皮革更具有延展性。

皮革制品制造者们最愿意把褶皱、瘢痕和皮革上其他不完美的地方解释成"自然的标记"。事实上,自然状态下能够呈现出清晰肤色的皮革是稀有和昂贵的。大多数最终被做成消费品的皮革都要历经上光、压印、染色等程序,以掩盖瑕疵。换句话说,更常见的是,动物生存的痕迹深深地镌刻在毛皮上,无法将其视为迷人的变体或自然存在的证明,从而轻易一笔勾销。每一个缺陷都会让皮革进一步贬值,因为要在剪裁时绕开、遮盖它们,或者干脆只能用整块毛皮来制作廉价的产品。

47

琼·谈库斯(Jean Tancous)研究的就是皮革的这些瑕疵。早在20世纪40年代,她就在辛辛那提大学和弗莱德·欧弗拉赫提一起工作,这个弗莱德·欧弗拉赫提就是之前提到的那位担心合成制品威胁真皮的化学家。在获得化学学士和硕士学位后的半个世纪里,谈库斯一直在和皮革、毛皮打交道。在这期间她获得过美国皮革化学家协会(American Leather Chemists Association)和其他团体的奖项。这个世界上没有什么人比她更了解皮革的缺陷了。那些日子里,她在辛辛那提郊区自家屋子的地下实验室里工作。在那里,显微镜、陶瓷器具、塑料管、小烤箱和小地毯、摇椅共处一室,毛皮突兀地吊在凳子上方。房间远端的书架上摆满了书籍和化学品。制革匠和屠宰场给她寄来毛皮样本,她把样本研究报告寄回给他们。通常,谈库斯会将一小条毛皮放在一台钢制的奇异装置上,这装置叫切片机。从装有液态二氧化碳的圆筒中吹出一股强劲的气流,瞬间就可以把毛皮冻住,精确地操纵切片机锋利的钢制刀片就可以从毛皮样本上削下薄到半透明的一层。之后,谈库斯会从她的若干个显微镜里选一个出来,把薄片放在镜片下仔细观察。谈库斯现在已经70多岁了,灰白色的头发高高地束在头顶,用发夹固定。但她在切削或用显微镜观察皮革样本时就像做科学实验项目的高中生一样，看得出她对从事的工作保持着新鲜感和热诚。多年以来，她遍观皮革一切瑕疵，她的这些知识都汇总在《皮、毛皮和皮革缺陷》(*Skin, Hide and Leather Defects*) 这本著作的第二版中。这本有 363 页的书称得上是动物毛皮缺陷的概要。

例如，疾病——脱毛症、湿疹、癣、须疮、疣，每一种都会体现在动物的皮肤上并最终影响皮革外观。癣带来的损伤 (Ringworm lesions) 最终会形成银圆大小的环形印记；无论怎样处理，这个疾病导致的光亮的环形印记都会存在。同样地，疣会覆盖牛身体一半的皮肤，形成怪异的坚硬组织，如角一般。毫无疑问它会给皮肤造成明显的伤害，也会降低皮革的质量。还有虱子叮咬、吸血；蛆虫会在动物的皮肤里钻孔以保证自己能够呼吸。另有遗传疾病，如"垂直纤维缺陷"(vertical fiber defect)，多见于一些赫勒福德牛 (Hereford cows) 身上。这种疾病会使皮革变得非常脆弱，用铅笔就能戳破。

如果一头牛被仙人掌、荆棘或带刺铁丝网划伤过，最终会反映在皮革上。如果一头牛被滚烫的烙铁打过烙印，或者被用化学的酸或液氮打过烙印，皮革上也会有所显示。同样地，如果在运送至屠宰场的过程中，牛被滚烫的柏油或具有腐蚀性的油漆烫过或者在饲养场里被撞过、踩踏过，再或者被不耐烦的饲养员用鞭、藤条或棍棒打过，皮革上都会有所显示。哪怕在牛待宰时，皮革上都会留有它生命中最后几个小时的痕迹：从农场到屠宰场的几个小时里，由于没有得到充分的休息和足够的水，牛已经精疲力尽了，皮肤过热，毛皮部分失血且没有得到足够的治疗，最终得到的就会是稍差的皮革。

这样看来，皮革和曾经活着的动物之间的联系是牢不可破的。皮革可被看作活着时的皮肤的一面，它深植于自然之中，只是人类活动的偶然产物——事实上，它牢牢地抓住了那个绝对流行的标签"天然"。让我们听听那些皮革制品的广告吧，在那里动物好像就是它的皮毛，就是用皮毛制成的皮革。"不久以前在10月里干燥凉爽的一天，哈里森·特拉斯克（Harrison Trask）在蒙大拿州他家附近用假蚊子钓鱼时想出了用北美野牛皮做鞋的点子。"这家总部在蒙大拿州的制鞋厂在宣传中说，特拉斯克注意到一群水牛（也就是野牛）正在河岸边吃草。特拉斯克于是想到为什么从来没见过用野牛皮做的鞋子。不久以后，特拉斯克的工厂就开始用野牛皮、驼鹿皮和长角牛皮制鞋。这家公司的标志性口号就是称这些皮革为"美国原皮"。该公司标识里有一头长角的野牛。一头长着壮观鹿角的驼鹿出现在该公司的宣传册里，册子里还附带一小块巧克力棕色的皮样；言语和图画都无法描述驼鹿皮那柔软如黄油般的手感，它的质感似乎是从其生长的动物身上自然又必然地传递出来的。

并不那么稀有的动物，甚至普普通通的牛，有时都会被拉到舞台中央为用其皮毛制成的皮革的品质代言。多少年来，在新英格兰制革协会出版的《皮革真相：一项自然奇迹的生动叙述》（*Leather Facts: A Picturesque Account of One of Nature's Miracles*）的若干版本中都有这样一个小册子，册子中记叙"牧场工人对牛的精心呵护。大自然要花费相当长的时间——即动物的一生——慢慢地、细心地将那些值得称赞的品质编织在一起，最终形成制皮的原料"。了不起的牛才能做出了不起的皮革。

然而，皮革制造者们有时似乎倾向于忘记皮革来自死去的动物这一事实。他们同样乐于将皮革和动物之间的联系割裂开来。比如，他们会告诉你说，这些动物不是因为毛皮而被宰杀的，皮革只是牛肉产业的衍生物。事实上，他们总是立刻这样告诉你。这是皮革业对自己不变的看法，也是其在出版物里一直成功营造的公共形象。制革匠

49

们会说是**另一个产业**在宰杀动物；他们只是负责回收被宰杀动物的毛皮，没有他们的话那些毛皮注定会腐败烂掉，是他们把这些毛皮好好利用了起来。我妻子买的化妆包上的标签写着，"购买本品您就参与了循环利用。21 世纪的制革业是肉制品业的副产品"。是**副产品**。这些讲法基本上是在陈述事实，但是 2003 年夏天卖到 60 美元一张的毛皮能够明示盈亏之间的差别。有些时候，你能听到人们把毛皮称为"第五个 1/4"，这么叫是因为如果把传统上从动物尸体上得到的利益分为 4 份的话，毛皮的收益则可以被看作那 4 份之外的额外收入。

　　无论卖到什么价格，美国每年被宰杀的 3500 万头牛的毛皮都是要被处理的，也的确被处理掉了。几乎所有毛皮最终都被制成了皮革。正如英国皮革工业顾问迈克·雷德伍德（Mike Redwood）所言，无论何时何地，几乎没有什么动物的毛皮最终是被扔掉任其腐烂的；无论何时何地都有一个并行且运转顺畅的体系存在着。这个系统汇总毛皮，并将它们加工成皮革。1834 年在加利福尼亚海岸边收牛皮的理查德·亨利·达纳就是这个体系的一部分。

§ §

　　毛皮经过制革后成为皮革，达纳做的仅仅是对毛皮进行保护性处理。

　　在制革之前，"毛皮"（hide）——这个词通常指代牛和马等大型动物的皮，"外皮"（skin）则指代小牛、羊和猪等小型动物的皮——面临腐败的危险。毫不留情的生物力量很快就会把在野外死去的动物销蚀成白骨一堆；细菌生成的酶能够分解皮毛的蛋白质，这一腐败的过程通常在动物死亡后的几小时内就开始了。盐能阻止这个过程的发生，因为盐可以吸走水分，并把环境变得不适宜细菌生存。给毛皮抹盐，或者把毛皮浸在盐水里能"保护"毛皮。毛皮在这种蛰伏的状态下能临时贮藏几个星期或者几个月，直到它被运到制革工厂。

但经过保护性处理的毛皮并不是皮革。

生皮不是皮革，羊皮纸也不是皮革。

以上这些都还只是毛皮，不处理的话一弄湿就会腐烂。

有些时候皮革会成为霉菌滋生的温床，但皮革本身不会腐烂。字典里对皮革的定义中就有"不会腐败的"（imputrescible）这个词，意思是没有解体的倾向、不会被腐蚀。皮革不需要盐的保护，不需要保持干燥，也不需要冷藏。皮革能够经受生物、气象、物理和化学的各种考验，最终制成鞋子、马鞍和皮带。毛皮几天就会腐烂，而皮革即便没有特殊护理也能保存几个世纪之久。在波士顿美术馆你能看到一件白色羚羊皮做的漂亮大衣，是埃及人在公元前 3000 年前后制成的，今天来看还崭新如初。1973 年，人们在英格兰彭沃尔郡的德雷克斯岛附近发现了沉没了近 200 年的丹麦双桅帆船"慈悲夫人凯瑟琳娜"（Frau Metta Catharina）号。和"慈悲夫人凯瑟琳娜"号一起被发现的还有船上装载的驯鹿皮革，是按照俄式方法用柳树皮制作的，准备运往热那亚。其中大部分皮革的品质一点不差，完全可以使用。有一些皮革还给查尔斯王子做了一双鞋子。今天在网上你还能买到用这批皮革做的皮带和记事本套，并附带真品证书。

经过制革才有了皮革，有了耐久性。在制止毛皮腐烂的生物过程中，皮革和自然被硬生生地分开了；因此严格地说，很难再把皮革称为"自然的"了。同样的毛皮既可以变成柔软垂坠的马甲，又可以变成外壳坚硬到似乎能够抵挡子弹的器械箱。在人的技巧之外还有什么自然可言？我们将看到，那些复杂的化学和机械操作经一代又一代制革匠的发展、改进和完善，把毛皮变成皮革，也在两者之间竖起了一道概念之墙：毛皮和皮革，二者如此相像却又如此不同。是的，皮革

50

的特质被其仰慕者吹捧。但皮革终究来自制革厂——制革厂终究是个工厂——皮革稳定一致，可以按种类、厚度、颜色和色度划分，列入工业目录之中。皮革的密度、抗拉强度和吸水率都会被记录在明细单里，和乙烯基塑料布或尼龙丝的明细单放在一起。简言之，皮革之所以能够如此稳定、坚固、美丽、受人喜爱，既归功于生命本身创造的奇迹，也离不开制革技术带来的奇迹。

51

§ §

"在人造纤维出现这么多年之后，它依旧是独一无二的，并且我认为在未来的几百年里它还会继续保持独一无二的地位。"说这话的是尼克·科里（Nick Cory），一位圆滑的来自英国的高个化学博士。他这里指的是皮革。科里是辛辛那提皮革研究实验室（Leather Research Laboratory）的主任，也是美国皮革业开办的一年两届的皮革培训课程的主办者，这里的美国皮革业指的是一个行业公会组织。在两天的课程中，与会者可以了解从皮肤生物力学、皮革化学到测试仪器，再到联邦贸易委员会（Federal Trade Commission）对产品标签的要求等相关知识。这次的参会者包括制革厂的新雇员、给哈雷机车制作鞍座的公司派来的一名买手、两位来自墨西哥的皮革方向盘套供货商以及其他 6 个人，其中包括我自己。

在培训的第一天，科里正在介绍皮、毛囊、纤维原细胞和胶原网络。为了讲好这堂解剖课，他在大屏幕上展示了一幅放大了的皮肤横截面图。毛发从皮肤表面进出。毛发的根部直抵毛囊，皮脂腺为其提供油分。微小的肌肉，即立毛肌使毛发能够直立起来。由微细静脉和毛细血管组成的网络结构给其供血。科里展示的皮肤横截面不是牛的，不是猪的，也不是鹿的，而是人的。选择展示这样一张图并非他偷懒或者残忍。这张图并不会引起误解，因为所有皮肤在本质上都是一样的。

然而，动物的皮**当然**是不一样的；这些不同体现在由它们制成的皮革的各个方面：皮革的撕裂强度、透气性、是否适合装订书籍、是否适合做鞋子的衬里。在我面前摆着一本联合国新奇皮革调查报告的影印本，其中有短吻鳄皮，鸵鸟皮。书的封面上就印有若干新奇皮革的图片。这本影印本印刷质量很差，几乎不能展现皮革形状和质感的微妙细节。即便如此，每种皮革仍是不同的，它们之间的差别就像伦勃朗和劳森伯格之间的差别一样大。同样地，日常生活中更常见的皮革之间的区别也是可以辨别的，尽管你可能要用放大镜来观察，比如纹理比较细密的小牛皮和一般牛皮在毛发细胞样式上的不同。猪皮上的毛囊更大，并且是以三个一组为单位排列的。用马臀部位的皮肤可以制作一种叫科尔多瓦皮的坚韧皮革。大象皮有时会被制成特种皮革，有 1.5 英寸那么厚。山羊皮可以制作出柔软的皮革，垂坠下来煞是好看，因此可以用来做衣服。显而易见，把这么多种可以用来制革的皮都归为单一的"皮"是错误的。

52

然而，这么做也不是完全错了。

几乎任何一种动物的皮都可以做成皮革：袋鼠、驼鹿、鲨鱼和牛。马萨诸塞的一家公司在创办之初卖三文鱼皮、鳕鱼皮和狼皮制成的皮革制品。**会有味道吗？**该公司所有者吉姆·贝茨（Jim Bates）常被问到这样的问题。"那么，牛皮会有牛味吗？"他马上回应道。青蛙腿、火鸡腿、河狸尾巴——所有这些动物的皮都可以制成皮革，他说。在皮革培训班上，另一位指导教师兰迪·罗尔斯（Randy Rowles）讲述了他是如何引导他儿子进行一项科学实验的，即在茶杯里对老鼠皮进行制革处理。"我们抢在猫之前，抓住了那只老鼠"，他说。

在华盛顿特区的史密森学会博物馆里保存着一双人皮制成的靴

子。对于这双靴子，史密森学会工作人员比较敏感，他们不太愿意谈论它，但这双靴子确实是他们的藏品。1876 年，为了庆祝美国独立100 年而即将召开费城博览会，这是一个工商业表现自己的大好机会。每个人都想要参与其中，其中就包括来自纽约市的制鞋商 H.& A. 马伦霍尔茨（H. and A. Mahrenholz）。在写给史密森学会的信中，他们表示，如果能够有幸参与，他们乐于用鳄鱼皮或蟒蛇皮制作一双靴子，并在博览会上展示。如果史密森学会愿意的话，他们甚至可以用人皮来制作靴子。他们保证自己的靴子绝对"牢固耐用，时间和天气的变化都无法对其造成任何影响"。果真，很快他们就把 3 双靴子寄来了，"我们相信你们会把这 3 双靴子放在百年纪念大楼里的显著位置"。他们还留有附言："附上制作靴子的人皮两块。"

史密森学会回信说，想要进一步了解制作人皮靴子的皮是从谁身上取得的，即那个人的情况。马伦霍尔茨公司的回信有些前言不搭后语——毕竟，他们是做鞋的，不是语法学者——但也已足够清楚了：

> 人皮取自两位老年男性身体的从肚子或臀部到脊柱部分。不知您是否有胆量展出这样的靴子（这是个问题），我们费尽心力制作这样的靴子，只是为了证明人皮和其他动物皮一样可以做些什么。这样的靴子不是用来穿的，这一点您自然了解，它只是为了体现 19 世纪的新奇，从未展出过这样的东西。女人们看到这样的东西或许会畏缩，甚至一些男人也会这样！可我们最高雅时尚的女性顾客却敢头顶死人的头发走来走去。

53　　125 年后，这双靴子仍然形状优美，呈浅褐色，摸上去很柔软。但除此以外，这双靴子乏善可陈：伸手摸一摸它也不会感到害怕。它就像其他皮革制品一样。

所以，粗略地说，皮革就是皮革。

§ §

皮革来自皮肤，但不是皮肤的全部。

你的皮肤或者猪、鹿的皮肤都有毛发，毛发的根部深植于皮下含油脂的毛囊中。皮肤表面的一层，即最外层薄如纸一般，很容易就会退化成一条线，即便高倍放大皮肤的横截面也不容易认出它来。这一层就是表皮层，表皮层生成细胞也脱落细胞，永远不超过几个细胞的厚度。制造皮革时，表皮层和穿过表皮层的毛发都要被丢弃，除此以外，还要丢掉连着脂肪和肉的最里层。

剩下的中间部分，通常也是最厚的一层，会被制成皮革。这一层几乎完全由两个子层构成：一层是有着精细纹理的纤维层，它体现出皮肤毛囊的样式特征；在其之下是真皮层，真皮层由略微粗糙的纤维密实缠结而成。这两个子层构成的整体外侧皮革粒面的触感有如黄油一般，令人仰慕；其内侧则是判断真假的依据。制革匠工作的一大部分就是要把其他部分去掉，只留下这中间部分，并对其进行化学和机械处理。

如果你还年轻，视力正常，或许用肉眼就能辨认出彼此纠缠的皮革纤维，其他人则需要普通的放大镜才看得清楚。观察被锋利的刀具切割后的皮革壁，你会看到被剪短的纤维如同男人的平头一样，其中有些又好似矮小的草丛一般。要知道我们这个皮革样品是已经被切割过的，它的纤维自然也被切割了。但如果你继续向下深挖，就会发现有些纤维并没有被切割掉，还完整地藏匿于混乱纠缠的其他纤维里。这正是兰迪·罗尔斯曾经做的——他从混乱纠缠的纤维中梳理出完整的一根，发现其总长度竟然有 1 英尺。近距离观察任何一根纤维，我们会发现每根纤维又是由若干超细纤维构成的，这些超细纤维比人类的毛发纤细得多。曾经有一次，我把一块厚皮子紧紧地缠在一块木桩上，皮子的绒面向外，做成了一个猫抓柱。到第二天，我的猫咪荷基（Herky）已经用它跃跃欲试的爪子，把绒面从桃子般毛茸茸的麂皮面变成了一束束炸开的细纤维，有的地方有 3/4 英寸那么长。总的来说，就像男人多毛的胸部似的，细看又像微风中摇曳的蒲公英卷须一样。

这些原纤维主要由胶原蛋白构成。因此，把皮革看作胶原蛋白也不为过。

胶原蛋白在动物界中恰如纤维素在植物王国中一样无所不在：胶原蛋白是动物世界里最多的蛋白质。它构成了肌腱、韧带和软骨组织。它是皮肤——无论是鱼的、人的还是牛的皮肤——的最大组成成分。胶原蛋白自身十分强壮，在同样条件下甚至强于某些钢铁。胶原蛋白经扭曲、压缩，在各个方向上相互缠绕构成皮革。这种材料不仅强壮，它的外观和质感也是人们几百年来一直试图模仿的。

将毛皮、骨头和结缔组织放在一起煮沸就得到了明胶，它是吉露果子冻（Jell-O）、果酱和某些胶水的主要组成成分。在民间传说里，老格雷（Ol'Gray）在临死前被送到了炼脂厂，在那里他变成了明胶；"胶原蛋白"这个词于 1865 年前后首次出现，意为"柔顺胶"（yielding glue）。英国皮革元老 H. R. 普罗克特（H. R. Procter）在 1903 年写道："就我们目前所知，毛皮纤维只是一种有组织的脱水明胶。"就这一观点，近一个世纪后的另一位英国皮革科学家认为，这"与今天的情形相差并不远，只有一点除外，那就是明胶结构来自胶原蛋白，而非正相反"。换句话说，先有胶原蛋白。

2004 年美国皮革化学家协会在圣路易斯召开年会。100 年前也是在这里，美国皮革化学家协会召开了第一次会议。在蔡斯公园广场酒

店（Chase Park Plaza Hotel），来自巴塞罗那的皮革技术专家和化学家
国际联合会（International Union of Leather Technologists and Chemists）
主席豪梅·科特博士（Dr. Jaume Cot）作了题为《去往胶原蛋白分子
的假想旅行》（"An Imaginary Journey to the Collagen Molecule"）的协
会年度荣誉发言。发言名义上是对更优的制革废物处理方式的展望，
实际上离题甚远。豪梅·科特博士演讲时播放了一段受胶原蛋白分子
氨基酸序列（amino acid sequence）启发而创作的竖琴曲。科特很清楚
他面对的听众是谁。胶原蛋白是皮革化学家们最关注的东西。任何一
种毛皮的绝大部分成分都是胶原蛋白，这是制革匠们每一天在清醒时
间里一直试图改变的东西。

55

§ §

　　若干个世纪以来，制皮技术的变化如冰川运动一般缓慢。把初步
处理过的毛皮运进来除毛、鞣制、上色、抹油，然后把皮子运出去。
这就是制革匠的工作，从过去到现在一直都是。在过去的两个多世纪
里，化学家帮助制革匠更好地理解他们做的工作。但是，制皮实践一
直是走在科学理解前面的。多数情况下，制皮技术的进步——如果还
称得上是进步的话——源于制革匠日复一日的实践，其中科学的功劳
很小。举个例子，在1851年的伦敦水晶宫博览会上，博览会评委们
都因麦考密克收割机和柯尔特手枪兴奋不已，却对近期的制革专利和
工艺毫无兴趣。他们说，"制革领域并未出现决定性的改进，没有明
显的进步。与旧有的方法相比，其结果也并没有变得更好"。皮革处
理方式仍同几世纪前一样。对大多数毛皮和皮革来说，制革手段也不
比用树皮、树叶和浆果更新奇。

　　传说有一天，在横贯阿根廷和玻利维亚的东安第斯山脉的低平原
地带的大查科（Gran Chaco）发生了雷暴，一道闪电击中了一棵树以

及在树下避雨的牛。过了一段时间，人们发现那头牛已经化成了一摊棕色的水，毛皮则变成了皮革。那棵树是白坚木（quebracho），是一种坚硬结实的木材原料。"quebar hacha"意思是"短柄斧破了"。这种树又厚又软的树皮是最好的植物鞣皮剂，因其所含的单宁（tannin）浓度是自然界中最高的。

但白坚木的使用才不过百余年历史。在那之前和之后，人们用过很多种植物进行皮革加工，通常选择本地生长的植物。松树和荆树能提供单宁，云杉和儿茶钩藤（gambier）也可以。在美洲殖民地，北方用铁杉，南方用橡树。普洛斯特那本百年经典的《皮革制造原则》（*Principles of Leather Manufacture*）中有一章讲的就是植物鞣皮材料。书里散布着拉丁语名称，如"珍栗"（Castanea vesca）和"膜萼大黄"（Rumex hymenosepalum），还有铁杉的照片和西西里漆树的素描，让人误以为这是一本植物学教材。书里出现的铁杉和漆树等都能把脆弱的毛皮变成结实的皮革。但这个过程需要大量此类植物，因此大多数鞣皮厂里都有树皮压碾机，把原材料挤压和碾碎成需要的状态。美国南北战争时期有记载描述，"圆槽直径 15 英尺"，两匹瞎眼老马拉着木头和石头轮子交替碾压槽里的树皮，一天处理半捆。"绘画、专利和其他记录表明，这种方式几乎毫无变化地延续了两个世纪之久。"

56

过去，制造皮革要花费一年甚至两年的时间。把毛皮放在深坑里，背靠背里侧向外，添上一层树皮、树叶或坚果，就这样一层层垒上去，鞣制剂逐渐渗透进皮毛里。后来，人们开始使用不同浓度的鞣制剂和溶液，它们都是从原材料里提取的。又过了一段时间，制革匠们意识到，高浓度的鞣制浓液或者说"鞣液"（oozes），会形成坚硬、难以穿透的外表面，阻碍皮革内部的鞣制。因此，需要慢慢地按照一定规律改变鞣制剂，逐渐提高其酸性和浓度，或者把毛皮依次换到放了更高浓度鞣制剂的深坑里。

鞣制过程需要耐心，那些想尽快卖货挣钱的制革匠们却未必有这个耐心。早在 1553 年之前，爱德华六世法案的前言中就记载，尽管毛皮一般要在深坑或大缸中保存至少一年，但一些制革匠"发明了各式各样欺诈和狡猾的方法"，只用一个月就完成了鞣皮。其中一个方法是把"沸腾着的、滚烫的溶液倒进鞣制缸中"，这种事自然只能在晚上偷偷摸摸地干。

鞣皮是皮革制造的精髓。因此有些时候，"鞣皮"（Tanning）这个标志性的词不加选择地被用来泛指整个过程：制革匠，在鞣皮坊或鞣皮厂工作，制造皮革。但是，皮革鞣制并不是制革匠工作的全部，皮革制造还包括其他步骤，一些在鞣制之前，一些在鞣制之后，这些步骤是皮革制作的艺术所在。

毛皮在鞣制前第一步是彻底清洗，确保其不再沾染血、粪便和泥土，这样就能恢复由于盐腌而流失的自然水分。这一步骤通常意味着要将毛皮浸入附近的小溪之中。在某一刻，毛皮内侧残留的肌肉或脂肪就会被水流冲刷干净。给毛皮除毛就是把其浸到石灰缸里——石灰和水混合成为氢氧化钙，一种强碱。毛鞘溶解变松，毛还是完整的，用钝刀就能将其刮掉；英国人把处理后剩下的带毛的石灰水叫作"飞沫"（scud）。后来，制革匠们发现把浓稠的硫化钠溶液倒在毛皮上，或者把毛皮吊在装有硫化钠的大缸中都能免去刮毛这个操作。在这两种方法中，具有腐蚀性的强碱性溶液作用的是毛本身，几个小时能把毛溶解成黏糊糊的一团，轻轻松松就可以除去。化学反应生成硫化氢，气味难闻，像臭鸡蛋。

至此，毛皮去毛完成。但由于含有大量石灰，毛皮肿胀变形，厚度和重量是原来的两倍，毛囊突出，用指头挤捏毛皮会留下清晰的指纹。下一步就是脱灰（deliming），用盐类如硫酸铵浸泡毛皮以降低碱性、缓解肿胀。

传统皮革制造方法的相关记录有时会对皮革制造中那些肮脏恶臭、令人作呕的原材料抱有近乎病态的兴趣。几个世纪以来，这些原材料在皮革生产中是必不可少的，比如尿液、粪便、陈啤酒和腐烂的毛皮碎片。这些材料色彩斑斓，味道刺鼻自不必说，但它们在"皮革软化"（bating）中大有用处。皮革软化这门古老的技艺给皮革制造的整个过程增添了光晕。皮革软化和它的近亲"狗屎脱灰"（puering）是指用温热的排泄物处理皮革——有记载说 14 夸脱[①] 狗粪能处理 4 打皮革，也有记载说要把狗粪稀释到蜂蜜的黏稠度——使其更适合鞣制。这种方法能够使毛皮变得更加柔软，一部分原因是它破坏了毛皮上残留的其他组织成分，如毛根、色素和胶状的蛋白物质。有人称其为"一个特别刺鼻难闻的、令人作呕的过程"，但这个过程是有效的。20 世纪初有人描述道，经过软化的皮革"不再像橡胶，它变得柔软松弛，像丝质睡衣一样"。

这些准备步骤的结果是生成了这样一种毛皮，在某种意义上说，它是**毛皮的本质**所在——它是纯化甚至净化后的胶原网络，多数情况下没有毛发、脂肪和无关的蛋白质。除了制革匠一开始就渴望的纤维状胶原蛋白外，一切杂质都已被清除，再无任何羁绊。毛皮终于准备好进入鞣制阶段了。

然而，"终于"在这里是一个不准确的表述，因为鞣制之后的步骤和之前的一样重要。毛皮在深坑中鞣制后变成了皮革——无论在过去还是现在，它都还不是人们想要用在靴子和包袋上的皮革。毛皮从

---

① 1 夸脱（英制）≈ 1.136 升。——编者注

不久前栖居的充满生老病死的世界中抽离出来。曾经长在活生生的 58
动物身上的柔软、有韧性、有弹性的皮子现在变成了"壳"（crust）。
"壳"是传统的叫法，因为皮革的确变得坚硬，有硬壳触感不好。从
某种意义上说，鞣制吸走了皮革的生命。因此，接下来就要恢复皮革
曾经的柔软和温度。

传统上来讲，这是鞣皮匠（currier）的工作。在法语里，这个词
是"corroyeur"。这两个词共同的词根来自拉丁语"corium"，是皮革
的意思。鞣皮匠最终要对鞣制过的毛皮进行整理、染色等。中世纪英
格兰的鞋匠从制革厂手里买下鞣制好的毛皮，然后把它送到鞣皮匠那
里，仔细交代他想要的皮革的最终效果。通常鞋匠会想要皮革更加柔
软、更有韧性。通常情况下，鞣皮和制皮不是由一个人完成的；在英
格兰它们分属不同的行会。

鞣皮匠用制革匠熟悉的倾斜的棍子来刮掉皮革上额外的肉。这两
个行当只有这一种工具是相同的。鞣皮匠用特制的拇指形状的锤子和
筛子敲打、铲刮、拉伸、捶打浸了油和涂了油的皮革，使之变得柔
软。鞣皮匠把皮革刮削至适合的厚度，把皮革浸到鱼油、蜡和染料
里。所有这些步骤在今天都有与之对应的机械化的操作。在蒲柏的英
译荷马史诗《伊利亚特》中，希腊人和特洛伊人为争夺普特洛克勒斯
（Patroclus）的尸体而战：

> 就像一头被宰的公牛的难闻毛皮，
> 被全力拉扯，左右猛拽，
> 强壮的鞣皮匠展开；还有帮工们
> 被抻开的表面，浸满了脂肪和血液。

　　比较 1553 年的英格兰、1747 年的德国和 1860 年的美国，我们会发现皮革制造方法跨越了 300 年也没有明显的不同。正如 1946 年一名英国皮革研究者约翰·W. 沃特勒（John W. Waterer）所述，"皮革鞣制和修整"是最晚脱离中世纪的行当之一。"直至 19 世纪末，沿用几个世纪的方法几乎没有变化。"最典型的是制造皮革要用到支架，制造过程很潮湿，其间会产生令人憎恶的臭味。

　　制造皮革要用到支架。从中世纪直到最近，几乎所有对皮革制造的描述中都会出现工人们在支架上辛苦劳作的场景。比如早在 1568 年，纽伦堡的版画家约斯特·安曼（Jost Amman）在为汉斯·萨克斯（Hans Sachs）的经典诗集《世间一切行当》（*All the Trades on Earth*）画的插图中就有一幅描绘了制革匠。插图中，全须全尾的牛皮晾在制革匠头顶的椽子上。制革匠身后的德国小镇上矗立着砖木结构的房子，前景处站着的就是制革匠：系着围裙；脚上套着到大腿位置的高筒靴子，使其免受鞣皮污水的侵扰；衬衫袖子高高卷起，露出肌肉结实的小臂。制革匠正在用两个手柄的刮肉刀把生皮上的肉和多余的组织刮下来。他向下面对毛皮，把手臂和肩膀的全部力量作用在支架上——这就是几个世纪以来制革业的象征符号。

　　安曼给萨克斯诗集绘制的插图有一个版本的英文说明，称其为"支架劳作"（Working the beam）。有些时候，这个支架只是一截树干；有些时候，这个支架是一块顶部呈弧形的木板。在约斯特·安曼标志性的插图中能看见它的身影，在狄德罗的著作中也能寻到它的踪迹；法文称此支架为"chevalet"，即锯木架。在 20 世纪 40 年代和 50 年代，你还能在记录制皮操作的照片中看到它：制革匠靠在支架上手臂舒展，用手中的刮肉刀进行操作。这场景是男性力与美的集中体现。如今，支架这东西已经消失，但制皮过程中生皮处理这道工序仍被称作"支架车间"①。

制皮过程是潮湿的。日常使用的皮革是干的，但是只有接近皮革制造的完成阶段皮革才是干燥的。至少在最终完成阶段或修整操作以前，鞣皮过程中的每一步都意味着要用不同的漂洗液、溶液、"液体"（liquor）和"鞣液"对皮革进行处理，而这些东西都会使皮革变湿。有些时候，"湿"的程度仅限于"表面湿润"。多数时候，皮革是湿答答的或者湿透了。笨重的皮革被啪啪作响地摔在地上。工人们身着围裙，穿着水靴或者他们那个年代的其他雨具来处理湿皮子。

汉斯·萨克斯有一首诗的英译版是这样开头的："我在空气中，把皮子晾干。"

> 先去掉附着在上的每一缕毛发
> 然后用埃舍尔的流水泼洗，
> 我彻底地清洗它们。
> 我把牛皮和小牛皮放在鞣皮坑中，
> 在泡着树皮的水里泡几个月。

60

制皮厂总是建在溪流旁，这样可以在流水中冲洗毛皮。在过去，还要有大缸、桶或长长的边缘垒上石头的深坑。皮子在里面连续泡几个月。现如今，皮革在大木桶里来回翻滚，倒出来后成了沉甸甸、松软潮湿的一摊。在过去，不同时代的人们对皮革处理的各个阶段有着不

① 原文的"the beamhouse"中文的标准翻译为"鞣前准备"或"准备工段"。这里为了凸显"beam"一词的实际所指并承接上下文语义，故采用直译方式。——译者注

同的理解，因而取的名字也不尽相同。但总的来说毛皮都要经过清洗、浸泡和软化，辅以神奇的药水，这些药水或酸性或碱性，或有毒或无毒，总归是要把皮子弄湿的。

当然，还有制皮过程中伴随的恶臭。这恶臭使得制皮成为一位学者口中"肮脏的、令人作呕的行当，任何一个有审美情趣的人都做不来这活儿"。被屠宰的动物在几个小时里就会发臭，从这些动物身上剥下的皮毛要是没有可靠的处理方法将会继续发臭，并且越来越臭。清洗皮子的水里会充满血、油脂和污物。直到 19 世纪中期，皮子从屠宰场买来时还都连着动物的蹄子、角这类零碎部件，因此在描述英国这个行当的早期情况时有这样的记载，"制革厂里很快便堆满了腐烂的内脏"。事实上，我们对制革业历史的了解多来自那时为了规范该行业而颁布的法令。

剥下来的皮子随时会腐烂发臭，然而更糟的还在后头。当时常用的给皮革除毛的方法就是把它折叠起来任其腐烂。要加速这个过程，可以在皮子上喷洒尿液。在"支架车间"里，腐烂的狗屎和鸽子屎就那么堆积着。在帕特里克·聚斯金德（Patrick Süskind）的小说《香水》（*Perfume*）中，故事发生在 18 世纪的法国，主人公 8 岁时就在制革厂工作，干的是最危险也最恶心的活儿。"他把皮子上的肉刮掉，冲水，拔毛，上石灰，软化，浸泡和敲打皮子，再抹上粪便。"制革厂里令人作呕的味道在聚斯金德笔下人物那扭曲的心灵里永久驻扎下来，而这个人物正是一位连环杀手。

如果我们就此打住，停留在这生动的描述和刺鼻的气味里，就会发现皮革无可争辩地源于自然，对皮革进行化学和机械处理都是次要的，皮革事实上就是皮肤的同义词。在 2004 年巴黎举办的一场名为"自然感觉"的推广会中，一个意大利制革联合会用诗歌的形式来称赞他们推出的植鞣皮，称其是最高、最优的自然产物。

> 自然给了我们皮革、水和植物里的单宁酸，
> 自然给了我们头脑和肌肉。
> 就这样，植鞣皮革诞生了。
> 它几近完美。

　　事实上，几个世纪以来的皮革制造——想想那些朴实的人和他们强壮的身体，从活生生的动物身上扒下一块块皮子，人们在溪水旁的树皮、浆果和叶子中间劳作，那生与死的味道——难道不正是"自然性"的化身吗？

§ §

　　然而，我必须告诉你，这迷人的一幕背后还存在其他复杂矛盾的解读。比如，皮革软化似乎是皮革处理中最具"自然性"的一步。

　　在维多利亚时代晚期，英格兰化学家约瑟夫·特尼·伍德（Joseph Turney Wood）开始重新思考皮革软化，试图揭开一直以来笼罩其上的神秘面纱，看其是否如其他工艺流程一样，人可以以科学的方式理解，并被总结成化学配方。1886 年，他去一家制革厂工作并学习细菌学，在狗的粪便中鉴定出微生物，进而研究微生物的化学组成成分。1894 年，他发表了一篇文章，结论是"目前还无法大批量人工合成皮革软化剂"，使其功效与狗屎相媲美。但狗屎的作用方式至此进入人们的视野。细菌分泌的酶可以分解制革前几个步骤后残留在皮革上的动物毛发蛋白。在 1898 年和 1899 年发表的论文中，伍德建议细菌培养或许可以替代粪便。他的洞见终于在 1908 年被德国化学家奥托·勒姆（Otto Röhm）实现，勒姆制造出了一种富含酶的粉状混

合物，叫"软化宝"（Oropon）。

　　这就是"生物技术，约1908年"：实验室制造出来的，有品牌名称的干净的新产品，远非很久以来所用的生物垃圾。伍德在其1912年发表的像书一样厚的关于皮革软化的综述结尾向读者致歉，因其研究对象是排泄物，这"既不鼓舞人心，也不崇高"。但他仍旧表达了这样的愿望，希望有一天"可以彻底摒弃污秽之物的使用"。如今，皮革制造者们仍在谈论和进行着皮革软化的操作，但他们再也不用搜刮狗窝以获取软化剂了，他们只需在化学供应商那里购买所需的试剂即可。

　　早在1794年法国大革命时期，鞣皮术就开始变成了人工而非自然主导的行当。化学家安东尼·拉瓦锡（Antoine Lavoisier）在断头台上掉了脑袋后不久，他的学生阿尔芒·塞甘（Armand Seguin）宣布，鞣制皮革无须使用树皮。将树皮、酸和水以适当的比例混合在一起得到的溶液中含有单宁酸——塞甘给这种鞣制皮革时需要的活性成分起了单宁酸这个名字。它可以替代树皮，并且效果更佳。再也不用把皮子折叠起来和树皮一起在深坑里泡上几个月了。只需要把皮子浸泡在这种溶液里几天即可。

　　塞甘的创新本应成为其辉煌科学事业的一个超高起点。时值法国大革命，对这个国家来说最重要的就是要多多制造鞋子和马鞍，而塞甘的发现正迎合了这样的需求。于是，他变得十分富有，并因此远离了科学研究。无论怎样，塞甘的伟大发现的确将鞣皮术和自然切割开来。塞甘鞣皮法的大桶里装的不再是树皮和叶子，而是从树皮和叶子里提炼出来的东西——每经过一次提炼就变得抽象了一点。若干年后的1805年，部分受到塞甘的启发，英国科学家查尔斯·哈切特（Charles Hatchett）在面对伦敦皇家学会时声称，通过分解煤炭、松节油和其他含碳物质，他能够制造出"非常接近单宁酸"的物质，这种

物质甚至可以鞣制皮革。他的文章标题为"论具有单宁酸主要特性的
人造物质"。在19世纪之初，哈切特、塞甘和其他科学家们让皮革变
得更加人工了一点——也就是说更加"人造"了一点。

塞甘已经证明，树皮提取物像树皮一样好用。但在1884年的费
城，另一项技术和商业创新证明，不需要浆果也不需要树皮，不需要
砍倒整片森林，甚至根本不需要植物王国的参与。1797年，一个法国
人已经发现了化学元素铬。从地下挖出冰冷坚硬的矿石，从中能提炼
出这种强大的化学元素，这种金属很快将取代橡树、含羞草、栗树和
白坚木这些沿用多年的制皮材料。

无机鞣皮法并非从未有过，只是不被广泛使用罢了。明矾鞣皮，
或者叫作"明矾硝皮"（tawing）早在制皮术出现之初就被用来处理山
羊皮，有些时候用钾矾（potash alum），它是一种铝钾硫酸盐，通常情
况下是细小的白色晶体，有些时候用蛋黄、面粉、水、盐和明矾的混
合物。如此处理过的皮子弹性十足却不防水。不过，明矾鞣皮法能够
加工出一种独特的雪白色皮革，因此还是有其独到之处的。

19世纪80年代的费城，人们用明矾鞣皮法来仿制珍稀的摩洛哥
皮，摩洛哥皮通常指的是经苏模（sumac）提取物鞣制的小山羊皮，
表面有蜡质的光泽。但是，当人们用明矾鞣制的皮革做钢制紧身胸衣
衬料的保护套时发现钢制衬料会生锈，皮革也会被染色。于是费城的
一名制革匠找到化学家奥古斯图斯·舒尔茨（Augustus Schultz）寻求
帮助。舒尔茨儿时从德国移民美国，彼时已经40多岁，在附近一家
染料公司供职。他能否发明出一种方法来解决这个问题呢？

有关舒尔茨本人的记载并不详尽，但他的成果体现在1884年发
布的两项美国专利中，并且在接下来的15年中多次被诉侵权，最终
并未被告倒。铬元素广为传播，铬盐曾被用来处理毛皮。但这种尝试

63

始终没有被商业化，一部分原因源自制革匠的抵制，他们只接受传统加工后的皮革外观、颜色和质地。在技术史这个划时代的节点，历史学家约瑟夫·J. 施特麦赫（Joseph J. Stemmech）将那些年冠以"铬鞣法觉醒时期"的名字，尽管当时铬尚未替代传统方法。

但如今，舒尔茨的出现使铬终于打败了传统鞣皮方法。

自其发现之日起，铬化合物就一直是黄色颜料和染料中的主力，而颜料和染料正是舒尔茨的专业研究对象。舒尔茨专利的核心内容是在大桶中制造硫酸铬。今天，作为一种化工原料，硫酸铬是一种可溶的绿色薄片或粉末状物体。正因如此，经铬鞣法处理过的皮革很容易辨识，因为蓝绿色会深入皮革内部。今天，"蓝湿皮"（wet blue）已经成为业界通用的称呼，指代那些经铬鞣法处理并保持湿润、等待下一步精加工的皮革。如今，世界各地的制皮厂和货舱里在任何时候都有上千堆或上千盘蓝湿皮。

64

在使用铬鞣法的初期，制革匠们发现这样处理过的皮子必须保持湿润，不能像植鞣皮那样先干燥成硬皮后再在加工时弄湿。铬鞣皮一旦干燥就会变得坚硬，无法弯曲，几乎不能对其再进行任何加工。把干燥的铬鞣皮抛向地面，它不会像我们一般认为的皮子那样，如同翻书一样缓慢地展开，它反而更像是厚纸板甚至是木头。将其折叠时，表面容易开裂，粒面层会和真皮层分离。制革匠们很快就学会了要把蓝湿皮浸泡在油水混合液中——早期的唯一配方是牛脚油或橄榄油加上橄榄油皂——让油脂及其现代替代物渗透进湿皮中。水的润滑作用被油替代。整个行业称这道工序为"加脂"（fatliquoring）——这是制皮业独有的一个专业称谓——直到今天，它仍是皮革制造中的重要组成部分。

如今，加脂是制造铬鞣皮的皮革复鞣（retanning）阶段的一部分。

严格来讲，复鞣并不是指再次鞣皮，至少不是防腐意义上的鞣皮，因为鞣制一旦完成，皮革就不用再防腐了。复鞣是为了改善皮革的物理属性——使其更柔软、更容易上色，让瑕疵过多的皮革能够更容易进行磨毛或压印处理，从而再造完美表面。曾几何时，老制革匠们会说，"皮子是在支架车间里做出来的"，意思是制皮的鞣前准备阶段是关键工艺所在。而如今，你会听到人们说制皮的艺术在于复鞣、加脂和精整。

铬鞣皮和植鞣皮有些许不同。植鞣工艺使用植物萃取物，皮革一般呈米色或棕色，除此以外很难有更大的变化。铬鞣的标志性蓝绿色可以在复鞣时被漂去，进而染上任意颜色——既可以染成传统的原米色、棕色，也可以染成淡紫色、淡黄绿色或鲜红色，上色一样容易。植鞣皮弹性更小，因此马具店的皮具更多使用植鞣皮，如鞍座、挽具和其他马术用具等。铬鞣皮通常（还是要看不同工匠的手艺高低，因此"通常"这个词有点误导读者了）来说更松，更软，更不易褪色。

65

然而，最主要的原因是铬鞣皮更廉价。

鞣皮的过程原本需要几周，铬的使用将其缩减至几个小时，这大大提升了生产能力，给奥古斯图斯·舒尔茨带来了不小的财富。当时，一个制革匠的周薪为 12 美元。1891 年，舒尔茨以 5 万美元——相当于今天的 100 万美元——将专利转让，然后在宾夕法尼亚买了个农场，就此退休。购买了舒尔茨专利的公司在费城新建了一家制皮厂，并发广告称这是"世界上最大的同类型工厂"：11 栋厂房，占地 14 英亩[①]，雇员 1600 人，每天处理 4 万块皮革。

曾几何时，皮革毫无疑问被看作自然的产物：牛羊提供农业原材

———————————
① 1 英亩约等于 4046.86 平方米。——编者注

料，狗屎不可或缺，还有从附近森林里采集提炼的鞣皮剂，树皮或是其他人熟知的植物被碾压成适合的状态用于鞣皮。这里面人工参与的成分微乎其微，科学技术更是毫不相关。自人工软化到第一次世界大战前，舒尔茨的发明以及铬的其他工业衍生品使得人们对皮革充满怀旧感的、前工业时代的想象越来越难以为继了。

那么我们应当如何看待皮革呢？皮革到底是会进食、会呼吸、会流血的动物身上的皮肤，还是和纸、棉、铜一样，是工厂制造出来的、在市场买卖的、有一定技术规范的工业产品呢？事实上，它两者都是。仅仅转换一下视角，它就可以从一种变成另外一种。设想一下，如果一样东西标注着"纯牛皮"，而另一样标注着"真皮"，两种标注只是略有不同，却是两种不同的视角：一个指向自然，而另一个指向人类工业。

如今，皮革化学已成为公认的科学。大多数皮革（美国85%的皮革）都是铬鞣皮。铬鞣法技术仅仅有100多年的历史，它和炼钢、炼油一样，都和"自然"没有太大的关系。这个行业的技术刊物里充斥着配方、流程图、合成鞣剂、三股螺旋、戊二醛连接反应和共聚物。工人们在控制台前监控着由计算机控制的操作。

稍稍把视线从制皮厂里旋转的大桶上移开，哪怕只有一秒，你就会再一次被皮革里蕴含的生命力吸引。的确，制皮厂是以曾经鲜活的动物的皮肤为模范和标杆来处理皮革的。约瑟夫·特尼·伍德在1912年写道："健康动物的皮肤是最柔韧的完美的遮盖材料，制革匠的目标就是要保持皮革的柔韧性。"

小心地折叠和堆放毛皮，使其像工业材料般整洁而有序，这是有可能实现的。但从古至今的更多时候，在制革厂周围，在制皮的每一个环节（从屠宰到皮革成品）里，皮子都是湿答答、软塌塌的，被杂乱地堆叠在一起，还带着蹄子、尾巴和脑袋的残余部分。从桶里到传送带上，皮子上布满了褶皱、血管以及其他乱糟糟的、扭曲变形的皮表凸起。工人们在制皮厂里对皮子进行切刮处理，把皮子从一个深坑挪到另一个深坑，从一个桶倒到另一个桶里。最终这些加工好的皮子会被用来制作钱包、皮带和鞋子。这个时候已经很难想象，这些东西当初是有生命的，是一个活着的动物身上的一部分。

§ §

现在，我们身处美国中西部地区。有这样一条"水渠"，或者说是一个椭圆形的大循环水池，长六七十英尺，宽十来英尺。这是一条工业盐水河，和里面的盐水一起翻滚起泡的是密集堆放着的牛皮。这场景很难不让人联想到那种正面有玻璃门的洗衣机。你可以观察到里面的衣服裹满了肥皂泡，正在肥皂水里翻腾摔打。一会儿看见牛仔裤，一会儿又看见缠成一团的红色法兰绒。但这条河里的水不是肥皂水，而是混杂了血和粪便的棕红色脏盐水；水里泡着的也不是你家每周要洗的衣服，而是成百张厚皮子。

先是宰杀动物，然后把它们吊起来沥干血水，砍掉头脚，把尸体上的皮剥下来，接着这些皮子就被运来堆在水渠里。水渠里有两个巨大的回转轮，就像密西西比桨轮船上的那种。回转轮不停地推着皮子在水渠里转动。棕色的水偶尔会冒出一点鲜红色，那是仍粘在皮子上的牲畜场标签。皮子在水里翻腾摔打着，有时候能看见泡沫里露出皮子连着肉的里面，有时候能看见皮子带毛的正面——那些棕色、黑色和褐色的圆形斑点，象征着牛曾经享有的平静安宁的生活。

皮子要在水渠中清洗 16 个小时，盐水里充满了动物的毛、肉、排泄物、污垢和血。接着，这些皮子要被吊在传送带上进行去肉处理。一块块皮子被依次放进一个机器，在机器里面皮子被展开，上面

67

粘连的脂肪被滚刀剔除，继而被运出机器，再由工人将没用的、不规则的小皮块手工去掉。墙上挂着一大张图标，时刻提醒工人皮革的哪些部位是需要切除丢弃的。流水线的尽头，另一个工人依据不同的重量、品相和瑕疵来评估皮子，之后这些皮子就会被堆叠储存起来。

　　大多数制革厂与其说是工厂，不如说更像仓库。随处可见的货板、小拖车和货柜上高高堆放着皮子。有些猪皮上撒着盐，整整齐齐地叠放着，像送洗回来的衬衫。除了偶尔露出来的小块皮肉外，所有不规整的、复杂的形状都被折成整齐的样子。这些皮子大约有 3/8 英寸厚，又湿又重，体量巨大。每张皮子有 100 多磅重，这个体量很难不令人印象深刻。看着这些皮子，你很难联想到那薄薄的、精致的成品皮革。它们和精美的钱包或性感的黑色小皮裙毫无共同之处。这些皮子粗厚、油腻、滑溜、冰冷。从皮堆上掀起一块皮子再放手，它会重重地、潮乎乎地摔回去，就像一块湿毛巾掉在浴室地板上一样。

　　当市场价格合适时，这些牲口皮就会被发往墨西哥或中国台湾地
68　区，它们将在那里被做成皮革。

第四章　古怪的效果

　　这东西很恶心，我不妨告诉你。这块装饰样品想让你联想到一匹帕洛米诺马（palomino），它刚刚从水中爬上岸，厚厚的金黄色毛发被水浸湿，杂乱地搭在身上。这种材料叫科曼切（Comanche），由乙烯基化合物制成。早在 20 世纪 50 年代，得克萨斯州阿比林市的"马鞍牛脊"（Saddle and Sirloin）餐厅就用这种材料覆盖和装饰餐椅与长椅。制造商瑙加海德在推销员的样品活页夹中炫耀这款产品，鼓吹它"具有令人震惊的'毛发'质感和逼真的花纹表现"——请想象那在广阔的西部平原上奔跑的印第安马群——塑料合成树脂"经专业人士之手永久地融成"坚硬乙烯基上的卷曲毛发。

　　瑙加海德，典型的乙烯基覆盖材料，20 世纪 50 年代文化的标志。对一些人来说，它象征着一切廉价粗俗的东西；对另一些人来说，它出现在拙劣的玩笑和意会的眼神中——当然是作为一个品牌的名字。几十年来，它由美国橡胶公司（U. S. Rubber Company）在印第安纳州米沙沃卡（Mishawaka）和其他地方的工厂生产。美国橡胶公司后来变成了优耐陆（Uniroyal），再后来优耐陆消失了，瑙加海德就被拆分了出来。几年前，有人想花几百万美元买下这个广为流传的名字，把制造业务外包给海外地区，最终没有成功。如今这个公司仍在销售由旗下位于密歇根州斯托顿市（Stoughton）的一个工厂制造的瑙加海德革。很多竞争者也在生产几乎一模一样的东西，这些皮革注定成为躺椅的饰面、支票夹的封面和舷外摩托艇的座椅。然而就像复印机都叫施乐（Xerox），面纸都叫舒洁（Kleenex）一样，这些皮革也被通称为"瑙加海德革"。

爱德华·纳西米 [1] 销售自己公司生产的乙烯基合成皮革，产品线有"帝国"（Imperial）、"交响乐"（Symphony）和"团队表现"（Team Performance）。爱德华·纳西米在德国长大。他的父母从 20 世纪 70 年代在德国开始涉足这个领域。当时的国营工厂会在年末处理多余库存，他的父母就买进了最后一批人造革康斯莱德（Kunstleder）。最终，爱德华·纳西米搬到美国开了一家商店，成了德国国有经济的中间商。如今，纳西米公司的业务横跨欧亚，公司办公室位于纽约麦迪逊广场旁西 31 街一栋大楼的 17 层。公司董事会议室的椅子由光亮的高科技乙烯革覆盖。

纳西米公司的产品"精神"（Esprit）有很多种颜色，如团服蓝（Regimental Blue）和桑格里亚酒红色（Sangria），他说这足以和在美国建国 200 周年时引进的瑙加海德革相抗衡。这是纳西米的雪佛兰或福特，是它的通用仿皮。另外，"交响乐仿皮和仿麂皮系列"的样式更是数不胜数，其中很多是在中国台湾地区的大型乙烯生产厂制造的。纳西米说，在过去的 20 多年里，该地区已经替代德国成为他最主要的货源。这个系列中有一种人造革纹路比较浅，使人联想到小牛皮那"优雅的外观和软皮手套般的触感"。还有一种人造革，颜色有英式太妃糖色、麦芽色和古铜色，当你将其拉长或在上面缝纫的时候，皮革下层的颜色就会露出来，这模仿的是英式俱乐部和会议室里

---

① 原书此处人名拼写为 Ed Nassimi，经核实，Ed 是 Edward 的缩写，故本书中均翻译为爱德华·纳西米。——编者注

常见的"优雅光滑的变色皮"。

当然，这些其实都是乙烯基。

破乙烯基、便宜乙烯基、俗乙烯基。这东西会被染色，会破，会裂。还不是一般的裂掉，而是破破烂烂的，一点都不美。虽然像塑料一样，从诞生之日起就有人歌颂它，说一块湿抹布就能把它擦干净，所以非常适合包附训练器材。可事实是，运动员出汗后眉毛渗出的一点点油脂就能使增塑剂溶出，导致材料变得脆弱易碎。这你一定见过，我们都见过这种情况。

"它像皮子，但还是有些塑胶感"，关于瑙加海德革，一位受访的消费者在电视节目里回忆道。另一位说，"夏天它会变得很热很黏，起身的时候还会发出令人讨厌的声音"。有人形容它是遗留下来的奶奶最爱的长沙发，"太耐用了"，这低俗寒酸的乙烯基革你永远摆脱不了。用"tacky"这个词来形容瑙加海德革和其他乙烯基人造革，它们是不是会遭受双重的攻击呢？我不免这样想。因为这个词本身带有两个含义：一个意思是有黏性的，而用一个词源解释则是劣质、过时的意思。

我们周围到处都是瑙加海德革和它的同类型人造革，它们已经成为我们生活的一部分，我们使用它们远多于使用它们模仿的真皮。不得不承认它们有一些优点，生产商和销售商都很乐于向你介绍这些优点。一份乙烯基革产品规格表上显示其抗霉、抗油。它通过了波士顿的可燃物消防规范以及美国联邦第 A-A2950-A 号规范。它能够阻断猪霍乱沙门菌（Salmonella choleraesuis）、普通变形杆菌（Proteus vulgaris）和其他微生物宿主的生长。它的颜色多种多样，太空蓝、灰褐色、橘色。只要订货 1500 码，就可以指定你喜欢的任意颜色。另外，它还经久耐用，能经受 50 万轮威士伯试验（Wyzenbeek test），即用磨料反复折磨和考验被试材料。

　　乙烯基人造革的上述优点以及其他优点或许并不是你看重的，当然它们也无法吸引古驰品牌的手袋设计师。但在市场上这些优点是有价值的，因为在其之上还有另一个强大的优点：乙烯基人造革价格低廉。5 美元一码？ 2003 年你能以这个价格买到 1500 码整卷的瑙加海德革。当然，如果买的少或者买的是特殊处理的人造革，价格会高一些。"你甚至能买到 1.95 美元一码的乙烯基人造革"，纳西米公司的一位前设计总监说。要知道与此同时市面上最便宜的低端真皮要卖大概 20 美元一码呢。爱德华·纳西米说，日复一日，人们在夜店和赌场里重重地坐到软座里兴奋紧张地流着汗，他们不求别的，只要片刻的放纵和一丁点奢侈，而乙烯基人造革正好能够满足这些人的需求。餐馆的菜单簿是由它包裹的，你家地下室的躺椅面也是它制成的。如果颜色和质感恰巧合适，而你也不特别挑剔的话，你头脑中某个角落其实会以为它就是真皮。

§ §

　　聚氯乙烯（PVC）是乙烯氯化物的聚合形式。1834 年，亨利 – 维克多·勒尼奥（Henri-Victor Regnault）发现了乙烯氯化物，这是一种无色、带有些微甜味的气体。40 年后，一些试管里的乙烯氯化物暴露在光线里，继而渗出了白色的沉淀物，这个沉淀物就是现在所谓的聚氯乙烯，是一种坚硬的角质状材料，受热时会散发出据称"令人窒息的腐蚀性盐酸雾"。这东西似乎没有什么用处。"当时人们认为它毫无用处"，沃尔多·朗斯伯里·西蒙（Waldo Lonsbury Semon）回忆道，他已经 100 岁了，住在俄亥俄州的一家养老院里，这之后不久就去世了。"他们把这东西就丢在垃圾桶里。"西蒙回忆的是 20 世纪 30 年代，那时他正参与创造了一个崭新的行业。

大型橡胶公司百路驰（B. F. Goodrich）让华盛顿大学毕业的西蒙开发一种能够把橡胶和金属粘在一起的黏合剂，来优化线管和箱罐。他试了很多合成橡胶但都没什么效果，后来觉得应该再试试一些简单的有机聚合物，备选的就有聚氯乙烯聚合物。西蒙准备了一定量的聚氯乙烯聚合物，发现在室温条件下它并不会溶解成什么东西，然而将其放在邻苯二甲酸二正丁酯和磷酸三甲苯酯（tricresyl phosphate）中加热时，聚氯乙烯聚合物就会溶解。当这些混合物冷却时，西蒙发现了不起的东西产生了，它不再是硬质的，而变成柔软的、有弹性的，像果冻一样的东西。由这些溶剂组成的增塑剂改变了聚氯乙烯的性质，使它变成了一种新的、有用的材料。西蒙用这种材料包过一把螺丝刀的刀把，还用它来灌模，做了鞋跟和高尔夫球。

西蒙后来这样讲述这个故事，那时候他妻子用厚棉布来做浴帘，于是他把新发现的材料涂在这种浴帘表面，并把帘子带到办公室给公司副总裁看，宣布这个帘子是防水的。他把帘子罩在副总裁的文件篮上面，趁副总裁还没来得及反对就把水泼在上面。不用说，文件篮里的纸张自然是干爽的。当人们满怀怀旧之情回忆过去时，那些实验和展示似乎都是完美和成功的。再后来，百路驰公司给西蒙拍了一张宣传照，在侧光的照耀下，西蒙的头发黑亮，翻开的实验笔记摆在他身旁，他一手握笔，另一只手正把化学品注入一个烧瓶中。照片里的实验台恐怕是你见过的最干净的实验台了，西蒙的实验服被熨烫得十分平整、合体。那是 1937 年，距西蒙的发现已经过去了 10 多年，西蒙已经 39 岁，是百路驰公司合成橡胶项目的负责人。5 年前他的发现获得专利，这足以使他跻身于发明家名人堂。塑化聚氯乙烯的用处很广，并且越来越广。英国和德国的公司都为其规划了巨大的新市场。72
在百路驰公司，早期的聚氯乙烯产品被用在减震器密封、电镀支架上以及覆盖在我们今天所知的瑙加海德革这类材料上。

瑙加海德革的历史可以回溯至康涅狄格州的诺格塔克（Naugatuck），这里是美国橡胶工业的发源地，在第一次世界大战前，美国橡胶公司用这个名字称呼橡胶涂覆的织物，即向其诞生地致敬，也标明了其试图模仿的材料。瑙加海德革主要瞄准的是汽车市场，这就要与漆布竞争。多年以来，美国橡胶公司生产的这种橡胶涂覆织物都是用在这样的市场里，比如在第二次世界大战中，它被用来制造救生艇。

直到二战后，瑙加海德革才成为文化的标志，橡胶开始让位给乙烯基材料。1948 年出版的一份美国橡胶公司历史记录就用两张照片阐释了这样的变化。在一张照片里，两个警察骑在马上，他们都戴着亮色的帽子，既为了醒目，也为了防雨。照片下面是另一个两人组：两个男孩并排坐在公共汽车里，他们穿着短裤，戴着漂亮的帽子，脸上的笑容可爱极了。他们把腿和光亮的礼服鞋搭在车座上，礼服鞋的鞋底粗糙，鞋跟坚硬，使看的人不由地担心他们会踩坏车座面。其实，车座面是踩不坏的，因为照片里说了，车座是"瑙加海德塑料的"，这是美国橡胶公司的主要产品。

第二次世界大战后，美国橡胶公司毫不掩饰瑙加海德革是塑料这件事。该公司的一本小册子这样告诉读者，"乙烯基尽管具有很多橡胶的特性，但它是'塑料'"，说到"塑料"用的全都是大写字母，用以强调。如今也可以毫不掩饰地这么说。那本小册子里充满了二战后的现代感，里面提到小汽车和公交车代替了马匹和马车，并写道"塑料是现代发展的产物——科学研究的结果就是创造了更优的产品"，而乙烯基塑料就是其中之一。乙烯基塑料饰面的优点被一一列出："颜色种类齐全……没有毛孔……塑料的颜色……不会受温度、雨水、雾气、盐雾和光照的影响……食物、饮料和油脂洒在上面也没有关系。"瑙加海德革的表现没让公司难堪，公司也很乐于炫耀它的特性。《住宅与花园》(*House and Garden*)杂志的一位编辑在拜访美国橡胶公司时看到了一幅生动的展示图标，上面满是大大的饼图和扎眼的图案，内容都是瑙加海德革是如何在一对一测试中打败真皮的。

鲍伯·扬(Bob Young)好多年来一直是瑙加海德人，20世纪50年代他是费城一个叫马斯兰耐久皮(Masland Duraleather)的中型公司的职员。这家公司后来被美国橡胶公司买下，鲍伯·扬则在1978年被派到米沙沃卡。"红砖楼，巨大的方盒子，上面有很多窗户"，木地板都干裂了，他如此回忆工作过的这栋20世纪初建造的五层小楼道。这栋楼建在南本德(South Bend)市郊的圣约瑟河(St. Joseph River)岸上。科迪斯(Keds)运动鞋最早就是在这栋破烂不堪的建筑物的一楼生产出来的，后来这里成了生产瑙加海德革的地方。

据鲍伯·扬回忆，工厂里很吵，气味却不怎么难闻。叉车在过道上进进出出，发出巨大的声响，举起成卷未完工的瑙加海德革，把它们从一个地方运往另一个地方进行处理；蒸汽发出嘶嘶的声音，机器有节奏地呜呜作响，大滚轮在旋转，鼓风机在咆哮。盛满油墨或面漆的托盘需要经常填满，油墨是从55加仑的储藏罐里挤出来的。"如果同时有4个储藏罐往托盘里加墨的话，"他回忆道，"每个机器的速度不同，都在移动，每样东西都在演奏自己的音乐。这场景虽算不上震天动地，却也够吵的了。"

制造乙烯基人造革有几种方法。其中一种方法作浇铸(casting)，或者涂装(coating)。这种方法使用一种特殊的"离型纸"(release paper)，纸上面已经浅浅地压印上了皮革的纹理。当纸被传送穿过一台长长的机器时，高温的乙烯基塑料浆被灌入滚轮槽中，继而通过滚

73

轮槽粘在纸的表面——纯净完美的颜色就这样被印到不停移动的纸上了；粘上乙烯基塑料浆的纸张接着会进入一个密封炉，在炉中加热，这一层乙烯基塑料就成了人造革的表面。然后还会有第二层材料附着在这层乙烯基塑料之上，这层也是乙烯基材料，不同的是其中含有"发泡"（blowing）剂，"发泡"剂被加热后就会像面包团一样膨胀起来，形成一层泡沫塑料。生产线上这一步步加工乍看上去并不直观，到后来你才会意识到原来这一大张覆盖涂层的材料其实是正反颠倒的，人造革的反面是朝上的。纸张和它上面的黏合材料最终会分离开来，刚"浇铸"好的乙烯基塑料被卷起来等待接下来的衬布处理，而原来那张纸可以循环使用。

以上只是其中一种方法。一个更古老并且在今天仍经常使用的方法是，将丸状或片状的聚氯乙烯树脂与黏稠的液状塑化剂、颜料混合。混合物被注入漏斗，经由漏斗再挤到传送带上，这时混合物的质感就像花生酱一样均匀。然后这些混合物被送到压光轮的蓄水池中，再由重型钢筒将其在高温下压制。花生酱一般的混合物被放进去，出来的是有颜色的硬质乙烯板。乙烯板再在大炉子中被里料覆盖——"就像两节火车车厢一样首尾相连"，鲍伯·扬回忆道。布料背衬可以是纺织材料，无纺布，也可以是针织材料。设想一下，你是不是需要可以很好包裹沙发垫角的材料，或者是触感柔软的材料呢？又或者是还有其他特性的材料呢？无论如何，这些材料被生产出来，3万码缠成一卷放到台车上等待下一步加工。

多数情况下总还要进行再加工的。制造瑙加海德革的艺术在于精细控制皮面效果，要在乙烯基塑料涂层上印上纹路，压出凹凸质感。让我们看看20世纪60年代、70年代的瑙加海德革样品册，种类繁多，不同效果之间相互叠加形成了一些奇特的效果。"曼谷"

（Bangkok）指的是"东方波纹丝绸效果"。"水彩"（Watercolor）的效果像颜料在水中散开一样。大多数效果模仿的还是真皮，"我们向真皮看齐"，鲍伯·扬回忆道。"管我们的产品叫人造革，要让它尽可能像真皮。"瑙加海德革中的"身份"（Status）系列号称"具有精致的涂油鹿皮的外观和质感"。"绿蔷薇"（Greenbrier）则通过特殊的印染和压制处理模仿缝合真皮的针脚和双色染色，呈现出"无与伦比的手工压印皮质感"。

事实上，人造革创造不了真皮的感觉，它们看起来质量太差了。即便如此，每个种类仍然要求不同的特殊效果，因此需要调整生产线，采用不同的处理方法。压花辊的温度要不要更高点？要不要还原油墨？要不要降低圆筒的压力？要把这一切调整成最佳状态是很不容易的。据鲍伯·扬回忆，他们时不时地就要把生产线停下来，切割一大块乙烯基材料，大概是电视显示屏那么大——他们因此就管这块材料叫电视。工人把这样一块材料抬过来时会说，"我这有一台电视"。在耀眼的灯光下，他们会检视材料，看它的颜色和纹路是否达到了预想的标准。比如他们想要的是"古金色"，色号是 EP-43，有可能得到的颜色偏黄。再比如颜色是对的，只是上色太浅了。把一切问题都解决妥当后，才能开始投产 5000 码"英式酒馆"（English Pub）人造革，这种人造革有着"光亮的绅士派头"。

这个产业并不是在造火箭。但以 20 世纪 50 年代的美国橡胶公司为例，该公司在米沙沃卡的工厂雇了相当数量的化学家、物理学家和工程师。并且，该公司的涂层材料实验室永远在试验新的效果和处理方法。其中一种是仿麂皮处理。在 1958 年申请的一项专利中，其把水溶性颗粒撒在乙烯基塑料表面，提高温度，使这些小颗粒嵌在变软的乙烯基塑料里，然后再清洗掉这些小颗粒，这样一来，材料表面剩余的细小孔洞就使其具有麂皮的绒毛质感。还有一项专利是给人造革增加滑爽度的方法，即把硅橡胶溶在有机溶剂中，这样就能降低令瑙加海德革声名狼藉的黏性。

以上这些尝试仅仅是对一项在 20 世纪 50 年代业已成熟的技术的细化和改进，这些例外和小小的出格尝试都恰恰印证了这个行业的根本法则。这个"法则"适用于大多数瑙加海德革，但它也适用于大多数人造革吗？它试图占有的正是真皮的标志——拷贝一块真皮上褶皱、血管和毛细胞分布的样式，将其刻印在塑料上。

§ §

我带着一个乙烯基记事本套来到了弗吉尼亚州的里士满市，这个焦糖色笔记本最初打动我的是它不寻常的、饱满的纹理与质感。要知道，这样一个笔记本是我在普通的药妆店里买的，只花了 6.99 美元。我很好奇，关于这个笔记本，那里的人能告诉我些什么呢？

我拜访的是斯丹刻印厂（Standex Engraving）。这里的大型压花辊能让薄金属板变得像木头，也能把乙烯基塑料变得像真皮。格尔德·莫斯钦（Gerd Mirtschin）是斯丹刻印厂手刻部门的主管，他负责仔细检查笔记本套。几十年来，他的眼睛、手和大脑都浸淫在皮革错综复杂的纹路里。尽管将近退休，距他在德国的学徒生涯也已经过去了 48 年，他仍旧保持着清瘦的少年气质，对他从事的行当充满激情。观察了一会儿，他终于开口道，"哦，是我们做的"。

真的假的？他只要检查一下这块几平方英寸的人造革，就能从成千种不同的人造革纹理中把它辨认出来？要知道这几千种纹理在我们一般人看来都长得差不多。

他从工作台的一边探过身子，在一捆厚厚的项目样品中翻找起来，东找西找，上下翻动。"对，在这儿呢"，终于他用残存的一点德

国口音宣布道。他向我展示他找到的样品的一部分，再指向我带来的
笔记本套的某一个地方。的确，每一处不规则的纹路、每一道褶皱、
每一个小疙瘩和每一个毛孔都一模一样。后来他告诉我："我经手的
每一种纹路我都认得出来，一看见它我就知道。"

斯丹刻印厂发行了一期印刷精美的宣传册，册子里展示了工艺师
维护蚀刻滚的场景。这一操作被冠名为"纹理化"（Texturization），在
宣传册长达 6 页的文字和彩色照片中还夹着一条 1 英寸宽的有纹理的
带子——有点像埃舍尔[①]作品里的织篮结构，有西柚皮的质感。当然，
这样的压花表面随处可见——如擦手纸、书皮、乙烯基地面、纸垫和
人造木的表面。并且我们知道，或者说以为自己知道这样的压花是
怎么加工出来的：这有什么难猜的呢？大拇指按在饼干面团里，手指
一松面团上就有印迹了。还有什么可说的呢？还有什么可解释的呢？
1910 年前后出版的一本百科全书在"皮革，人造"词条中介绍，人造
革通过"适当雕刻的压纹滚轮"就可以印上真皮的纹路。然而，关于滚
轮如何被"适当地"雕刻这一点却语焉不详。

首先需要有一块真皮，上面要有不同的纹路和螺旋变化，有统一
的质感，还要有值得人造革模仿的迷人的小瑕疵。

最后，真皮的这些样式会体现在压花板和压花辊上。

但在这两者之间呢？多年来人们发明了很多方法。这一问题的难
度和复杂性引发了世界各地工匠和技师们的关注与关心，也激发了他
们的创造力。他们利用圆凿和平凿，且靠眼睛判断来仿制真皮。他们
在皮子上覆盖导电混合剂对其进行电镀处理。在斯丹刻印厂，新旧方

①　埃舍尔（M. C. Escher，1898—1972），荷兰科学思维版画大师。作品多以平面
镶嵌、不可能的结构、悖论、循环等为特点。——译者注

法都在使用，腐蚀金属既用大型钢管柱也用酸，还用油墨、磨轮、凿子、硅胶模、计算机和房间大小的激光器。

在斯丹刻印厂的一角，一束激光读取真皮起伏的纹理，就像在扫描光盘上的极小的凹坑一样。储存下来的三维信息被用来控制另一束更强的激光，使其在橡皮辊上烧出近似于真皮表面的质感。接下来这个橡皮辊要抵住一个远大于它的表面刷着防护油墨的钢辊。当橡皮辊将钢辊表面的油墨粘起时，酸液会不断滴下来腐蚀钢辊没有油墨防护的地方，这样就把真皮的纹理蚀刻在钢辊的表面了。蚀刻好的钢辊接下来就可以压印乙烯基塑料了。就是这么回事儿。

当然，这里描述的像鲁布·戈德堡 [①] 漫画一样的机械逻辑链条遮蔽了实际操作中的所有困难。原有的真皮纹理反复在不同材料间进行正反转换。这期间需要克服数不清的机械问题才能确保最终压花辊上的纹理一致，所有元素都能对齐。

但这里存在着更棘手的问题：第一束激光扫描的是真皮的三维信息，记录下皮革上每一点凸起、涡旋和斑点，对吧？所有这一切综合起来就形成了这块皮革纹理的地形学特征图，对吧？事实上并不全对。这时候就要引出一个十分必要的精确度概念了。这份地形学特征图反映的只是激光扫描的那一小块样品皮革的纹理。一整块牛皮可能有 50 平方英尺那么大，而一块样品皮可能只有 1 平方英尺。那最终上市的乙烯基人造革呢？大概宽 4 英尺长 2 英里。这些看似无伤大雅的数字背后隐藏着一个问题，不但涉及斯丹刻印厂的激光技术，也涉

① 鲁布·戈德堡（Rube Goldberg，1883—1970），美国著名漫画家、雕刻家、工程师、发明家，因创作鲁布·戈德堡机械（*Rube Goldberg machines*）系列漫画受到欢迎。在漫画中他经常设置一连串复杂的联动机械去完成一件简单的事情，"鲁布·戈德堡"因此已成为"简单事情复杂化"的代名词。——译者注

及全世界各种压印方法：一小块真皮纹理如何呈现在比它大很多的人造革上呢？

当然是重复印上那块纹理了。滚烫的辊子转动着，在乙烯基塑料上印下真皮的纹理。辊子继续转动，在下一段乙烯基塑料上印上真皮的纹理。如此往复，样品皮的纹理以每分钟 20 码的速度无尽重复着。

那相邻两块纹理之间的边界呢？

如果忽略这个问题，那么长达 2 英里的人造革对应辊子的转周，每隔 1 英尺或 2 英尺就会出现一条难看的边：一块漂亮的皮革纹理戛然而止；接着又是一块漂亮的皮革纹理，然后又突然呈现空白。事实上，这正是早期压印平板方法会产生的问题，一位技术员曾回忆道，"这种方法会带来令人不满意的压纹边缘，两个压印之间要么产生空隙，要么叠印到了一起"。1915 年，在杜邦公司有人听到皮埃尔·杜邦在抱怨一大片漆布看上去像棋盘格，因为皮革纹理重复得太明显了。理想状态下人造皮的纹理应该是永远不会突然中断的，应该是渐渐融入下一块纹理的。

斯丹刻印厂的激光部门用喷笔将纹理块的交接痕迹处理掉。他们直接在皮革纹理的数字图像上进行处理，把边缘剔除，之后才刻印在钢、橡胶和其他中介材料上。激光工程师汤米·奥斯丁（Tommy Austin）用鼠标在计算机屏幕上标记出一处边缘区域，借用样皮其他地方的一块纹理将其覆盖在边缘区域，再用叫喷笔（Airbrush）和克隆笔刷（Clone）的计算机工具柔化涂层结合点，这时候你如果再把这款纹理围成筒状，就会发现两个边缘不留痕迹地合在了一起。

记录下来的数字信息控制着激光车床。激光随着数字信息的旋律上下跳动，在硬质橡胶辊上烧出纹理。加工结束后把辊上的橡胶粉尘清除干净，你看到的就是近似于原本三维图样的真皮纹理。这里说

"近似"是因为纹理的边缘已经改变了。

汤米·奥斯丁用数字方法处理边缘，而在斯丹刻印厂的另一边，人们仍在使用凿子。在成为激光工程师之前，奥斯丁也当了20年手工雕刻师。格尔德·莫斯钦仍旧从事手工雕刻，他工作的房间分外明亮，里面既没有激光，也没有计算机；他从一块真皮着手，有时候可以自己决定选择真皮的哪一处纹路作为样板。

莫斯钦先用硅橡胶取样品皮的印模，自然这个印模是原本纹理的负片；再用环氧树脂在负片上做出一个正片，把环氧树脂正片缠绕在钢辊上；接下来就是一个需要精细操作的关键步骤了，由环氧树脂包覆的辊子把从真皮上拷贝下来的复杂的表面纹理转移到小钢模上。

这个钢模最初只是一个平纹钢筒，大概直径3英寸，长6英寸，整个钢筒有一层保护性油墨，防止其被酸腐蚀；如果就此将钢筒浸入酸液中，它不会受到一点损伤。一旦去掉一点保护性油墨，酸就会开始腐蚀钢筒。去掉的是哪一点油墨呢？当然是与真皮纹理对应处的油墨。当印有真皮纹理的环氧树脂钢辊在钢模上滚过时，它粘走的正是对应真皮纹理处的油墨。现在再把钢模浸到酸液里，它表面就会出现浅浅的皮革纹样；皮革纹理里的一道沟壑在这里就变成了一小条隆起。

现在重复这一操作：在钢模上重新涂上油墨，把更细微处的油墨粘掉，蚀刻上几分钟，纹样就会更深一点。重复这一操作100次左右——每次腐蚀掉一点金属，三维细节的精度就会更好一些——最终这个小小的钢模就会携带真皮纹理几乎所有的细节。

但莫斯钦遇到了和激光部门的汤米·奥斯丁一样的问题：钢模上的纹样重复印在压花辊上，必须确保最终的乙烯基人造革像一块真皮那样拥有连续的纹理。"你得把接缝去掉，"莫斯钦说，"自然皮革没有接缝。"要去掉接缝，莫斯钦用的不是电脑鼠标，而是凿子——细细的钢制工具像牙签一样，几英寸长，尖部处理成点状、条状和小勺状。这些凿子成组摆在莫斯钦的工作台上，足足有几百把。他用这些凿子能"做"出毛细胞、卵石纹粒面、皱纹、褶皱和毛孔。用橡木做成的凿子把手完全贴合他的手形，使用时行云流水，好像在雕刻一般。他用凿子熟练地挥打敲击，去掉金属表面不必要的部分。最终完工时，压花辊上每一处难看的人工痕迹边缘都被去掉了，仅剩下流畅的看似有机的纹理。

我请求莫斯钦给我演示一遍，但他拒绝了。可最终他还是取出一些凿子，在一块废金属上随意地敲打了几下，让我看看他是怎么工作的。他拒绝展示现在正在做的加工工作。对不起，他解释说，这可不是乱敲一气，需要研究纹理的走向。这就是他能认出我的笔记本套的原因。

距此地 400 英里，在俄亥俄州的一间乙烯生产厂矗立着一架又一架的压花辊，有一些来自斯丹刻印厂。这些压花辊排列成行，行与行之间留出过道，足足有几百个那么多。还有更多的压花辊被储藏了起来。并不是所有的压花辊都刻印上了皮革的纹理。有一些上面的图案更抽象，且有独特的风格。有一些是用来印刷或涂抹黏合剂的。但是也有很多的确是已经刻印上了皮革的纹理。你能清楚地看到皮革的标志，唯一不同的是这些纹理与皮革的纹理正好相反，毛皮上的细小褶痕在压花辊上变成了低矮的山脉。把手放在上面磋磨，就像砂纸一样。

我们在俄亥俄州桑达斯基市（Sandusky）的桑达斯基阿瑟尔（SanduskyAthol）工厂，这里在克利夫兰以西 50 英里处，它是瑙加海德的竞争者。这里有成捆成卷的不同加工阶段的材料，有管子、泵和辊子。140 个人在这个到处是孔洞的地方工作，压延乙烯或是把乙烯浇在离型纸上。几乎没有一块乙烯基塑料最终是没有纹理的。不管怎样，它们都要经过压印，乙烯材料经过两个加温至 375 ℉（190.556℃）的圆柱之间，然后迎接它的是表面聚满冷凝水的金属冷却辊。

80

有人告诉我说，这些压花辊每个价值高达 3 万美元，但如果精心保养，它们可以一直使用下去。事实上，这里的压花辊也的确被精心维护着。它们稳稳地挂在架子上，被特殊软垫包裹着，再由魔术贴紧紧地固定，以确保每一平方英寸都被很好地保护着。其中一个辊子上贴着黄色的标签，上面写着："小心，精细刻印辊，稍有损坏则完全报废。"

辊子压向流动的乙烯基材料的时刻就是人造革诞生的瞬间。正是这个辊子和与它类似的工具压印出了人造革、漆布和瑙加海德革。有了它们，曾经不是皮革的材料变成了状似皮革的东西。

有了它们，世上又出现了一种欺骗。

有了它们，工业艺术的高峰来临了。

§ §

第二次世界大战后，纽约州的纽堡。此前半个世纪，这里一直生产以焦木素为基础的漆布，如今主要生产乙烯。1951 年萨姆·兰格（Sam Lange）作为工艺工程师开始在这里工作，并生产漆布。据他回忆，当时一栋楼里生产漆布，另一栋楼里生产乙烯。然而到 1967 年他离开时，工厂的主要产品已经变成了乙烯。兰格回忆道，焦木素失去了在汽车工业中的业务，除汽车后座后面窗户下的小隔板以外。因为这块隔板要有皮革的颗粒感，却不需要弯曲。

乙烯的表现更优，尤其在需要弯曲的情况下，比如座椅。二战一结束，伦敦客运局（London Passenger Transport Board）就选定乙烯来替代之前一直使用的类似漆布的材料。同时期，兰卡斯特的斯托里公司也在转型，他们从美国进口了乙烯生产设备。一家公司的历史记录上记载："1951 年，公司如新船下水，面对的是一片塑料的海洋。"到1967 年，美国每年生产 1.42 亿码乙烯基涂层材料，而越来越过时的焦木素材料只有 1900 万码。在二战后的这些年里，如果你想要找充当真皮的材料，最终找到的都是乙烯基材料。

在所有乙烯基人造革中，瑙加海德革最终胜出，成为 20 世纪 50 年代文化的象征。美国橡胶公司让瑙加海德革搭上了 DIY（自己制作）的便车，该公司的一份出版物里一步步教人如何用瑙加海德革重新装裱破旧的椅子。巴克敏斯特·富勒（Buckminster Fuller）在其 1946 年建造的酷似因纽特人冰屋形状的最大限度利用能源住宅（Dymaxion house）①中使用了瑙加海德革，卧室用的是绿色的瑙加海德革，起居室用的是焦糖色的瑙加海德革。纽约联合国总部的椅子也是瑙加海德革的。瑙加海德革无处不在。

如今，时不时地会听到人们对"纯粹仿制的瑙加海德革"的美好回忆。格蕾丝·杰弗斯（Grace Jeffers）是纽约的一名设计顾问，同时是人造材料方面的历史学者，她的父亲曾经是富美家的销售员。她的硕士论文题为《机器制造自然》（"Machine Made Natural"），主要讨论富美家。在论文中，杰弗斯把她 20 世纪 70 年代在美国中西部度过的

①　最大限度利用能源住宅（Dymaxion house）的名字是巴克敏斯特·富勒融合了"dynamic"、"maximum"和"tension"而创造出来的词，此处翻译取其意译。——编者注

81

童年时光和瑙加海德革联系起来。对她而言，瑙加海德革意味着"全家人在一起，比如通常在早餐间。这些时候总是亲密的家庭时刻"。瑙加海德革令人愉快。"它就像糖果一样，有趣，又容易获得。"回想一下你在哪看见的瑙加海德革？是不是游乐场或餐馆座椅？

当然，杰弗斯和其他人生活中接触到的很多自称是瑙加海德革的材料其实并不是真正的瑙加海德革。20 世纪 60 年代中期，优耐陆生产了很多类似瑙加海德革的材料。世界第一的仿皮制造商自己也面临着来自模仿者的挑战。于是，优耐陆找到乔治·洛伊丝（George Lois）寻求帮助。

洛伊丝是麦迪逊大道 ① 上的广告大师，他曾帮助大众进入美国市场。洛伊丝后来说，瑙加海德革是"一流的真皮替代品"，正因如此，它才吸引了众多模仿者，使得市场上假货泛滥。困惑的消费者"无法区别优质的瑙加海德革和其低劣的仿造品"。为了帮助消费者在这片危机四伏的地带找到方向，洛伊丝虚构出了纳瓜（Nauga），一种神话里的动物，这种动物为了人类的福祉每年蜕皮一次。

真的。

洛伊丝虚构的纳瓜嘴巴大大的，牙齿尖尖的，两只眼睛紧紧地挨在一起，它有猫头鹰的耳朵，身体像植物的球茎，一点也不酷，更不性感。然而它很滑稽，辨识度高，令人印象深刻。广告是这么说的，"纳瓜很丑，但它的乙烯皮很美"。他们把纳瓜作为吊牌上的主角，还推出了一些纳瓜儿童玩具。纳瓜甚至还上了节目《今夜秀》（Tonight Show），坐在约翰尼·卡森（Johny Carson）的对面受访。再

---

① 纽约曼哈顿区的一条著名大街；美国许多广告公司的总部都集中在这条街上，因此这条街逐渐成为美国广告业的代名词。——译者注

后来，纳瓜还引发了小众热潮，人们可以收养纳瓜。易贝（eBay）上
有卖纳瓜娃娃。曾经有一位收藏者收集了 60 个纳瓜娃娃，居然因此
上了《纽约时报杂志》（*New York Times Magazine*），文中还附有她和
这些纳瓜娃娃的合影。即便在今天，瑙加海德的网站上还有"纳瓜历
史"这个栏目，里面有 8 页疯狂的卡通形象和荒诞的纳瓜历史。据
称，纳瓜最早住在太平洋中的一个环礁上，他们后来移民到埃里斯
岛（Ellis Island）。家族里包括著名的强盗贵族科尼利厄斯·万德纳瓜
（Cornelius Vandernauga），其经典形象是在位于罗得岛新港（Newport）
的豪宅家中，坐在有厚坐垫的瑙加海德革椅子上。纳瓜的这些故事编
得都不怎么高明，它们只是在传达一个简单的概念。但时至今日当
你提到"纳瓜"，别人很快就会提醒你，它指的是"一些可爱的小纳
瓜"。直到今天，纳瓜的故事还在流传，据说它们现在居住在威斯康星
州斯托顿市的一处秘密牧场里，那里自然也是生产瑙加海德革的地方。

　　无论纳瓜为维护公司底线做出了多么大的贡献，它终究无法改变
人们对瑙加海德革的看法，人们始终认为瑙加海德革代表着假和不真
实。"是真的还是瑙加海德"频繁出现在一个名为"究竟发生了什么"
的怀旧节目中，这个节目中有一个 5 分钟的环节就是以瑙加海德革为
主题的。瑙加海德革是设计批评家托马斯·海因（Thomas Hine）口
中的大众奢侈化时期（Populuxe period）的代表产品。大众奢侈化时
期从 20 世纪 50 年代中期开始到 60 年代中期结束，它赋予美国生活
一种特别又持久的在仿制基础上制造的大众奢侈品。大众奢侈化源自
富美家，是它淘汰了搪瓷厨房。康泰克特纸（Con-Tact paper）是一种
有背胶的乙烯膜，上面可以印制条纹、格子、大理石纹或木纹。海因
写道，"正是它把所有东西都变成了完全不一样的别的什么东西"。自
然，瑙加海德革也成了现代生活虚假一面的永恒象征。

　　只要一提到瑙加海德，似乎话题立刻就转换了，好像你被推进了一个人工合成的、假冒的超现实世界。《时代周刊》上一篇书评形容里克·穆迪（Rick Moody）小说《冰风暴》（*The Ice Storm*）中保守的康涅狄格州家庭"用瑙加海德革和换妻换掉了切宾代尔[①]"。在网上有人问瑙加海德是什么，有人直接回答他："瑙加海德之于皮革就像富美家之于大理石一样。"有一位作者在回应批评家对自己写的关于智能设计的一本书的负面评价时说，这位批评家"住在一个里面都是幻想生物的幻想世界里，这个世界与生物现实之间就像瑙加海德革和牛皮一样，没有丝毫关联"。还有人在瑙加海德这个名字里看出它的欺骗性，认为这个名字是为了"愚弄没有警惕性的人"，一位网络记者写道，"让他们相信这种材料是某种活物的皮"。

　　今天，位于纽约老安德鲁·卡耐基大厦的库珀-休伊特设计博物馆（Cooper-Hewitt Design Museum）保存了每个设计时期的设计风格和设计品位的样本、目录和资料册，从瑙加海德到古驰，不一而足。古驰目录记录的都是短暂存在过的、特定时期的鞋子和手袋的时尚。而瑙加海德，以其1964年的资料册为例，描画了一个我们仍身处其中的世界：那些半开放的餐馆和酒店空间，里面摆放有用扣子装饰的、被填充的、鼓鼓的椅子，着力表现英式俱乐部所代表的优渥生活，其实散发着不真实的味道。资料册里的木镶板墙真的是木头做的吗？那些植物是活的吗？那些看上去像亚麻的桌布真的是亚麻的吗？大理石桌面当真是大理石吗？尽管这些饰面的存在就是为了让人联想到大理石、木头、亚麻和皮革，但是当我们步入这个由瑙加海德开启

83

[①]　切宾代尔（Chippendale），英国家具师，其设计风格对美国家具设计产生了深远的影响，在美国18世纪后半期很流行。——译者注

的现代生活图景中时，我们还是会心存疑虑，那是一种微弱的难以名状的不确定感和不安感。因为我们能感觉出观感与触感、表面与真实之间的分别，而这种分别一直盘旋在璐加海德那柔软的乙烯肩膀之上。

相较于早期人造革，乙烯基材料似乎和自然更隔了一层。人造革是毡纸做的，漆布是纤维素做的，它们毕竟都源于自然界的植物。每年生产 400 亿磅聚氯乙烯需要的乙烯（ethylene）和盐水从来都不是活物。乙烯基学院（The Vinyl Institute）一直试图将乙烯基塑料人格化，称它是多面手，易于回收利用，且来自食盐，因此没有毒性。然而乙烯基塑料毕竟是在化工厂里生产出来的，由石油分解成乙烯，再到氯乙烯，这个过程完全是人工合成的，最后还要和颜料与塑化剂混合。这样一来，我们对璐加海德和其同类材料抱有不安的陌生感就不难理解了，因为和前辈相比，它更油滑，更令人感到陌生。

事实是如果我们的视角稍有不同，就会发现塑料如聚氯乙烯和胶原蛋白等天然物质，在表面不同之下其实很相似，它们之间并不存在那么大的差别。

84

第五章 同一个自然

　　1927 年秋天，31 岁的有机化学家华莱士·休姆·卡罗瑟斯（Wallace Hume Carothers）被杜邦从哈佛大学挖走。卡罗瑟斯毕业于美国中西部一个不大的长老教会学院，后在伊利诺伊大学获得博士学位。杜邦找到他时，他正在哈佛大学教授化学，他的聪明才气给人留下了深刻的印象。有消息说杜邦给卡罗瑟斯开了个价，许诺他能自由研究，还有能干的助手、最好的设备和无限的资金，这些最终说服了他。次年年初卡罗瑟斯记录道，"当了一个礼拜的工业奴隶，还没伤到我那颗骄傲的心"。

　　卡罗瑟斯本人敏感害羞却敢想敢干，他的目标是要合成大分子（聚合物），那时候大家都在谈论这东西。他成功了，尼龙就是其中之一。这种材料给杜邦带来了巨大的财富，也成为现代生活必不可少的一部分。卡罗瑟斯在深受困扰的短暂一生中——他 42 岁时在费城的一家酒店里吞食氰化物胶囊自杀身亡——成了 20 世纪化学界的托马斯·爱迪生，他的实验室是惊人的新材料创新器。然而这些也招致了广泛的科学争论，争论的焦点是他和同事们制造的聚合物的性质。

　　聚合物是由许多小分子亚基（subunits），即"单体"（monomer）重复构成的。以尼龙为例，它的单体包括一个酰胺基（amide group），是碳、氧、氮和氢的特殊排列。尼龙就是聚酰胺，是人工合成的。

　　但聚合物科学家对从自然中得到的物质同样很有兴趣，比如橡

胶。天然橡胶来自树木，而尼龙来自工厂，来自化学品。但谈论这两
者之间的区别并没有多大意义，橡胶也是一种聚合物。天然聚合物还
包括纤维素、明胶及其前身胶原蛋白。尼龙诞生并成为我们这个世界
日常物质语汇中的一员，部分原因在于实验室卓有成效的研发，同时
还有赖于一个多世纪以来科学家们的不懈努力，他们试图打破动物皮
毛和试管、树木和工厂、"自然"和"非自然"之间那古已有之且似
乎无法逾越的界限。在 20 世纪 20 年代和 30 年代，像卡罗瑟斯一样
的化学家们研究人工合成聚合物以了解天然聚合物，研究天然聚合物
以合成人工聚合物，他们更关注两者之间的共性而非区别。1942 年，
一部关于聚合物的德语经典著作有了英文译本。其作者库尔特·H. 迈
尔（Kurt H. Meyer）在前言部分建议用化学成分来对有机聚合物进行
分类，"不再考虑天然物和合成物之间的区别，因为有机化学界已经
不再对两者进行这样的区分了"。

　　将聚合物（无论是天然的还是合成的）与其他物质区别开来的标
志就是聚合物是"大"的，也就是组成聚合物的分子是大分子。糖、
盐、常见的酸和化学实验室里的其他常住居民都能够轻松地穿过某些
我们熟悉的薄膜，而聚合物不能。组成聚合物的分子太大，阻碍其穿
过薄膜。怎么个大法？关于这一疑问，20 世纪 30 年代的人们有着截
然不同的看法。

　　最初盛行的观点认为，聚合物其实是由小分子聚合变大的，聚合
这些小分子的则是电或者其他无法确定的力量。这些不能穿过薄膜的
不受控的大物质被称为"胶体"（colloids），而构成胶体的元素、子元素
或别的什么东西叫"胶束"（micelles）。人们对决定其性状的原理并不
了解，但能够确定它与当时人们更熟悉的化合物有所不同。

　　赫尔曼·施陶丁格（Hermann Staudinger）并不赞同此种观点。他

86

是一名位于德国卡尔斯鲁厄（Karlsruhe）的化学研究所的有机化学家，于 1920 年提出了另一种截然相反的论点。在他看来，橡胶和作为胶原蛋白近亲的明胶无法穿过薄膜，其原因并不在于它们是由体量正常的实体在未知的、无法解释的神秘力量作用下聚合而成的。恰恰相反，它们是由巨大的分子构成的，而维系这些巨大分子的力量与维系其他分子的力量完全相同，都是一种亚原子级别的力。用施陶丁格的话来说，这些分子是高分子。碳的分子量是 12，二氧化碳的分子量是 44。简单有机化合物如汽油和糖，它们的分子量都在 500 以下。施陶丁格的一位同事曾经向他保证说超过 5000 分子量的分子是不存在的。情况并非如此，施陶丁格十分坚定。他认为存在着好几万、几十万甚至几百万分子量的分子。不能将高分子简单类比成幼儿的 10 块一组的拼图，用线或回形针简单地连接固定。高分子更像是一个房间大小的百万块终极拼图，彼此之间的连接复杂精细——和一般的拼图一样，只是更大。

在长达 20 年的时间里，这个后来为施陶丁格赢得诺贝尔奖的想法一直处于理论假设阶段，在一个又一个科学会议中被人质疑。在 1925 年苏黎世化工学会（Zurich Chemical Society）的会议上，很多人试图向施陶丁格证明他错了。一位观察家报道，"暴风骤雨一般的会议结束了，施陶丁格喊着：'我站在这里，没有别的选择！'（马丁·路德的名言）"。在之后的一个会议上，一位化学家做了另一组类比，说这就好像是动物学界出来一位动物学家声称"在非洲某地发现了一头身长 1500 英尺，高 300 英尺的大象"一样。因此，大家对高分子的怀疑是再自然不过的了。

而在特拉华，卡罗瑟斯已经认同了施陶丁格的观点，并开始着手创造这头身长 1500 英尺的大象了。他用化学的方式连接那些重复的单分子；在酰胺的接合点抻去氢和氢氧根离子，把它们压缩成普通的水；尼龙被称作一种缩聚物。那连接它的化学键呢？它们和连接其他分子的化学键一样。在卡罗瑟斯的实验室里，许多酰胺连接组成聚酰胺，即尼龙。在其他实验室，聚合苯乙烯就得到了聚苯乙烯，而很多氯乙烯单体在强有力的化学作用下就产生了聚氯乙烯。

施陶丁格在 1953 年的诺贝尔获奖演说中总结了过去 30 年新出现的科学领域。他把大分子物质分为三类：首先是完全由人工合成的；其次是天然的，如橡胶、蛋白质或核酸；最后是从自然物质中获得的，如硫化胶、人造丝或赛璐玢。这三类物质都由完全相同的原理统领，卡罗瑟斯和同事们在实验室里创造出来的物质与人类自古以来就认识的胶原蛋白是一样的。事实上 DNA——就是那个负责在动植物世代之间传递基因信息的物质——的结构之谜已经在 1953 年由詹姆斯·沃森（James Watson）和弗朗西斯·克里克（Francis Crick）解开了，它也可以被看作由 4 个核苷酸碱基构成的聚合物。DNA？尼龙？这两者并非分属两个世界，事实上它们栖居在同一个王国之中。

是同一个自然，不是两个。

一方面，当聚氯乙烯被倒进漏斗里，成为制造瑙加海德革的一种原材料时，它还是化工厂生产出来的白色粉末状物体；另一方面，胶原蛋白来自死亡的动物。前者从未在自然中大量出现，后者则数量庞大。事实上，正如我们已经了解到的，这两者之间实际上并不存在文化社会视角下那么大的差异。再重申一遍，它们都是"化学品"。它们都是由小分子聚合而成的。它们的性状都由相同的化学和物理法则支配。针对它们的科学分析手段都很类似。它们属于同一个自然。

对卡罗瑟斯而言，他的一个传记作者写道，"自然和人工工艺流程之间不存在分野"；对两者进行区分在很大程度上是没有意义的。

卡罗瑟斯曾经写道：

> 认为天然高分子因享有某种独有的分子结构而无法被合成材
> 料复制，这样的观点是不能被严肃对待的，因为它强烈暗示的活
> 力假设（vital hypothesis）存在于有机化学诞生之前。

　　这一"活力假设"，或被称作"活力论"（vitalism），可追溯至亚
里士多德。活力论想象生物与非生物之间存在着鲜明的界限，生物被
赋予生命和活力。与此种观点一脉相承的是对化学物质的分类，由瑞
典化学家永斯·雅各布·贝采里乌斯（Jöns Jacob Berzelius）于 19 世
纪早期提出。一些物质，如橄榄油或糖从活生物而来，因此，贝采里
乌斯说，它们是"有机的"。其他物质，如水或盐，来自非活体，它
88 们就是"无机的"。有机和无机分属两个领域，两者之间的界限虽
令人着迷、引人思索，但对很多人来说是不容侵犯的。玛莉·雪莱
（Mary Shelley）于 1818 年出版的小说《弗兰肯斯坦》（*Frankenstein*）
就是对这两者之间界限的思考，小说还揭示了越界将带来的危险。
　　1828 年，曾经师从贝采里乌斯的德国化学家，时年 28 岁的弗里
德里希·维勒（Friedrich Wöhler）给了活力论致命一击。在研究其他
东西时，他将氰酸银与氯化铵混合，最终得到氰酸铵。氰酸铵是一个
简单的无机化合物，似乎没有什么特别之处。但它是一种无色晶体，
有些甚至长达 1 英尺，这使维勒联想到另一种物质：尿素。几百年
来，尿素都是从包括人类在内的动物尿液中获得的，因此在贝采里乌
斯的框架下，毋庸置疑，尿素一定是有机的。而氰酸铵是两种无机化
合物反应生成的，因此肯定是无机的。维勒的一篇题为《论人工合成
尿素》（"On the Artificial Production of Urea"）的论文发表在《物理和

化学年鉴》(*Annalen der Physik und Chemie*)上。维勒在论文中写道，可以证明这两种物质"完全相同"。没有生命的材料通过常规的化学操作产生了一种具有生命气息的物质。在写给老师的信中，维勒说，"我必须告诉您，管它是狗肾还是人肾，我都可以不用它们就造出尿素了"。

单是维勒的实验并不能扳倒活力论。化学家和科学史学家一直在质疑维勒实验的重要性。直到今天还有很多人——无论他们是否具有信仰——认为在科学认知之外存在着某种生命动力。但可以确定的是，我们今天知道的"维勒尿素合成"(Wöhler synthesis)模糊了两个世界之间曾经鲜明的界限。正如科学史学家贝尔纳黛特·邦索德－文森特(Bernadette Bensaude-Vincent)写道，这一发现和有机化学之后的发展表明，"曾经被看作障碍的东西其实是可以穿透的薄膜"。在这之后，化学家们又合成了许多有机化合物，比如乙酸、甲烷、苯和乙炔。而法国化学家马塞兰·贝特洛(Marcelin Berthelot)的工作，据称使"跨越有机和无机之间的界限不再是对'禁忌'的惊险逾越，而是已经成为完全常规性的操作了"。

推动早期有机化学发展的动力是从煤焦油而来的人造染料，它大规模替代了先前费钱费力从植物根茎、昆虫和蜗牛中提炼的天然染料。橡胶也是有机化学的早期目标之一。在中世纪，炼金术士们一直试图用贱金属来炼制黄金。如今的炼金术士们通过有机化学手段把价廉量足的材料合成令人垂涎的物质，而这些物质之所以令人垂涎，要么是因为其在自然界中数量稀少，要么是因为提取困难并花费巨大。有机化学手段使得物质合成成为科学家们的常规操作——据一位著名化学家估计，在1919年之后的25年间有20万名化学家曾进行过这类实践。

89

查尔斯·斯泰恩（Charles Stine），杜邦化学家，正是他把卡罗瑟斯带进了杜邦。斯泰恩于 1942 年发表了尼龙宣言，并对这一领域的未来充满无限信心。他说，"直到最近，人们一直致力于寻找自然界现有材料的新用法。绵羊、植物和虫子可以给我们提供纤维。骨头、长牙、角、树木的汁液和树皮，昆虫的排泄物以及动物的生命，这些东西被装进卡车里、货车车厢里和船舱里运往各地，和当年装在马可·波罗的拖车里一样"。但这些东西并不是原材料，它们是制成品，生产者是"自然"。人类一直以来用到的真正的原材料是"一小组化学元素，不超过 100 种。碳、氢、氮和氧才是自然的最基本组成成分"。

这些组成成分构成了乙烯基材料和胶原蛋白。

摩挲一块皮革的内里，你的触感多来自与胶原蛋白的接触；把这块皮革放在放大镜下观察，你会清楚看到胶原蛋白的纤维组织。如果看得更仔细些，你会发现每一条纤维又是由更细小的纤维束组成，而这些细小纤维又由更细的原纤维组成。事实上，可以将皮革的结构大致类比成一个分形体，即在每一个放大倍数的放大镜下，其存在的形态都十分类似——就像缅因州的海岸线一样，大海湾里有小湾，小湾里还有更小的近似于海湾的地理结构，每个层级看上去都很相近。英国化学家埃德温·哈斯拉姆（Edwin Haslam）在其关于植鞣的一篇文章中提到，皮革中的胶原蛋白"在不同倍数的光学镜头下都呈现出纤维的样貌"，即便在超出光学范围的扫描式电子显微镜下也是如此。

扫描式电子显微镜能够非常清楚地显示每一个胶原蛋白原纤维的纵向条纹——带状或线状组织彼此间距 67 纳米（十亿分之一米）；每一个条状组织都由单个分子并行排列构成。如果能继续深入分子内部观看——事实上我们做不到，因为那已经超越了"看"的界线，我们只能借助推导来认识分子内部结构——可以将其分解成三个互相缠绕的螺旋线体，即三股螺旋结构。

所有蛋白质都是在 20 种氨基酸的基础上构建起来的，这些氨基酸首尾相接，像项链上的珠子一样串在一起。它们的顺序——如甘氨酸、丝氨酸、谷氨酰胺和丙氨酸——构成了分子生物学家口中的一级结构（primary structure）。比如，某一个序列产生血红蛋白，负责在血液中输送氧。另一个序列产生胰岛素，负责调节糖的代谢。还有一个序列会生成胶原蛋白。每条"项链"上这 20 种珠子的数量和排列顺序都不尽相同。这令人眼花缭乱的排列组合中的每一个都能生成上千种酶、激素、细胞组织和其他蛋白质中的一种，成为构成生命的一个组成成分。

每个排列组合的特殊生物功能源于其分子形状，这可不像项链那么简单了。排列组合里的氨基酸之间相互拉扯，其结果就是把表面看起来类似项链的分子扭弯，分子生物学家将其比作风琴褶（accordion pleats）、螺旋弹簧（helical springs）和其他我们熟悉或不太熟悉的复杂结构。说回胶原蛋白，它是三股螺旋结构，每股螺旋由大约 1000 个相互缠绕的氨基酸构成。

在分子生物学发展初期，化学家们开始试图理解胶原蛋白。除发现 DNA 双螺旋结构的弗朗西斯·克里克外，还有一些科学家提出了对胶原蛋白结构的设想。到 20 世纪 60 年代，胶原蛋白的主要特征已经确定。尽管总的来说胶原蛋白彼此类似，但不同生物的胶原蛋白存在着微小的差别，并且即便是从同一生物身上不同部位提取的胶原蛋白也不尽相同。动物皮肤中发现的胶原蛋白构成哺乳动物身体中胶原蛋白的 90%，它包含两个完全一致的螺旋和一个稍有不同的螺旋。在这三个螺旋结构里，氨基酸甘氨酸（amino acid glycine）的分布十分精确，项链上每隔两颗珠子就有一个氨基酸甘氨酸。似乎只有这么小的氨基酸才能塞进三股螺旋结构的中心。

91 　　科学确定性让人踏实了吗？松散的枝枝杈杈都收整停当了吗？事实上，未解之谜到处都是。比如，牛的毛皮主要由胶原蛋白构成，如果不对其进行鞣制加工就会腐烂，而加工后的皮革虽然依旧主要由胶原蛋白构成，却不会腐烂。那么，鞣制过程中的什么导致了这种差别的产生呢？

　　一个词通常指代一个东西，"鞣制"这个词指的东西却有很多。把一双湿皮靴放到取暖器上烘干，如果烘的时间过长，待靴子干透你就可能再也穿不进了。皮革会收缩，不同的皮革收缩的温度各有不同。皮革化学家们用 Ts 来标示皮革的收缩温度，将其看作皮革性能的明确标志。铬鞣皮的 Ts 远高于植鞣皮的 Ts，前者在 110℃左右，后者则为 85℃，一个刚刚高过水的沸点，而另一个低于水的沸点。这方面的区别以及前几章提到的差异，它们始终存在于用不同鞣制方法处理的皮革之间，并且差异十分明显。这不由得使人好奇，这两种皮革是同一主题下的不同变体，还是压根就大不相同？也就是说，既然它们如此迥异，那这两者之间还有什么共同点呢？

　　另外，植物和铬也并非鞣制皮革的唯二方法。美洲印第安人会把他们猎杀的动物脑子包在布里煮，再把毛皮和它揉在一起，然后把毛皮放在湿柴火上熏。爱斯基摩人处理驯鹿皮也用类似的方法。欧洲山地的岩羚羊皮用鳕鱼或鲸鱼油鞣制会变成格外柔软的皮革。因此，给不同的鞣制方法冠以相同的称谓，只能被理解为词法上的一个意外。但这种命名法也情有可原，无论这些鞣制方法有多么不同，说到底它们都让动物皮跨越了暂时与永久之间的界限。每种鞣制方法的成品或多或少都称得上是真正的皮革。每种鞣制方法都是在与胶原蛋白打交道。在长达约 5000 年的皮革鞣制史中，人们仍然难以精准地确定鞣制是如何产生效果的。

国际皮革技师和化学家联盟前主席休伯特·瓦克斯曼（Hubert Wachsmann）在 2004 年宣布，"皮革鞣制术改变了胶原蛋白的特性，这种改变通过化学反应或把纤维包覆起来使其免受外界干扰而实现"。这恐怕是关于皮革鞣制术最无懈可击的说法了，是一种概念上的底线：要么是这样，要么是那样——区别在于鞣制方法的不同——说到底都是钝化胶原蛋白纤维的活性，使其能够抵抗破坏它的生物过程。美国、英国、印度、德国和其他地方的化学家们尽管在不同的高度和精度上提出了实现皮革鞣制的无数理论，然而还没有哪一种理论能够在各方面都令人满意。

"交联"（crosslinking）是皮革化学家们最常提及的概念。它指的是鞣制皮革时发生的化学连接（chemical linkage），化学家们认为正是这种化学连接使胶原蛋白的分子网络更加稳定。皮革纤维是由更细小的原纤维构成的，原纤维是由胶原蛋白组成的，胶原蛋白则是由三条相互缠绕的螺旋结构组成的。然而事情并未到此结束。三股螺旋有开放的末端，带有正负电荷，这些分子凹凸不定，且能够与附近的东西相连，这种连接有时候会获得暂时的稳定，直到其他干扰出现，有时候则会始终牢不可破。人们认为皮革鞣制可以进一步巩固胶原蛋白分子之间的交联程度，使其保持稳定状态，抵抗细菌的侵蚀。

当然也可以有其他的类似解释。辛辛那提的皮革研究实验室主任尼克·科里给外行描述的景象是，胶原蛋白被锁在交联力（crosslinking forces）构成的保护笼里。沃尔多·卡伦伯格（Waldo Kallenberger）是一位化学家和微生物学家，他对皮革鞣制和皮革工业的每一个环节都有浓厚的兴趣。在卡伦伯格看来，交联阻断了酶的作用，而这正是细菌得以侵入并腐蚀掉部分组织的关键，因此交联阻碍

92

了腐败的进程——鞣制方法不同，阻碍腐败的具体手段也不尽相同。铬鞣法作用于共价键之间，而共价键是分子链之间和内部最具代表性的交联种类。植鞣法依赖的是弱一些的氢键。卡伦伯格形象地描述道，"它们只是依偎在蛋白质边上，因此很容易被清除"。你可以想象地上堆着一些缠绕在一起的链子，植鞣法使这些链子很难解开。在铬鞣法中，每一个链条上都追加了其他连接，因此更难将链子分开。

　　这些解释里确实都有类比和隐喻的意味，但更真实的仍旧是那些不确定性。20世纪50年代纽约的库珀联盟学院博物馆（Cooper Union Museum）组织了一场有关皮革的展览，展览目录里是这样解释皮革鞣制的，"把毛皮纤维包裹在防腐剂里，使其免受细菌或其他分解剂的侵蚀"。半个世纪过去了，对皮革鞣制的科学解释已经向前发展了——但还远没有进步到人们预期的地步。1977年，美国农业部的两位胶原蛋白科学家发表文章说，"在关于鞣制和鞣剂的大量文献中，在鞣制中交联和稳定的性质与程度方面仍存在着巨大的空白"。这些空白在今天依然存在。2001年《美国皮革化学家协会学报》（*Journal of the American Leather Chemists Association*）刊登了一篇长文，作者是印度金奈中央皮革研究所（Central Leather Research Institute）的斯鲁马拉查里·拉马赛米（Thirumalachari Ramasami）。在这篇文章中，拉马赛米真诚地描绘了一个统一的皮革鞣制理论的梦想，可是这样的理论并不存在。他的结论是，"皮革鞣制只可描述，无法定义"。

　　这篇文章的字里行间透露出的是知识分子的沮丧和无奈。A. D. 科温顿（A. D. Covington）是世界皮革科学界的几大权威之一。鉴于不同鞣制方法之间存在着明显的不同，他在英国皮革技术和化学家学会（Britain's Society of Leather Technologies and Chemists）上提出了这样一个坦率得令人恼火的问题："既然鞣制作用的效果如此不同，那么皮革鞣制的定义又是什么？"究竟是什么呢？

　　我们是不是可以这样认为，无论我们对科学的力量和精准抱有怎样的信仰，这古老的技术奇迹及其现代对应物仍旧有一部分被包裹在秘密之中？几分钟前还活着的动物被扒下皮毛，这时的皮毛仍旧屈从于自然界的生死进程，经过鞣制后它却跨越了那道鸿沟，不再受限于自然生死的作用。诚然，我们可以把皮革鞣制的秘密看作仅存的不确定性，将其一笔勾销，并且想当然地认为我们终将解开这个秘密，且对其施以精准的技术控制。但换一种视角，我们也可以把皮革鞣制看作跨越自然与人工的尝试。它一边连接生，一边连接死，在这不确定的神秘节点活动，不断勾起作家和哲学家的兴趣。因为它关乎两个世界，一个是自然创造的世界，另一个则是人类构建的世界。　　　94

第六章　没什么比得上皮革

到了 19 世纪 80 年代，机器已经承担了世界上很大一部分工作，但这时的机器还不是由电或汽油驱动的，而是靠水力或蒸汽。巨大的发动机居于中央，靠长长的带子给周边的机器（如车床、织布机）传输动力，这些带子缠在每分钟三四千英尺转速的滑轮上，这种带子中的绝大部分都是皮的。每个工厂里的带子都不少，它们有三四十英尺长，一英尺多宽，由单块皮毛拼合、粘贴、捆绑或铆接而成；有的时候要将近 100 个工人才能做出这样的皮带。这些皮带非常重要，以至于弗雷德里克·温斯洛·泰勒（Frederick Winslow Taylor）从 1884 年开始对其进行了长达 9 年的研究。

作为费城一家重型轨道车部件厂的工程师，泰勒不断目睹那些能够切割金属、给金属钻眼并给固体金属重新塑形的伟大机器瞬时之间就会丧失力量，而这仅仅是因为皮带断掉，或者因为过度拉伸使皮带从滑轮上脱落，从而导致了生产的停滞。在泰勒（第一位效率专家）看来，这是不可饶恕的罪恶。于是，他开始了对皮带的实验。泰勒试验了不同鞣制方法加工出来的皮革，并记录下它们的弹性、修复频率、维护费用等一切相关数据。泰勒的研究结果发表在 1893 年的一本机械工程学期刊上，足足有 189 页。

工业强度的皮革（Industrial strength leather）。

皮革是坚固耐用的吗？或许是，但对科学家和技术专家来说，这种描述未免过于模糊。鞋面的皮子要耐磨，风箱的皮子要柔软，家具的皮子要耐撕扯。参观位于辛辛那提的美国皮革业联合会（Leather Industries of America）的测试分析实验室，你会看到到处是被剪开的钱包、解体的皮带和被一再水洗的牛仔裤补片。你还会看到用来测试这些东西和皮革其他特性的器材。把一块样品固定在两个活塞上形成一个圆柱形的风箱结构，使其快速来回震动几千次，然后检查皮革上的裂纹；把另一块样品暴露在一定强度的氙气灯光下，在设定时间结束后测量皮革褪色的程度；把第三块样品和一种特殊的面料夹在一起——这种面料包括羊毛、尼龙、棉、涤纶等各种材质——来考察有多少皮革染料会溶出在不同材质的面料上。美国材料与试验协会（American Society for Testing and Materials）发布的技术规范里还记载有其他一些试验：比如测量样品的铬含量；比如用砂轮摩擦样品表面；再比如测量——美国材料与试验协会规格应用 D2214（ASTM spec D2214 applies）——样品的导热性。

家具商和制衣商带着他们的产品来经受严峻的考验和测试。在这里，人们并不会饱含欣赏之情地把玩皮革。皮革生来就是要被拉扯、浸湿、摩擦、击打的，这是皮革自其诞生之日起的宿命。皮革被用来制作密封垫、冲洗泵和离合装置；皮革也被用来制作鞍座、挽具和马车鞭。直到今天，皮革一直被用来制作靴子、皮带、包和书皮。在印度，人们用塑形后的骆驼皮制作瓶子，以便用来存储油和奶油。在英国，皮质的瓶子随处可见，人们用它盛水和酒。皮革被做成桶装火药。皮革还被做成弓形弹簧、狗项圈、磨剃刀的皮带。皮革被做成手环，供乘客在地铁震动和摇晃时扶握。皮革还被做成剑鞘，被用来连接护身铠甲上的铁盘，被用来包覆盾牌——《伊利亚特》里就有这样一段描写：

> 阿喀琉斯回掷以重重的长杆枪，
> 击中了埃涅阿斯的盾牌的圆环，
> 在第一圈边缘，那是黄铜最薄的地方
> 也是皮革最薄的地方。

96　　今天的士兵们用以防身的不再是包覆着皮革和铜的盾牌，而是凯芙拉（Kevlar）合成纤维制成的防弹背心。电机也已经取代了震动皮带。书籍多用布料而非皮革包裹。做瓶子的原料很多，独独没有皮革。皮革应用的范围不断缩减，它已被其他材料取代，这些材料的某个甚至多个性能都优于皮革，因此也没有必要再以皮革的面目示人。没人想要在凯芙拉合成纤维制成的防弹背心表面压出皮革的纹理。今天，人们选择皮革并不仅仅因为它坚固耐久，而是因为它好看，触感也不错。

　　在鲍勃·迪伦（Bob Dylan）的一首早期作品中，一个女人"早晨要乘船远去"，她问自己的爱人是否需要她带"一些精美的东西……从马德里山脉或巴塞罗那海岸"。不，他说，他只要她，要她回来。但他最终意识到女人的心已飘远，她再也不会回来了——在歌词的最后一句中，他改了口："是的，还真有样东西你能带给我。"他接着说："我要西班牙皮子做的西班牙靴子。"失去一个女孩，换了双靴子？那要看是怎样一双靴子啊！回到12世纪，西班牙皮是一种装饰性极强的压花山羊皮，以其独特的美著称于世，人们为它著书立传，还有香水以它命名。靴子只是给穷人保暖的吗？不，这可是漂亮的靴子。

　　今天我们对皮革的一般态度也是如此：在时尚广告里、在网站上、在汽车经销商的展厅里，我们听到的都是对皮革的溢美之词——天花乱坠的宣传和夸张的恋物癖——公平地讲，这些赞美针对的都不是皮革的热传导性。

在纽约时装技术学院（Fashion Institute of Technology）五楼的一间亮着荧光灯的房间里，何塞·马德拉（José Madera）正在帮十几个学生用轻质服装皮革制作裤子、上衣和坎肩。他们在设计图样，对齐接缝，切割面料和安装拉链。这只是皮衣制作专业的一堂入门课，而有些学生已经开始感到困难了。突然，缝纫机上的一根针断了，发出刺耳的噪声，缝纫机随即停了下来。学生们把做好的领子倒过来，奇怪地发现其中的一边短了一英寸，缝线的地方也皱了起来。他们还是学生，还在学习中。就像从这个传奇的服装工业训练场毕业的历届学生一样，有一天这些学生的设计也会出现在纽约、巴黎和米兰的秀场上。芥末黄的七分运动裤，还是带穗子的皮革护腿？还是摩托外套？现在这些衣服大多都不在纽约制造，而是打好版之后送到中国生产。

马德拉在这个行业已经浸淫了 22 年。他刚刚回答了一个学生的问题，现在坐回到机器边上，开始解决一条难缝的边。但这只是他的夜班工作。在白天，他是一家皮革制品公司的质管经理，这家公司已经把生产挪到了中国，那里的皮革价格有时会低至每平方英尺 75 美分。美国的工作机会越来越少，都转移到了中国、印度和印尼。不管是谁生产的，这些航运来的反绒皮背心、软皮夹克和贴身皮裙一样给消费者带来他们渴望的感官体验。这是对身体的渴望。

皮革很特殊，它是一种雌雄同体的材料，既有男性气质也有女性韵味，它可以像树干一样坚硬，也可以像花瓣一样柔弱。哈丽雅特·比彻·斯托（Harriet Beecher Stowe）在她的《汤姆叔叔的小屋》（*Uncle Tom's Cabin*）里把奴隶贩子称作"穿皮的男人"。自愿选择独身的女性有时候称自己为"皮姑娘"。在这两个称呼里，皮代表强悍。
但皮革也被用来包覆最高档的珠宝盒，制作最柔软的服装。同样在纽
约时装技术学院任教的米歇尔·布赖恩特（Michele Bryant）说，"那
真称得上是第二层肌肤"。制陶工匠会用"皮硬"（leather hard）① 来指
代未经烧制的黏土，这种状态的黏土足够柔软，可以对其进行雕刻或
塑形，同时它又足够坚硬，不至于无法掌控。这正是皮革的特性，它
体现了两种截然相反的特质——既可以造工装靴，也可以做芭蕾鞋。
皮革身上凝聚了男性和女性的双重能量，因此带有情欲的内涵。

    不光是皮短裙和长筒皮靴，就连皮风衣、皮护腿、皮带、皮夹
克和其他皮质工作服，人们都会毫不犹豫地夸赞它们性感，甚至对
皮沙发和皮箱也是一样。布赖恩特说，皮革具有边缘和反叛的意味。
20 世纪 50 年代马龙·白兰度和詹姆斯·迪恩（James Dean）在他们
修长的肌肉上披挂皮衣，而在那之前，皮革早已成为性感的代名词。
今天，穿皮衣的演员、摇滚天后和模特，这些人传递性感的方式已司
空见惯。皮革工业本身也是如此。在行业杂志里化学材料供应商罗门
哈斯公司（Rohm and Haas）的广告中，一个女人身上穿着皮短裙、脚
上套着皮靴，腿露的很多，在皮沙发上趴着。在另一则广告中，一位
有着一双天真无邪的眼睛的小姐身着遮不住胸口的连身工装裤，肩背
皮包："我爱上了一种美妙的皮——它就是斯塔尔（Stahl）皮。"皮
革代表一种原始的、不受控的性感，但同时它也象征着我们柔软脆弱
的肉体。

    皮革的性能量来自它的物理特性和文化联想，瓦莱丽·斯蒂尔

① 在制陶业中，"leather hard"特指半干的黏土。这里为了体现这个称谓与皮革
的关联，故直译成"皮硬"。——译者注

（Valerie Steele）说。斯蒂尔是达特茅斯学院斐陶斐荣誉学会（Phi Beta Kappa）[①]最杰出的毕业生。她在耶鲁大学获得博士学位，研究方向为欧洲文化和思想史。如今，她既是纽约时装技术学院的教授，也是学院博物馆的负责人，掌管着上万件服装和 20 多万块布料样品。她同时也是学术期刊《时尚理论》（Fashion Theory）的编辑。她的工作就是思考时尚、服装和人体。斯蒂尔的一个兴趣领域是恋物。她的著作《恋物：时尚、性与权利》（Fetish: Fashion, Sex and Power）由牛津大学出版社出版。斯蒂尔说，"到 20 世纪早期，皮革已经具有恋物的魅力"。并且在接下来的时尚潮流里，皮革始终保持着这种魅力。皮革"始终是恋物的目标，几十年甚至上百年不变。它与性之间联系紧密"，而且不仅限于常规的性。

98

　　第二十二届新英格兰恋物展和跳蚤市场（New England Fetish Fair and Fleamarket）在波士顿市中心颇具历史的公园广场酒店的几个楼层里举行。这个展销会宣传的是施虐和受虐，既有同性之间的也有异性之间的。展会里摊位众多，展卖的是性玩具和捆绑用具。对一些人来说，这个黑暗的、奴役和臣服的性的世界是令人不安的，甚至是变态的。它不可能符合所有人的胃口。公园广场酒店的这个展销会可不是一般展览和会议，而是给人以户外手工市集的感觉。小组讨论定时举行，地点都是装饰华丽的公共空间，如克拉伦登屋和帝国宴会厅。工匠和店主们兴高采烈地叫卖商品，好像他们参加的是文艺复兴游园会一样。每一个被女人一边牵着一边用皮鞭抽打的只穿护裆的男人周围起码有 20 个衣着正常的人，而这些人看上去就好像是刚刚从郊区通勤过来的普通人一样。

---

①　也称 ΦβK 联谊会，是美国大学优秀生组织，创立于 1776 年。——译者注

有一种材料统治了整个公园广场酒店，那就是皮革。鞭子、贞操带、领子和束具、裸露的特殊服装，这些装备大多数是由皮革制成的。这些皮革年代和产地各异，但通常都是黑色的。展位名称有皮革制创（Leather Creations）和拉里里尼精皮（Larry & Leenie's Lusty Leather）。摆在性玩具、色情首饰和捆绑用具宣传册边的是坦迪皮革公司（Tandy Leather Company）的手册，这家公司来自得克萨斯州，主要售卖家用工具，其中"自然坦迪基本皮艺套装"售价 29.99 美元。替代皮革的聚氯乙烯和乳胶也出现在这个并不怎么"地下"的会场里，但这些材料也要借用皮革的名称。

在线上百科里搜索"皮革"，你会找到皮革的定义和相关事实以及漂亮健康的制皮工具的图片。但词条里还会提到皮革作为恋物对象这一面，并给出"皮革亚文化"和施虐受虐性行为的链接。"皮革不只是牛皮"，一个网站上这么说："它是生活方式。"

为什么皮革会占据性幻想的这一角落呢？当我带着这个问题在恋物展上寻访时，得到了很多知识。皮革就是皮肤，因此它生来就是作用于感官的；大家至少都认同这一点。我还听说厚皮衣、皮靴和其他骑行保护装备成为二战后摩托骑手们的标准配置，而这种装扮强化的男性特质备受粗暴性爱好者的欢迎。"芬兰汤姆"（Tom of Finland）原名托科·拉克索宁（Touko Laaksonen），生于 1920 年，他是芬兰插画家，其标志性作品是屁股紧实、身着机车夹克、脚踩黑色皮靴的男人。这一形象给虐恋亚文化留下了不可磨灭的情色印记。在仪式化的捆绑性游戏中，强势的一方——"主"——被看作统治者或君王，因而皮革赋予其奢华，黑色赋予其威慑力。弱势的一方——"奴"则被看作奴仆或野兽，因此被拴野兽的厚皮带和挽具束缚。在解释皮革作为恋物对象所扮演的角色时，瓦莱丽·斯蒂尔说，皮革的情色魅力是由多种因素决定的。意思是皮革的质感、声响、气味都与"动物和捕食本能"相连，这里提到的皮革的各个方面都发挥着作用——并且不是简单地发挥作用。皮革的性内涵从文化中凸显出来，这和皮革本身的特性是分不开的。

既然皮革能够在性的神秘世界里拥有如此强大的力量，那么它在没那么极端、没那么限制级的世界里是否依然具有情色魅力呢？自然，并不是只有恋物癖们才热爱和珍视皮革的感官力量。

一个例子是列文杰公司（Levenger）。这家邮购企业位于佛罗里达州，售卖"为认真的读者准备的工具"，从钢笔、笔记本到书架、椅子、台灯，不一而足，它的产品往往带有复古的味道。它的邮购目录就像公园广场酒店一样，每一页都有皮革的身影。文案人员不遗余力地宣扬皮革给人带来的感官愉悦。列文杰的钱包和文件夹有带革（belting leather）材质的，这种材质"就像皮护腿一样，随着人的使用会从簇新磨得光亮"。列文杰掌上电脑套由"光滑油亮的皮革制成，手感令人愉悦"。还有马尼拉信封（manila envelope），就是那种把红线缠在一小块卡纸上就能封上的纸袋。普通马尼拉信封在邮局只卖 89 美分，即便如此，你或许也不想买它。列文杰卖的是红色皮质的马尼拉信封，据说"会在使用后泛出美丽的光泽"，售价高达 100 美元。

类似的例子还有女士手袋。瓦莱丽·斯蒂尔和莱尔德·博雷利（Laird Borelli）在他们合著的书《手袋：风格词典》（*Handbags: A Lexicon of Style*）中这样说道："在这个世界上，没人不会淹没在开启一个崭新的稀有皮革手袋带来的狂喜里。"最精致的手袋有很多都是皮面或者皮衬的，抑或是两者皆有。爱马仕从给贵族做马具起家，芬迪（Fendi）则是珍稀皮革和毛皮的供应商。手袋达人克莱尔·威尔科克斯（Claire Wilcox）认为，手袋内外有别，因而具有"私密性"。安

100

娜·约翰逊（Anna Johnson）在她的著作《手袋：女士提包的力量》（*Handbags: The Power of the Purse*）中也谈及了这一问题，她说"精神病学家一直对手袋持怀疑态度，把它想象成'长牙的阴道'——唯一一处不欢迎男人染指的地方"。对斯蒂尔和博雷利来说，亲密和稀有意味着放纵和沉迷的快感：还有哪一领域更适合这些最柔软、最稀有和最精选的皮革呢？这种材料增添了手袋的魅力。

对钱包、手袋、鞋子和服装的供应商来说，皮革的介入是值得称颂的，皮革丝滑的质感以及饱满的光泽都将最终反映在产品上。鞋子是"意大利制造的，散发光泽的手工意大利小牛皮鞋面，全皮衬里，包裹皮革的鞋垫，麂皮鞋底以及用皮或橡胶制成的鞋跟"。文件夹是"头层牛皮经转鼓捽成小卵石纹，经涂料染色后色彩艳丽持久"。产品目录、精品店、鞋店和工艺品店的推销辞令针对的都是皮革爱好者。我就是其中之一，说不定你也是。有公司曾公开点出了这个特殊的消费群体。这家公司在产品目录中标出了一把由顶级设计师设计的皮垫餐边椅，并鼓励说道："请公开你对皮革的喜爱吧！"

101

皮革的魅力不仅会作用在买卖它的人身上，还会影响处理它的人。菲利普·罗斯（Philip Roth）的小说《美国牧歌》（*American Pastoral*）的主人公斯维德是一个新泽西手套制造商的儿子。他回忆在他小时候父亲会叫他"来感受一下"：

> 孩子就会照父亲的样子把一块细腻的小羊皮折皱，然后用手指感受皮子的精细度。那紧密排列的纹理有着天鹅绒一般的质感。"这就是皮子，"父亲告诉他，"用放大镜都看不清这块皮细小的毛孔。"

　　在小说中，罗斯用细腻的笔触饱含爱意地描写工匠用小羊皮制作手套的过程。"切割工需要在脑中计算如何用一张皮子做出尽可能多的手套，"斯维德告诉来访者，"然后要切割皮子。要切好做手套的皮子可是个技术活，切割台上的操作是门艺术。没有哪两块皮子是完全相同的，仅动物在饮食习惯和年龄上的差异就会导致皮革的延展性不尽相同……"

　　在罗斯对手套制作的精彩描述中能看到人们对这门技术的热爱，从父亲到儿子，再到行业里的其他人都是如此。人们对某个行当的热爱往往源自他们对某种材料的痴迷，哈特·马西（Hart Massey）写道。马西是加拿大一本手工艺传说汇编《工匠的方式》（*The Craftsman's Way*）的供稿人。"制陶人看见陶土就兴奋；吹玻璃工会着迷于熔融状态下玻璃的'能量和魔力'；织工热爱羊毛；铁匠对熔化的铁水有着天然的亲近感；宝石匠着迷于珍稀的宝石；制鞋匠则享受皮革带来的感官愉悦。"《工匠的方式》杂志的另一位供稿人大卫·特罗特（David Trotter）是来自加拿大安大略省比顿市的设计师和匠人。在他看来，皮革是一种格外"有回响"的材料。"无论你在皮革上留下怎样的印记，无论你将潮湿的皮革如何塑形，它都能立即产生回响，并永久地保存这些处理的痕迹。"加拿大萨斯喀彻温省的一位制鞋匠写道："我觉得自己此生都会迷失在皮革之中，却无法在其身上留下半点痕迹。"

　　做马鞍、靴子、钱包、马甲、手套的男男女女们，无论他们是小店的工匠还是大厂的工人，他们的工作都是对皮革进行切割和缝合。他们把皮革切成薄片、编织皮革、穿透皮革、捶打皮革和冲压皮革。他们给皮革塑形、黏合皮革、给皮革上色。马具匠人在木桩上操作：17 世纪早期在西班牙，马具匠们用木质模具和倒模在皮革表面印上复杂的花纹。纽约蔻驰工厂的工人们出现在公司的出版物里，彼时他们　　102

的工作尚未被转移至海外。在书中，工人们使用的是工业级别的缝纫机，他们用重型推压机推压模具切出皮件，然后点火烧掉缝好的皮带周边的零碎皮条。

一则对爱马仕手袋制作充满溢美之词的图片报道题为："起初，有了皮……"① 皮本身。《纽约时报杂志》这篇文章的第一幅配图就是堆在地上和推车上的皮子，它们被按颜色分开存放。从文章中我们了解到，"巴黎郊外的庞坦是审核皮子的地方"。只有那些获得爱马仕金印章的皮革才能被做成价值 5500 美元的手袋。相较于其他材料，皮革经常是像这样的：无论是在布达佩斯的定制鞋工坊，还是在蔻驰的工厂，抑或是在上千家忙碌的中国小作坊或印度小作坊里，起初只有皮革和它那独有的味道、触感及感官风味。

1972 年，一群皮革匠写了一本书，名为《皮革》（Leather），编辑是唐纳德·J. 威尔科克斯（Donald J. Willcox）和詹姆斯·斯科特·曼宁（James Scott Manning）。在这本介绍皮革工艺的书中，作者们为入门者提供建议并发出了一则颇具 60 年代风格的宣言。他们宣告："本书亦是一趟旅程——即皮革之旅。"人们重回手工艺，发起了新的工艺运动，而皮革是这场工艺运动的精神和道德中心。忘掉夏令营和学校手工市集里无趣的皮质"套装"（kit-ism）吧！书里有穿着蕾丝花边紧身裤的嬉皮女孩、大胡子戴皮帽子穿麂皮流苏外套的男人和坐落在幽暗木板楼里的皮革工作室，还有在海边印度式印花遮阳篷下匆忙搭

---

① 这篇文章的英文标题为"In the Beginning, There was Leather...",戏仿《圣经·创世记》中的"起初神创造天地"（In the beginning, God created the heaven and the earth）（1:1），"神说'要有光，就有了光'"（And God said, Let there be light: and there was light）（1:3），从而体现皮革之无上地位。此处翻译参考广为流传的和合本译文。——译者注

起的皮具店，店里的皮子或被做成颇具异国情调的面具，或被用来装饰珠宝盒、做成玩偶和装饰有龙的图案的纸篓。

　　这本书的作者们满怀20世纪60年代的稚嫩和朝气，这在今天看来似乎有点古怪。在他们看来，皮革不仅仅是一门手艺、一种谋生手段，它还是一场运动和一次探索。人们汇向：

　　　　皮革，各式各样的人。严肃认真的人想要用双手找寻另一种生活方式；仅仅随情势而动的人则没那么幸运了；还有普普通通、安安静静、努力工作的人。这些人有着不同的背景，但他们与皮革产生的共鸣却是一样的。

103

　　　　而当他们行动起来的时候——嚓！所有的东西都跟着来了。全美开始涌现凉鞋和皮具店……星星之火可以燎原。

　　正是这个时期，在此种情境的感召下我开始与皮革打交道。若干年前，当我20出头的时候，我给自己定做了一件麂皮运动夹克。从一位身着乡村风格皮马甲的酒吧女招待那里，我问到了给她定做马甲的女士的名字。我和这位定做皮衣的女士约好在巴尔的摩市中心的一家商场碰面挑选皮革。佩吉给我量了身，几周后衣服接近完成时，我去她那间位于巴尔的摩市郊小路边小石屋里的小店做最后的试装。那件皮衣选用的是漂亮的深棕色麂皮，皮子十分柔软，穿上它就好像坠入它的怀抱之中。当佩吉把衣服搭在我身上时，我感觉到她年轻有力的手触碰着我的肩膀和后背，随之而来的震颤感把皮革和我的生命永远连接在了一起。

　　几年后的1973年，那时我住在旧金山，当时正巧需要一个包，或者说是希望拥有一个公文包来装书和文件。我很喜欢那种粗犷的皮包，那时男人们也开始习惯携带这样的包了，但问题是我买不起。于是我打定主意自己做一个，我进了一家位于北海滩哥伦布街边的皮具店，里面暗暗的，飘着皮香。我告诉店主自己的打算，立刻就得到了他的指导，了解了皮具制作的基础知识。离开皮具店时，我手里是厚实的马具革、轮式打孔钳（rotary punch）、定形切向刀（skiving tool）、缝纫锥（sewing awl）和其他一些工具。最终的成品工艺并不精良，但毕竟我做出了一个能用的——甚至可以说不赖的单肩包。我每天都背着这个包，用了 1/4 个世纪，直到皮子烂得再也无法修补，黄铜五金件也磨坏了，我才让它乖乖退役。几年后，我就开始了本书的写作。

我还做过几只女士手袋，给我一位总丢钥匙的朋友做过一个滑稽的双耳钥匙环。我还用黑色粗纹皮做过一个记事本套，用橙褐色的油蜡皮做过一个小公文包，后来发现这种皮容易留下印记。我给自己的自行车做过挂包，尽管这个挂包看上去和办公室氛围更搭配，但仍从其他骑行者那里收获了赞美。

我也做过一双鞋——就是双普通的便鞋：两块皮鞋底，手工缝制，没有打样，也没用楦头，只是在脚上比量了一下。做鞋的过程中充满了错误和考验。我坐在那儿，膝盖上放着工具，粗剪的皮子垂在脚边，一段蜡线悬在没缝完的针脚上，此刻的我全然不知接下来该如何继续。我只有两只手，可这个时候哪怕有三四只手都不够用。最终完成鞋底时，我终于品尝到了胜利的滋味。实际上，这时候鞋帮还没缝到上底上。我把上底粘到鞋底上，用木槌使劲敲击，让它们紧紧黏合在一起，然后敲打鞋钉，让它穿透三层皮子与垫在最下面的厚铁板相遇，这样一来鞋钉就会弯曲变成铆钉。接下来我再修整边角，打磨和抛光表面。最后就剩下让我做的鞋接受城市街道以及满是玻璃片的人行道的洗礼了。我蹦蹦跳跳地跑下楼，除了脚以外感觉不到身体的其他部分。我的新鞋子迸射出快乐的火花，它终于变成了鞋，合着午后车流的节奏翩翩起舞。

我永远也成不了技艺高超的手艺人，我能想象到真正的行家会如何评价我这些年做的那些笨拙的作品。但动手的过程让我快乐，皮子这种材料也给我带来欢乐。我喜欢造访皮具店，摩挲皮子，把它们折叠起来再任其舒展开来。不管它们是纤薄的、柔软的还是厚实坚硬的，这些都不重要，我喜欢所有的皮子。如今，我虽没有多年的选购经验助我选出完美的皮子，也没有精湛的技艺足以完美诠释每块皮子，但在我与皮革打交道的这些年里，我能感受到皮革的宽容、坚强和深邃。这么多年过去了，我还拥有并使用着自己当初制作的大部分皮制品，它们一直以来都给我带来快乐和满足。

这是成就感带来的欢乐吗？或许是，但我同时也十分享受这种材料与生俱来的视觉和触觉美感。皮革优雅地变老，它永远不会像聚氨酯那样分层起皮，也不会像乙烯基塑料那样破裂开来露出下面粗糙凌乱的布料。皮革总是缓慢地变化着，磨损的地方会起绒、变形或者变干。为了减少磨损，你可以抛光、上油和保湿。请注意，处理后的皮革不会变新，但会优雅地老去。就像一位美丽的老妇人一样，皮肤或许长了皱纹，但眼神依旧充满生气。

§ §

在制鞋厂四楼的地板上堆放着经过鉴定分级的毛皮，大多数是小牛皮，它们要么规整地堆在一起，要么被卷起来放在木架子上。旁边切割车间的架子上堆放着许多模具，每一件都是钢制的，像饼干成型切割刀一样，依照预设的图案有着不同的形状。一名工人，人称"工

105　头儿"（clicker），负责选出所需的模具。把皮子平铺在老机床上，定好模具的位置，然后按下两个按钮（这样一来两只手都不会被伤到），悬在机床上方的重机械臂就会摆下来击打模具并切割皮革，然后又摆回原位。接着，他把模具挪到下一块皮子上，准备下一次切割，动作快到模糊。这项工作要求工人速度快、经验足，自然挣得也多。他把每一块鞋帮皮的长边垂直于支柱固定，这样能够减少不必要的拉伸。还要确保左、右脚的皮子一致。在绕开牲畜身上的烙印、静脉、蚊虫叮咬痕迹和生长纹的同时，尽可能最大限度地利用皮子，因为这些痕迹会让最终的成品变得难看。每一次切割都是一次抉择，一次质量之间的平衡。避开每一个瑕疵就会浪费太多的皮革，可要是用尽每一寸皮革就会留下太多的瑕疵，这样也行不通。一边是产量问题，另一边消费者是不会买有瑕疵的鞋子的。切割皮子的艺术就在于此，即如何找到那个平衡点。

　　位于马萨诸塞州布罗克顿市的这家工厂历史悠久，地板都已经嘎吱作响了。这里生产男鞋，做鞋就意味着要顾及最终成品的每一个微小细节，包括鞋子的每一个弧度、每一针、每一线、每一处穿孔、每一个凹坑、每一处设计、每一层胶水、每一块衬料和每一个鞋眼，其中汇聚了上百名工人的劳作。在定制鞋店里，这些工作都是手工完成的，而在工厂里因为有专业的机器，做起活来更方便快捷。飞速旋转的小滚轮把皮革将要缝合或黏合的部分打薄，截成斜角——皮革的厚度从6张扑克牌那么厚减到2张扑克牌那么厚，要是没有这种机器，你就得面对又厚又丑的一堆皮子。手快的缝纫工能驱动皮子绕疯狂震动的针头以U形曲线旋转。这样的工序不是在流水线上操作完成的，这里也没有传送带。它只是一个批量生产过程，一批包含十来双鞋，被称作一"件"（case），每件都被贴上粉红色的标签，上面标记着将要完成的鞋子的长度和宽度。

在整个生产过程的大部分时间里，未来要做成鞋的这些组件都是不成形的皮料、针头线脑、胶水和边角余料，直到从鞋楦上下来，它们才有了鞋的样子。"鞋楦"（last）这个词可以回溯至 1000 年前的古英语"laest"，意思是脚型或足印，但这种物件本身早在希腊和罗马时期就已经出现了。传统的鞋楦是木头做的，现在则多由硬塑料制成，把制鞋组件包裹在鞋楦上才能拼装成鞋子，鞋楦是给鞋子塑形的。对于那种要卖 800 美元的定制鞋来说，鞋匠要仔细测量脚的每个尺寸——脚背长度、脚跟到大脚趾的长度等——在此基础上雕出鞋楦。对于批量生产的鞋子，每个尺寸和样式自有对应的鞋楦，这种鞋楦只能尽可能接近不同人的脚型。

刚缝好的鞋面还没现出鞋的形状，这时候要在它上面喷洒蒸气，就像加热不新鲜的面包使其变新鲜一样。接着把鞋面嵌入钳帮机（lasting machine），其前身是 1882 年扬·马策利格（Jan Matzeliger）申请了专利的机器。马策利格是白人工程师和黑人女奴生的孩子。据说，当马萨诸塞州林恩市的制鞋中心引入这种机器时，制鞋成本降低了一半，而产量则提升了 12 倍。机器里的鞋楦已经就位，钳子从下方箍住皮革把它紧紧地蒙在鞋楦上，然后将整个机器重新固定。在制鞋的这个标志性时刻，作为皮鞋精华部分的皮革似乎迷失在滑动的钢制零件及气控和电路管线之中了。曾几何时在成为皮革之前，皮毛包覆的是一具活生生的三维体，经过鞣制皮革变成了二维的平面。如今通过钳帮机，皮革再次变成三维的物体，它平整光滑的轮廓将要包覆另一种生物的脚。这是一个粗暴的过程，皮革被拉伸、卷起、塑形。这个过程一旦结束，皮革就完成了对自己价值的证明。皮革必须足够坚固才能很好地包裹和保护脚吗？是的，它首先要足够坚固，能挺得住制鞋的操作。

　　1912 年，美国皮鞋出口额领先于世界，占世界皮鞋贸易额的 55%。20 世纪 60 年代早期，在科芬出现之前，在中国还没有统治世界鞋类生产之前，宾夕法尼亚、新英格兰、纽约及美国其他地方的工厂一年能生产 6 亿双鞋子，其中皮面鞋子占 3/4。如今，这些工厂所剩无几。21 世纪初期，美国皮面鞋子的年产量仅有 2000 万双，其中大概有 10 万双产自布罗克顿市的这家工厂。

107

　　很久以前，鞋类厂商就开始使用非皮革材料做鞋了。一份 1916 年的记录告诉我们，当时的人们用赛璐珞和油布做鞋的套头（toe box），用"再生革"——硬革纤维、废纸、破布和木浆混合后卷成的硬质材料——做鞋底。20 世纪 40 年代，联邦政府在对联合制鞋公司（United Shoe Machinery Corporation）进行反垄断诉讼时发现，该公司正在探索各种皮革替代物——从多孔塑料鞋垫到塑料鞋跟再到塑料鞋眼和塑料滚边。从 1944 年开始，固特异的耐欧莱特和名为潘诺琳（Panoline）和麦西康（Maxecon）的类似材料在鞋底制造中挑战了皮革的地位。到了 20 世纪 60 年代后期，90% 的鞋底都是人造材料制成的。当然还有运动鞋的出现，"sneaker"这一名称诞生于 1917 年，是为了大规模营销科迪斯鞋所创，这种鞋子的橡胶底据说在接触地面时不会发出声响。它是现如今运动鞋的始祖，今天的运动鞋大量使用橡胶和帆布来替代皮革，并且已经成长为一个巨大的产业，广受儿童和青少年欢迎。这样的风潮甚至迫使美国皮革业联合会在 1961 年发出警告，敦促成长期孩子的父母们"务必让孩子们穿皮面皮底的鞋"。这一时期的鞋跟、鞋垫、黏合剂和鞋底都是塑料做的，因为就鞋子的这些部分而言，聚苯乙烯、聚丙烯和聚乙烯都优于皮革。

　　那么，成人鞋的鞋面又如何呢？

耐欧莱特鞋底虽然在审美上逊于皮革，但它功能卓越。鞋店里崭新的橡树鞣制皮鞋底一旦经过使用就会被磨损得面目全非，再也不是当初的样子。鞋面可就不一样了，鞋面是鞋子的灵魂，能表达出穿着者特有的风格，引发他人的赞美。对一位穿布洛克鞋的男士或一位向往经典古未界（Courrèges）方头玛丽珍鞋或佩鲁贾船鞋的女士来说，鞋面皮革代表的正是这些经典样式。一双鞋子的鞋面要用到一到两英尺小牛皮或牛皮，全世界生产的皮革中有一半多都被用作鞋面。

在成人正装鞋市场中，乙烯等皮革替代材料几乎没有任何地位。尽管在其他领域皮革正在经历巨大的冲击，但在这里制革匠们还可以继续享受他们的优越感。皮革保住了自己的地盘（城堡），城墙之内相当安稳。无论是小牛皮、牛皮，还是鹿皮和鳄鱼皮，皮革因其与生俱来的特质、传统的保护、产业实践的加持而成为制鞋的最佳材料。 108
这一点每个人都了解，无须多言。

一旦被逼急了，皮革的拥护者们会说，皮革在适应一个重要却不怎么高贵的人体生理特性方面优于其他材料，这个生理特性就是脚汗。当然，这么说并非在揭示和强化这一事实。在 1847 年出版的《脚之书》（The Book of the Feet）中，作者引用伊拉斯莫斯·威尔逊（Erasmus Wilson）博士的发现来证明这一现象。伊拉斯莫斯·威尔逊博士似乎数过手心和脚跟每平方英寸排汗孔的数量，他得出的数字大概是每平方英寸几千个，这与一个世纪后科学家们的发现极为接近。显而易见，这种对排汗的想象启发了威尔逊，令其产生了一个噩梦般的想法："如果把这个排汗系统阻塞掉会怎么样？"

脚汗释放出的水分是无法被阻塞的，相反需要将其偷偷带走，在这方面皮革表现出色，因为它能呼吸。这一无可辩驳的事实正是 20世纪 50 年代和 60 年代早期制革工人、皮革化学家和制鞋行业者推崇的皮革优越性所在。彼时，杜邦的工程师们正在着力合成微孔材料，即未来的科芬。**每克皮革有 300 平方米**！这个数字是 1950 年美国国家标准局的科学家们报告的皮革胶原纤维能传输的水汽表面积。皮鞋能够保护双脚，无论这双脚是干燥的还是湿润的。20 世纪 50 年代早期发表在《皮革制造商》（*The Leather Manufacturer*）杂志上的一篇文章指出，皮革与其他现有材料相比能更好地抵御钉子穿刺，然而最终令皮革独一无二的还是那些胶原纤维的表面积，而这恰恰是"替代材料不具备的"。文章作者的自信和笃定使这篇原本充满数据的技术文章读起来很有热情。他们没明说，但深层的意思就是：**没什么比得上皮革**。

§ §

场地里的几个大坑就像浸在石灰水里的棋盘，水、制革废水、微绿的脱毛液和血在石头之间滴下。工人们有些在操作水泵吸水，有些伏在刮肉台上工作，还有些站在轰鸣的片肉机或圆筒剥皮机前转动绿色的生皮，生皮像果冻一样颤抖地被卷进梭口。工人身边的桶里装着臭气熏天的发酵粪肥，他们头顶上是缓慢转动震动楼板的传动带。

这一场景描写来自 V. S. 普里切特（V. S. Pritchett）早期创作的一部小说，小说的主要场景就设定在制革厂。这位广受赞誉的英国长篇和短篇小说家活了 90 多岁，虽起步晚，但一生创作丰富，早期曾在伦敦当过制革学徒。刚刚提到的这部小说是他的第二部作品，于 1935 年出版，里面充满了他的制革经历。这部小说的名字就叫《没什么比得上皮革》（*Nothing Like Leather*）。

"没什么比得上皮革"这句话今天听来并无半点反讽意味。类似的表达还有"没什么能取代皮革",事实上这句话正是美国鞋底皮带制革匠组织(American Sole & Belting Tanners)于 1924 年出版的一本小册子的书名。几乎所有制革匠在赞美皮革的时候都会用到此类表达。约翰·W. 沃特勒是 20 世纪中期英国最忠诚的皮革拥护者之一。在他 1946 年出版的著作《生活中的皮革、艺术与工业》(*Leather in Life, Art and Industry*)中,沃特勒再次强化了这种说法:

> 根本就没什么能比得上皮革——过去没有,现在没有,而且毫不夸张地说,将来也永远不会有。尽管皮革也需要人的技艺才能加工出来,但人类终究不可能匹敌自然的完美艺术,皮革终究是具有奇妙结构和美感的自然的产物。

对与皮革打交道的许多老手来说,这句话是不证自明的真理,即任何模仿、仿制、合成和替代皮革的企图最终都是徒劳的,无须再议。

但这句话在过去并不总是今天我们理解的意思。它最早出现在丹尼尔·芬宁(Daniel Fenning)的《万用拼写书》(*Universal Spelling Book*)中,这本英语入门书最早出现于 1767 年,之后再版了 30 次。在书中,一个城镇被敌人围攻,市议会正在讨论如何应对。石匠建议用坚固的石头垒墙;木匠说用木头;"不,"制革匠起身说道,"没什么比得上皮革。"这句话可不是在赞美皮革,而是讽刺人的固执。用今天的话说就是:跳不出思维定式。

普里切特小说的主人公是一位不怎么值得同情的工人,名叫马修·伯克勒(Mathew Burkle)。这个人终其一生都渴望真正拥有他自己负责经营的制革厂。受限于自己有限的才能和其他自己无法理解的外部原因,他最终不得不藏身于工作和工作带来的确定性中。"走开,

110   去工作”，遇到烦恼时他会这么告诉自己。“做皮子去。没什么比得上皮革”这句话被普里切特用在小说里，它讲的可不是皮革，这句话机械重复地出现表现了伯克勒的性格，他坚守着安全、没有意外的平凡生活。

　　在本书第一章中，我们见识了面对科芬带来的挑战，美国皮革业联合会是如何警告消费者不穿皮鞋可能引发风险的。其中一则广告又一次引用了这句古已有之并备受信赖的箴言：没什么比得上皮革。引用这句话的本意是要夸赞皮革，但颇具讽刺意味的是，这句话恰恰揭示
111   出一个老旧没落的行业在面临新思维、新方法时的应对迟缓。

第七章　"所有缺点均已克服"

i. "约翰·皮卡德的有趣工作"

"我曾被认作科芬的发明者，"他说，"可我不是。"

83 岁的约翰·皮卡德用一连串声明来讲述真相。他看上去就像维多利亚时代的大家长一样，长长的白胡子，满头白发。他说话不用缩略语，句式完整。皮卡德有故事要讲，他讲了他的故事。

不难猜测 32 岁的约翰·皮卡德在杜邦一定是一个不可忽视的存在，因为他在这个岁数发明（或没发明）了科芬。那时候的皮卡德是什么样子呢？汉密尔顿·菲什（Hamilton Fish）答道："你更应该问他**听起来**是什么样的。"他是一名工程师，20 世纪 50 年代曾在实验站与皮卡德共事。皮卡德说起话来强劲有力，充满自信。菲什说，"他说起话来是 4F 音"，4F 指的是超过极强（fortississimo）的乐符，意思是声响极大。"他在走廊里和两三个人一起走，你会听到他的声音就像火车头一样。"

当然，还有关于皮卡德是如何才思泉涌的。菲什说"他是个多面手，不同寻常，很有创造力"，尽管有些时候他不怎么愿意把点子往实用性的灰色小路上引。"那不是我该干的，"菲什模仿皮卡德说，"我负责发明创造。"皮卡德曾经的领导乔·里弗斯（Joe Rivers）说，

"他是最后一位全才，最后一位文艺复兴人"。"他几乎什么都知道。
112 他懂机械工程、化学和航空学。无论碰到什么技术他都有兴趣研究，
总是有新点子出来。"里弗斯 1942 年在麻省理工学院获得化学博士学
位，然后就直接进了杜邦。1949 年，约翰·皮卡德来到纽约州的水牛
城，加入了里弗斯领导的团队。彼时，这个研究团队正着力开发聚酯
纤维和其他合成纤维的应用。团队一共有六七个人，专业领域与纤维
纺纱技术相关。里弗斯说，皮卡德的汇报"总是天马行空的，无论向
谁汇报他都是如此"。

　　1920 年 7 月 25 日，皮卡德生于瑞士沃州洛桑城外，他的母亲是
美国人，他的父亲是瑞士人，他的祖父是巴塞尔大学的有机化学教
授。小时候有一天，皮卡德的祖父带皮卡德去了一个机械车间。车间
里有车床、燃油的味道以及带动机器运转的绕成圈的皮带。皮卡德记
得自己当时在想，**这里正在制造东西**。回到家后，皮卡德告诉母亲，
他长大了就干这个。他母亲想，哦，不错，他想当工程师。并不是，
皮卡德的意思是他要当机械师。

　　6 岁时，皮卡德随父母搬到了美国。他还记得自己七八岁时穿过
一件黑色的漆布外套，衬里和领子是真皮，绵羊皮的。母亲告诉他漆
布尽管比不上全粒面皮，但还是比二层皮要好，杜邦也是这么宣传
的。再后来皮卡德进了明尼苏达大学，他父亲正是这所大学的教授。
二战开始了，皮卡德受训成为军械官，在英格兰与美国第八航空队一
起从事反潜艇工作。

　　当他终于在 1947 年毕业时，皮卡德说自己曾经造了一台录音棚
级别的录音车床这件事给杜邦的招聘人员留下了很深的印象。此外，
他还发明了一种荧光墨，人们花钱买票进舞厅之前皮肤上会印上这种
荧光墨水，这样一来整个晚上都能证明自己是花钱买了票的。皮卡德

说，"他们给了我一份工作，我就去了"。这份工作的地点就是杜邦在水牛城的开创研究所（Pioneering Research Laboratory），研究所之所以叫这个名字，是要强调这里进行的是开创性的研究，领导是了不起的黑尔·恰齐（Hale Charch）。

恰齐在 10 年前就已经研究出如何使用玻璃纸包装，以便让物品保鲜。这一发明很快就给美国的香烟包装裹上了玻璃纸，这一巨大的商业成功让恰齐获得了一间实验室，可以在里面试验他感兴趣的任何东西。恰齐把乏味的财务事宜都分配给一位下属，里弗斯回忆道，这样一来，恰齐就可以自由自在地"冲到实验最前线，和人一谈就是几个小时"，谈化学相关的问题，这些问题能启发你的创意。同时，恰齐也完全理解和接受实验的不确定性。"他不在乎我们失败，他当然也想要成功，但他更愿意大家探索那些不那么确定的东西。"1949 年在给一位杜邦同事的信中，恰齐建议他们应当"挖出所有的点子并记录下来"；恰齐在这里指的是塑料薄膜。"至少目前为止，这项研究将不会受到任何方面的限制。"

1947 年 7 月，当皮卡德踏进恰齐的研究领地时，他被分配去研究聚合物 V（Polymer V）。聚合物 V 是一种聚酯纤维——享有类似后来出现的涤纶的位置，经过曲折而激烈的竞争后在 1947 年成为开创研究所的核心研究项目。"我刚去的时候，它是研究所最热门的项目，"皮卡德说，"大家都投入这项研究里去了。"合成纸似乎是这种材料的一个应用，另一个应用是无纺布。

说到织物我们会联想到织布机，梭子带着纱线在织物的幅宽上面来回穿梭，搭建出纺织品古已有之的经线与纬线。说到织物，我们还会想到毛线针互相碰撞发出的咔嗒声，织成的毛衣和围巾。但还有另外一种织物像帽圈上的毛毡一样常见：这种织物不是编出来的，也不

113

是织出来的，它是靠纤维无规则地束在一起而形成的。早在 1944 年，恰齐的实验室就已经在研究这种无纺布了，约翰·皮卡德记得，他在 1948 年 11 月甚至更早的时候就开始了无纺布的研究工作。"一切都与无纺布有关，大家在办公室里闲谈的主题也是无纺布，"皮卡德回忆道，"无数的想法都是关于如何制造无纺的。"皮卡德评价那些想法"都是天方夜谭"。

皮卡德开始研究任何能得到的织物样品——未经漂白的平纹细布、乙烯塑料布、防水油布、橡树鞣制的绵羊皮、帆布、粗麻布和纸袋布。他觉得应该先对织物进行大体的了解。他对不同织物进行称重，检验它们的撕裂强度、耐磨度和爆裂强度。接着就开始了他的游戏，实际上就是实验，游戏其实就是一种最原始的实验。在早期的无纺布研究中，皮卡德并没有把制造类似皮革的材料当作自己的目标，更不要说制造一种会呼吸的皮革材料了。1949 年 8 月完成的进度报告记录了皮卡德的目标，是"构建和组合出任何有可能的有意思的新材料"。不设限，没有天花板，也不设围栏。这些材料"牢固、柔软、多孔、耐用"，有些类似棉布，还有更厚一点的更像皮革。

皮卡德说，"制造最初的皮革，首先把纤维摊开，然后动些手脚让它们粘在一起，这个过程就像是在做游戏"。用人造丝、尼龙和聚酯纤维；有的时候用 8 英寸长的材料，有的时候材料长度只有 1/32 英寸；换一种黏合剂试试，或者改变黏合剂的用量。把所有东西按不同配比混合，把混合物倒在压平机上，压板加热到 150℃，这样一来，压平机就像温暖的烤箱一样，最后看做成了什么，再对成品进行检测。有时候做出的东西很坚硬却不持久，有时候做出的东西散乱不齐，有时候做出的东西像纸，有时候做出的东西有点类似皮革。

"似乎在实验开始后不久，我们就发现了一种近似皮革的特征。"

他们能不能做出皮革上的孔隙呢？在早期一次成功的尝试中，皮卡德把颗粒状的聚乙烯纤维、聚酯纤维和醋酸纤维用压平机熔合在一起，之后借助醋酸纤维素可溶解于丙酮的特性将其洗掉。这个过程要持续好一阵子，可溶的醋酸纤维形成的类似矩阵的结构使溶剂很难渗透进去。但慢慢地醋酸纤维不断溶解，就留下了孔洞，这样一来就做出了一种类似皮革的材料，其上的孔洞让这种材料变得十分柔软。

皮革或织物并不单单因其牢固或耐磨而为人喜爱。人们喜欢一种材料，主要因为其柔软。那到底什么**是**柔软呢？皮卡德说，"这取决于你如何看待柔软"。皮卡德毕竟是一名工程师，工程师要的是数值，因此他自创了一台测试机来获取数值。把待测试材料做成袋子悬挂在一定直径的洞或环的上方，然后把铅粒丢进袋子里，较硬质的材料需要填充更多的铅粒才能穿过圆环，而较柔软的材料所需的铅粒数量较少。所需铅粒的重量就是皮卡德称之为"圆环柔软值"的东西，他宣称这种测量方法是可复制的，是"衡量材料手感和柔软度的好方法"。

这还没完。皮革不是均质的材料，它由表层的粒面和其下的纤维丛构成。皮卡德首次尝试模拟这个结构。表层是聚乙烯黏合剂支撑的可溶性纤维，比例比较均衡，没有加固纤维。要做出 9 平方英寸底层结构需要 7 克聚乙烯黏合剂、11 克聚酯纤维和 22 克可溶性醋酯纤维。刮擦所得材料的内里会产生麂皮的效果；给聚酯纤维和聚乙烯纤维染色，会得到近似于皮革的棕色。皮卡德汇报说，"这样得到的材料质地较软，既像海绵一样松软，同时又很坚固。尤其有趣的是，这种材料是多孔的，具有较高的吸水性，且'手感'不错"。多孔自然意味着它能够传输水汽，皮卡德坚信（又或许这只是他的猜测），在溶解掉那些易溶纤维之前，在材料上压印出皮革的纹理并不会影响材料的其他特性。

115

而这只是最初的实验成果，还远远不是最终的科芬。我们甚至无法确定皮卡德是否真的测试过这种材料的透气性。无论如何，皮卡德做出了因有孔而透气、有塑料黏合剂而柔软、有涂层且耐久、有聚酯纤维缠结在一起而坚固的材料。因此，18 年后当科芬在商业上开始获得成功时，杜邦给予皮卡德的不仅是认可和表彰，还有一大笔现金奖励。他们这样形容皮卡德的贡献：他"观察到并积极地向世人证明这些无纺结构……（具有巨大的）潜在价值，可以替代皮革"，很可能"被用在鞋子上，像皮革一样柔软"。这仅仅是一个开始，即便在当时大家也看得很清楚。从 1949 年开始到 1963 年最终上市，科芬项目历经无数波折，而皮卡德正是这个开启项目的人。

开启项目？其实皮卡德更像是**给项目点火**的那位。早在 1949 年年中，黑尔·恰齐就已经着眼于皮革了。他在写给坐落在威尔明顿的杜邦总部的信中请求得到"关于皮革经济地位的可靠信息"，如皮革的不同种类、价格、应用领域，以及在哪些领域皮革供应过剩或不足。他感到这个方向有可能会是一座商业金矿，但同时又不特别确定。

> 您能看到开创研究所迄今为止尝试制造的类皮革样品。虽然目前为止我们对皮革工业尚缺乏具体的了解，但我们仍希望这项工作可以在纤维皮革替代材料的方向上继续展开，原因是我们认定此种尚未面世的材料存在相对高价的市场，因为这种新材料具有皮革般柔软、透气和耐久的特性。故请求确认我们的设想是否有事实支撑。

1949 年 8 月，恰齐带来了一位叫韦尔登（Weldon）的制革工人。恰齐和另两位杜邦员工事无巨细地询问韦尔登关于皮革的事情。很多

都是基本问题——比如皮革的厚度是按"盎司"来计算的，相当于一 116
英寸的 1/64；皮革的一面（side）其实是一整张皮的一半；层（split）
指的是把最初的一张皮削成两层或更多层；一磅生牛皮最终会做出一
平方英尺的成品革；制鞋时因裁减会损失大约 30% 的皮革。开创研究
所一开始对皮革几乎一无所知，但皮卡德的发现使大家不得不开始了
解皮革了。

1949 年 10 月，曾在 8 年前协助开发奥纶丙烯酸纤维（Orlon
acrylic fiber）的雷·侯兹（Ray Houtz）给恰齐写信，在信中他总结了
自己对开创研究所研究项目的想法。他说，在他看来，人造皮革和其
他无纺材料是重中之重。

> 由皮卡德重新开启的这一领域在我看来潜力巨大……我预想
> 合成皮革会进入并大举占领皮革市场。

现在情况紧急。据乔·里弗斯回忆，皮卡德那"美丽的多孔聚合
（poromeric）材料"（多孔聚合这个词是杜邦后来生造的词，意指多孔
的聚合物）已经足够成熟，"织物及表面处理部已经派人来谈了"。织
物及表面处理部一直以来都是漆布的主管部门，漆布是这家公司生产
的第一种人造皮革。侯兹担心来自潜在竞争者的威胁，他认为，"对
这个前途光明的领域，我们应该尽快开始大规模的投入"。

1950 年 5 月中旬，皮卡德提出扩大生产。他请求设置实验室级
别的生产线设备来试验生产无纺材料。

1950 年 6 月，整个开创研究所从水牛城搬到了威尔明顿。皮卡德
称自己是"302 号楼里的第一名技术人员"，302 号楼是一栋砖砌的实
验室，就在实验站园区中央地带的旁边。

在来到威尔明顿之前，皮卡德和乔·里弗斯一起去了纽堡，在那里他们与织物及表面处理部讨论涂层织物的研究进展。织物及表面处理部对皮卡德的一些无纺材料产生了兴趣，他们看重这些材料优异的抗撕裂性能，或许能够改良作为涂层的涂层焦木素和乙烯塑料。但对多孔无纺材料，织物及表面处理部兴趣不大。"也许以后吧"，纽堡的D. E. 埃德加博士（Dr. D. E. Edgar）说，"但不是现在。"言下之意是材料的多孔性被高估了。为什么这么说呢？因为许多制鞋用皮根本就没有孔。在纽堡还有人指出，舒适性既依赖吸湿性，同时也依赖透湿性。

117

说回实验站，皮卡德已经成功地在塑胶片材上做出了孔隙，这样一来，他们开始设想模拟皮革的孔隙等级，进而在舒适性上匹敌皮革，而这也成了博因顿·格雷厄姆（Boynton Graham）的当务之急。博因顿·格雷厄姆，39岁，有机化学博士，来自新英格兰制鞋皮革中心的马萨诸塞州黑弗里尔市，他已经有意识地把自己培养成了这一领域的专家。1950年6月，格雷厄姆与皮卡德和杜邦的另一位研究员会面讨论皮卡德的"类皮革成分"。目前能做出来的孔隙有些偏大。形成孔隙的材料是醋酸纤维素，它含有的纤维粗细度可比肩普通柔棉纤维。因此，这些纤维过水后产生的孔隙过大，足以透水。请注意，实验预想的是使水汽即气态的水通过，而不是水本身。一个解决方法是使用更纤细的纤维，这样一来，纤维过水后产生的孔隙就能保证在不透水的同时能透水汽。要实现它还有很长一段路要走。

不过这已经是很大的进步了。1950年9月末，皮卡德在开创研究所的同事J. E. 埃文斯博士（Dr. J. E. Evans）已经准备好在实验站给大家做一个有关无纺材料研究进展的展示了。在演讲笔记中，他称无纺材料具有"非比寻常的特性"。在演讲中，埃文斯介绍了皮卡德的研究成果，展示了皮卡德如何用热板液压机（hot-plate hydraulic press）

制造材料样本。埃文斯补充强调说，"制造过程很适合机械化"。他继续介绍生产所需的扯松机（garnetting machine）、压延辊（calendering roll）和压花设备（embossing equipment）。皮卡德过去两年的尝试已经使人们开始考虑全面量产了。

埃文斯把过去工作的成果分为两部分：一个是非渗透性无纺材料，即纽堡那边感兴趣的部分；另一个则是"类皮多孔无纺材料"。关于这类材料，埃文斯解释说，"它们的特殊之处在于其内部存在孔隙，虽然厚实但触感柔软，并且能够扩散水分。从舒适性上来讲，这种材料类似麂皮"。甚至用起来就像麂皮一样。用聚乙烯做黏合剂，把它和混有能形成孔隙的可溶性纤维的聚酯纤维放在一起，用加热的压延辊把这些原料熔在一起，压花辊会在材料表面压出皮革纹理，最后再渗出可溶性纤维。瞧！这就做出了有皮革光晕的多孔无纺材料。

在演讲的最后，埃文斯把话题转向商业前景。低成本无纺材料或许被用来制造帐篷和遮阳棚，但是，"高档多孔或类皮无纺材料瞄准的是麂皮、猪皮和牛皮的市场，可以被用来制作内饰装饰物、时尚配饰和某些军用品"。

尽管埃文斯没有提到其可用来做鞋面，但这一用途其实早已被纳入杜邦的考虑范围之内了。1950 年 11 月 5 号，博因顿·格雷厄姆前往费城去见一位定做鞋商米夏埃尔·菲奥伦蒂诺（Michael Fiorentino），他的店就开在里腾豪斯广场附近的桑赛姆街（Sansom Street）上。格雷厄姆找菲奥伦蒂诺就是为了定做鞋。当时一双好的男鞋要卖 15 美元，格雷厄姆却付给菲奥伦蒂诺 45 美元买一双 10 号半的、最普遍的富乐绅（Florsheim）样式接头鞋。他给菲奥伦蒂诺用来做鞋的材料是有孔的尼龙涂层织物和类似的无孔织物。无孔织物已被证实在天气炎热时会导致不适，"在这里它仅仅是作为质控品而存在

118

的"。真正的焦点是皮卡德做的那 4 块棕色多孔纤维垫，每块都是 11
平方英寸，其合成成分各不相同。菲奥伦蒂诺用的是第一次被用来做
鞋的，即将成为科芬的合成材料。

　　在此之前不久，格雷厄姆已经遍查杜邦的文档，寻找有关皮革市
场的信息，在 1937 年和 1938 年的报告中，他发现当尼龙准备上市
时，杜邦的化学家们设想尼龙可以用在所有领域。能用尼龙替代皮革
吗？一份报告显示，尼龙可用在家具装饰、行李箱包和书籍装帧中，
但用来做鞋面暂时还没有先例。毋庸置疑，鞋面是一个巨大的市场，
优质皮革在这个市场里往往会卖出高价，因此进入鞋面市场理应是新
材料的长期目标。可目前为止存在的问题仍旧太大："制鞋用皮能够
经受严峻复杂的考验，如极端的温湿条件、汗液中的酸以及不受制造
控制的清洁措施。"除此以外，皮革还能够排出水汽。尼龙怎样才能
模仿皮革的这一点呢？总而言之，"非纤维材料从根本上适合制作鞋
面仍旧存疑"。

　　但那时是 1938 年，十几年过去了，皮卡德的研究使他们获得了
一种纤维材料，或者说有了制造这种纤维材料的方法，这种材料或
许真的能像皮革一样呼吸。1952 年 7 月 29 日，杜邦的律师提交了一
份专利申请：上面写着约翰·奥古斯塔斯·皮卡德（John Augustus
119　Piccard）、博因顿·格雷厄姆的名字，"特拉华州威尔明顿市杜邦公
司，转让人"；内容则是"无纺纤维合成皮革生产工艺"。你能在这份
专利中一窥皮革替代品研究的曲折历程，其中有突破，也有挫折：

　　　　自 1850 年起，发明家们就开始获得与合成皮革手段和技术
　　相关的专利。甚至在那之前，人们已经开始尝试寻找制造合成皮
　　革的简单快速的方法。在合成皮工业初期，首要目标是模仿皮革

的外观。

用来做手袋和手提包的焦木素和乙烯基涂层织物模仿的就是皮革的外观。它们欠缺的是皮革的撕裂强度、柔韧性和传导水汽的能力。杜邦的专利中声称，他们的发明能够实现所有的要求，这种新材料的特性使得它能"等同于甚至胜过不同种类的真皮"。

这一专利是此类专利中的第一个，6 个月后，格雷厄姆和皮卡德又申请了两个专利。这三个专利于 1955 年末至 1956 年初被批准授予。此后还有超过 40 个相关专利由杜邦的律师发起申请。

事实再清楚不过了：杜邦要专攻皮革。皮卡德的研究获得了全公司的关注，每个人都想加入进来。刚刚从人造丝部门拆分出来的薄膜子部认为，"哦，显而易见，这是像皮革的薄膜"。"哦，织物及表面处理部觉得，这就是一种新的漆布"，是织物及表面处理部的产品。多年以后，皮卡德如此描述当时的跟风效应。从 1952 年到 1955 年的 3 年里，杜邦的 3 个部门尽管背景不同、人员及技术焦点各异，但都不约而同地在新合成皮革上展开研究。这是重复和浪费吗？公司的政策和初衷并不会限制这种在某些人看来是重复和浪费的行为。1964年，杜邦的科芬部门负责人在一个研发管理会议上解释道，"两个或更多个部门同时向同一目标迈进，这在杜邦内部是十分常见的"。公司内部的竞争同来自公司外部的竞争一样能激发活力。

皮卡德的研究推动了这一重大化学难题走向最终的解决，即科芬诞生。然而在 1949 年的水牛城，除聚酯纤维外，人们还没有发现哪种原料、方法和工艺流程能够制造出成品科芬。皮卡德展示的仅仅是一种可能性。不过，粗糙费力又马马虎虎完成的实验总还是能找到更好、更快和更可靠的完成方法。科芬项目的另一位重要工程师在回忆

120

那个时期时说，"各种想法齐飞，大家纷纷组队做样本，申专利，花钱"。据他估算，公司总共投入了 75 个人一年的研究力量。

然而，1955 年 10 月竞争结束了。公司的"指挥棒"执行委员会把新材料的开发权交给了制造漆布的团队——织物及表面处理部。乔·里弗斯回忆说："他们当然对新材料更感兴趣，他们懂涂层织物，也懂鞋。"进一步研发的责任就这样分派给了在纽堡的织物及表面处理部的研究团队。

§ §

为什么人们对纽堡的新实验室开张表现得那么大惊小怪？你马上就会知道了。在那之前，纽堡边上这个破烂不堪的工业园里最显眼的标志是砖砌的高高的烟囱。40 年来，漆布和其他涂层织物，如一种叫法布里莱特（Fabrilite）的用来做家具装饰的乙烯塑料，都是在这生产的。但在 1947 年 4 月，杜邦宣布要在工业园的西北角建一个新的实验室。15 个月后实验室开放，这座三层的砖混结构建筑里设有实验工作台、化学排气罩、拉伸试验机、冷藏室和可调湿度室。新的硬件设施替代了之前可怜巴巴的由三座正面镶波纹钢板的房子组成的实验楼。从新实验楼三楼的大窗向东南方向远眺，能看到哈德逊河上游西点军校附近的高地。实验室开放的新闻公告说，新的实验室将有助于杜邦"扩大其近 40 年来一直专注的科学研究领域"。

但这里毕竟不是加州理工学院或贝尔实验室。按里弗斯的说法，纽堡人已经占有了自己研究领域的全部资源，而对其以外的其他东西缺乏兴趣，他们"似乎很满足于研究并不那么前沿的东西"。当他和皮卡德在 1950 年来到这里的时候，他们带来的多孔类皮材料并没有引起纽堡人的兴趣。然而 5 年后，杜邦选择给纽堡配备新的资源和人员继续这项研究：调到新部门的有杜邦涂层橡胶部的 6 个员工，还有杜邦其他大项目，如特氟龙（Teflon）项目的化学家和工程师，也有纽堡的老员工，如约瑟夫·李·霍洛韦尔（Joseph Lee Hollowell），他即将主持合成皮革的下一轮研究。

霍洛韦尔1942年进入杜邦研究炸药，1949年他到纽堡担任研究总监，负责聚氯乙烯新用途的开发工作。据他那时的同事约翰·理查兹（John Richards）回忆，霍洛韦尔是"科芬项目的核心"。他记忆中的霍洛韦尔"非常聪明尽责，工作努力"。霍洛韦尔考虑的可不仅仅是皮革的透气性。

至此为止的描述似乎仅仅聚焦于材料的一种特性——皮革的透气性。当然这正是科芬力求达到的目标，并且在科芬上市时被大书特书。但真正的材料往往是多种特性之间权衡取舍的结果，广告或许只会强调某种车的高燃油里程数，某种织物的耐洗涤性，然而人们实际购买的不是商品的一种特性。在科芬开发的初期，透气性——"透湿性"——与材料的强度、耐久度和其他技术及美学要求产生了冲突。约翰·皮卡德在最早的一份报告中暗示了他观察到的问题：材料的多孔性越高，强度就越小。原因是什么呢？透水汽的空间越多，自然余下的支撑材料就越少。除非能够生产出一种强度足以用在鞋上的无纺材料，否则到头来造出的无非是一堆松软的、只能填充枕头的合成纤维。

事实上，尽管皮卡德已经取得了一些进展，但这种无纺材料尚处在初创期。早在1952年，它就开始出现在成衣业里，被用在缝纫工才会看到的衣服衬里上。家里墙上的蓬松隔热保温材料里有它吗？没有。一次性婴儿纸尿裤呢？那东西直到20世纪60年代才真正推广开来。最初，制造无纺材料就是把纤维弄碎，再用某种方法把它们固定在一起。1955年，杜邦工程师詹姆斯·拉什顿·怀特（James Rushton White）注意到，实验站一个实验室的管道上积聚着聚乙烯形成的毛 122

团，"就像棉花糖一样"。汉密尔顿·费什回忆道，"两天之内全杜邦的人就都听说了"。这就是制造这种无纺材料的原始方法之一——闪蒸纺丝法（flash spinning），即从高压龙头中爆炸性地喷出熔融塑料，然后将其瞬时冷却固化。如今无纺织物工业协会记录有不少于半打的无纺材料制造方法——湿法纺丝、干法纺丝、纺丝成网法（spunlaid）等。但在 1952 年，当霍洛韦尔找寻合成皮基本制造方法时，这些名词尚未成为无纺织物行业的专业术语。

普通的毛毡具有令人称奇的强韧和高密度特性，今天的人们并不总把它算作无纺织物，但它事实上就是一种无纺织物。据说以前制作毛毡的方法是先清洗羊毛，趁羊毛潮湿的时候将其摊开捶打，这样羊毛就会缩成羊毛垫。8 世纪的时候毛毡被重新发现，据说一名本笃会的僧侣在去往圣米歇尔山朝圣的路上腿脚乏力，于是他把羊毛塞在鞋里来缓解疼痛，一天下来他发现由于炎热、潮湿和脚的踩压，羊毛已经变成了高密度的羊毛垫。

羊毛纤维具有相互锁紧的微小鳞片，这些鳞片就像微型多爪钩一样可以维持毛毡的完整性。可霍洛韦尔和他的团队研究的聚酯纤维并不具有这样的结构，光滑的聚酯纤维无法自动组合成垫状物质。那么有没有什么办法能够把聚酯纤维紧紧地连在一起呢？为了解决这个问题，霍洛韦尔和他的团队转而利用了一个古老甚至原始的技术——针刺（needlepunching）。

把一根光滑的针——只是针，没有线，这不是缝纫——穿进纤维堆里，这根针会顺滑地在纤维里穿进穿出，纤维不会发生变化。可如果把针磨得不那么光滑，或在针上做出小倒刺和锯齿，针在穿过纤维的时候就会挂上一些纤维，并把它们送到纤维堆的底部。如此反复，假如同时有很多这样的针，成千根针穿进穿出，最后就会得到一座立体森林，里面是互相勾缠的纤维。在某种程度上，针刺次数越多，纤维就缠绕得越紧，最后的成品就越强韧、坚硬、密实。针刺法可以上溯至19世纪70年代，当时的人们用废布碎片来做鞍褥。霍洛韦尔找来一台针刺机，这台机器上安装有5000根针，每根针大概三四英寸长，排成3英尺乘5英尺的阵列。

123

针刺法帮助杜邦的工程师们向他们的梦想更进一步，即创造出像真皮胶原纤维束一样紧实的人造纤维网状结构。然而，达成目标还需另一个重要条件，那就是构成纤维网的纤维。应该如何处理这些纤维呢？这些纤维就是杜邦一直在生产的聚酯纤维，约翰·皮卡德曾经的研究动力就是如何利用现有的纤维材料。他们最终使用的可不是普通的聚酯纤维，而是经特殊牵引处理的聚酯纤维。牵引？其实就是拉伸。在纤维制造的最后阶段将其拉伸，将其长分子排列成水晶结构，这个过程被称为"超级牵引"，然后再加热纤维使其收缩，也就是说所有这些操作的最终目的是要让纤维收缩。

实际生产中的最初原料是涤纶短纤维（polyester staple）——涤纶短纤维的纤维只有几英寸长。500磅一大包的涤纶短纤维从隔壁工厂运来，外面包着硬纸板，由金属带箍着以保持它们的收缩性，这些涤纶短纤维要储藏在40华氏度（约4.44℃）的冷藏区。运到的涤纶短纤维开包倒在漏斗里，在强气流的吹送下散落在传送带上，形成薄薄茸茸的一层。接下来的针刺操作让纤维变厚变紧，然后把它缠在一个10英尺长的滚轴上，这时纤维仍旧很轻，像厨房砧板那么大，3/4英寸厚的一块纤维只有不到0.5盎司那么重。再以后纤维块要过水三次，每次过水的温度要比前一次稍高一点，温差控制在0.1℃之内。纤维缩水，纤维块也跟着缩水。宽度从10英尺缩到6英尺，此时的密度是最开始的10倍，聚酯纤维变成了看起来像皮革内里的材料。

    针刺法、网缩法以外的第三种技术创新发生于皮卡德1956年最初获得突破的10年后。霍洛韦尔的团队得知纺织纤维部门在聚氨酯方面的研究，聚氨酯是一类橡胶状聚合物，混在弹性纤维里就成了莱卡。从20世纪30年代起，杜邦就断断续续地开始了对这种材料的研究。霍洛韦尔订了一些聚氨酯打算展开研究。

124   样品送到了，溶在二甲基甲酰胺里。二甲基甲酰胺简称DMF，是一种有机溶剂，几年前刚刚上市。团队成员罗伯特·约翰斯顿（Robert Johnston）准备了聚氨酯薄膜，确信一晚上的时间足够薄膜晾干，以备第二天使用。纽堡不像南方，当新奥尔良的人们满头大汗时，这里却只见寒冬里的雪堆。也有些时候，纽堡会有盛夏时节的湿热天气，1956年夏末的一天——那天就是这样的天气，约翰斯顿把薄膜放在玻璃片上。

    聚氨酯本应在第二天变透明，可它没有。它变得光滑有弹性，颜色也变成了乳白色，呈乳白色是因为材料里的无数个小孔形成了不规则的网状结构，这在显微镜下看得一清二楚。二甲基甲酰胺溶剂具有吸湿性，亲水的特性使它在前一天晚上吸收了空气里的水分，水汽进入时聚氨酯凝结了——就像凝固了的牛奶或结块的血液一样，变得软糯多孔，里面充满了微小的空间，而这正是皮卡德和所有人一直想要实现的可穿透的微孔结构。

    皮卡德曾用溶剂溶解掉浸透的纤维来实现材料的多孔性，之后还有很多专利用的是其他方法。可以把材料浸在盐里，冲洗溶解掉盐就得到了孔洞；可以用加热发泡剂释放气体的方法；还可以蒸煮材料使其纤维结构膨胀然后再将其烘干，这样纤维周边就形成了环形孔隙。而最终促成科芬成功的专利是在第二年初开始申请的，专利人是约翰斯顿、罗恩·莫尔腾布雷（Ron Moltenbrey）和埃尔斯沃思·K. 霍尔登（Ellsworth K. Holden）。霍尔登是化学工程师，毕业于耶鲁大学，1948 年进入杜邦。把聚氨酯聚合物"置于底部基材之上，然后将基材暴露于含有水汽的环境中，基材中的吸湿溶剂吸收水汽使聚合物凝结，进而在底部基材上留下微孔涂层聚合物"，实际的操作远比专利描述的复杂许多，而且控制整个进程也十分困难。有人基于 20 年的操作经验列出了不少于 16 项要素，溶液的黏性、对密封空气的控制、二甲基甲酰胺浓度、凝固浴的温度等，这些元素都可能影响成品的质量，但其中最重要的步骤已交代清楚了。

到了 1956 年，杜邦的工程师和化学家们已经能用数周时间手工制造出 1.5 平方英尺的一整片新材料了，而这正是科芬的前身。"做这样一片材料的成本如此高昂，没人有勇气去详细计算了。" 125

ii. 又是尼龙

"偶尔可以造出柔韧、有强度、多孔且具有类似皮革褶皱的材料。"约翰·理查兹后来如此描述 1957 年末科芬的基层，即科芬表层下纤维材料的研究进展。理查兹是生物化学家，毕业于普林斯顿大学，是织物及表面处理部研究部门的副主管。那时杜邦决定在纽堡建立一个试制新材料的小规模工厂，用二手机械生产 25 码新材料。到 1958 年末，杜邦已经可以生产出窄幅新材料，并将其做成鞋子以供检验了。

1959 年，杜邦决定投资一个 10 倍于之前工厂规模的试验工厂。据理查兹回忆，大约一年后工厂加速步入正轨，所有的器械都投入一个关键的工序里去，这个工序还会用到"胶合板、打包钢丝以及多余的辊轴和传动装置"。最终的产能达到每月 25 万平方英尺，生产出的科芬足够制造上千双鞋供消费者测试，同时还能供制鞋厂商马上生产新材料鞋子。

1962 年 10 月，杜邦宣布将在离纳什维尔不远的田纳西州旧希科里（Old Hickory）的 3 个工厂边建立正式厂房。届时新建工厂的产能可达到每年 3000 万平方英尺。

当年 11 月，杜邦织物及表面处理部增开了一个多孔聚合物研究分部，比尔·劳森被任命为这一分部的主管。

1963 年，科芬面世。

在科芬上位的整个过程中——从早在 20 世纪 50 年代末有关科芬的传言到其最终面世以及此后的若干年，杜邦传达出来的讯号只有一个：科芬势不可挡，注定成功。新产品的问世总会有来自生产厂商的鼓吹和叫好，但科芬面世的不寻常之处在于杜邦无尽的公关。"杜邦推广科芬就像引介其初入社交界一般隆重。"1967 年的《化学周刊》（Chemical Week）如此回顾，此类比恰如其分。科芬的宣传长达 7 个月之久，目标受众有三类——制鞋商、零售商和媒体。

首先，在纽约广场饭店的巴洛克厅，杜邦的"特许"制鞋商被介绍给彼此，这里面包括诺布什（Nunn-Bush）、斯泰森（Stetson）、帕里其欧（Palizzio）、小姐（Mademoiselle）牌及其他近 20 个制鞋商。两个半小时的午餐用来款待女鞋制造商，晚宴则留给男鞋制造商。在制鞋发展史的展示中，制鞋商们被告知数以百计的印刷广告和广播都将向整个美国介绍科芬；他们得知为《杜邦每周秀》（Du Pont Show of the Week）准备的电视广告已经完成；他们还拿到了科芬的样品册，里面有不同颜色和质感的科芬样品。市场总监查尔斯·林奇想要创造出一种亲近感："我们想要给这些制鞋商一个机会了解我们的支持方案，尤其要让他们看到彼此——知道自己并不孤单。"林奇向制鞋商们保证，杜邦的创新者们会"竭小团队之全力，为这个时代制鞋业的共同发展做出最大的贡献"。这一天是 1963 年 6 月 23 日，3 天后肯尼迪总统在柏林墙发表了题为《我是一个柏林人》（*Ich bin ein Berliner*）的演讲。

4 个月后在芝加哥举行的全国鞋展上。

全球首展

杜邦倾献

"迈向明天"

推出

科芬

能呼吸的人造鞋面材料

这些词句出现在 4 页行业广告册里的杜邦邀请函上，还使用了不同的字体。康莱德希尔顿饭店的诺曼底长廊里 6 个灯火通明的大厅加起来总共有 3500 平方英尺，这些厅里展示着顶级特许制鞋商的手工制品、用科芬制鞋的各个步骤以及杜邦对现代鞋店的愿景。

127

来感受科芬的性能

戏剧性地呈现

魔力和激情背后

科芬的才华

接下来，在 1964 年 1 月 26 日开启的广告宣传活动的前夜——这时候距离肯尼迪遇刺、林登·约翰逊继任已经过去了 2 个月，杜邦在纽约希尔顿饭店召开了记者招待会介绍科芬。在会上记者们先是观看了一部短片，片中一位脚蹬科芬皮鞋的模特从停在饭店前的出租车上下来，她匆匆穿过大堂，进了电梯，然后算好时间——真人出现——迈入大厅，出现在记者们眼前。

即便按当今浸淫在媒体环境里的标准衡量，这个广告都是令人过目不忘的。杜邦给科芬打了广告的同时，也给它将要投放的广告打了广告。

如果你要介绍杜邦的新材料科芬
你会选哪种宣传活动？

选《服饰与美容》杂志的彩页吗？　还是在 20 个关键市场投放整版报纸广告？抑或是调频广播？是《杜邦每周秀》还是在《时尚芭莎》杂志投放 8 页全彩页广告？抑或是在《纽约客》杂志上登彩页广告？"你会选哪种宣传活动？"在《鞋靴记录》杂志里杜邦给读者提出了这个问题，问题后有一个箭头指向下一页，读者翻到下一页就会看到以 3 英寸大小的字体印出来的答案。

以上所有。

"忘记你对鞋子的所有认知吧。"在《服饰与美容》杂志 4 页花团锦簇的广告彩页中，I. 米勒（I. Miller）生产的黑色船鞋、德·利索（De Liso）生产的海军蓝轻舞鞋，还有其他 8 个知名品牌的鞋子摆放在科芬制成的红毯上。"和杜邦的非凡新材料一起迈向明天。"

与此同时，杜邦给全美百货商场零售售货员举办了一系列培训活动。布鲁克林的培训活动定在亚伯拉罕—斯特劳斯百货公司市中心店四楼的餐厅里；在新奥尔良，培训地点选在运河街上的 D. H. 霍姆斯（D. H. Holmes）酒店。通常培训活动历时半个小时，其间会放映彩色短片《迈向明天》（*Step Into Tomorrow*），短片主要强调科芬在时尚和技术方面的优势，尤其是它的透气性。培训活动中还会分发卡片和宣传册，解答参训者的任何疑问，另外还附赠免费的文具套装。其中最吸引人的活动是泥浆箱，箱子里满满装着从威尔明顿运来的泥浆糊，杜邦的培训师会在科芬做的鞋子上涂满泥浆，然后再从容地将其擦去。"只有亲自尝试过，他们才会真的相信。"新奥尔良的一位代表如此记录道。

这些培训展示一共涉及 3000 多名销售人员，获得了巨大的成功。之所以这么说，是杜邦对这些销售人员进行过调研，获得了这样一组数据：66% 的人"非常兴奋"，26% 的人表示一般，只有 1% 的人"毫不兴奋"。1964 年初，当科芬正式面世时人们对它抱有无尽的期待。查尔斯·林奇在芝加哥开幕式前对一位行业杂志的记者说，"我们没预设任何限制"，他指的是科芬在设计方面的可能性。"我们致力于寻找新的方向，开启新的想法。我们不相信不可能，我们不停地问自己这样的问题：为什么不可能？"

1966 年初的一场杜邦演讲，主题是科芬——《从研究到现实的个案历史》（"A Research to Reality Case History"）。这场演讲提到对"皮革缺陷"的遗憾，它勾起了听众对童年的回忆，小时候父母总会警告孩子要小心，不要让皮鞋沾水，因为那样的话皮鞋就毁了。"对皮革的最高褒奖是在没遇到严重问题的情况下，皮革能够经久耐用"，事实上皮革挺不了多久。比尔·劳森在开始介绍时说，科芬可以用来制作汽车和房间内饰；同样地，"帐帘和墙布也可以用科芬制作，花纹选择丰富多样，无论是土豚皮纹还是斑马纹都可以"；装饰有宝石的晚礼服鞋也可以用科芬来制作；还有"特别像麂皮"的科芬运动夹克，它和真皮的唯一区别就在于它是可以洗的。

当科芬在美国横空出世时，杜邦自信满满，既欣喜于新产品的诞生，也热切地想向世人介绍和展示这个新产品。杜邦想要向世界介绍由科芬制成的 2000 双测试用鞋，还想介绍科芬的透气性，还有科芬并非涂层织物、塑料、皮革，却能"取代皮革，具有皮革的优点，与天然材料比肩而立"。

这场冲锋的领军人物又怎能不感同身受呢？对查尔斯·林奇这样的年轻管理人员来说，科芬就是他们专业素质的终极考验。林奇说杜邦毕竟不是制鞋行当的，因此关于制鞋还有许多东西要学。早先，一位制鞋商曾问林奇新材料的"耐久性如何"。哦，林奇答道，"很耐用，谢谢"。制鞋商想听的当然不是这个，他关心的是杜邦的新材料是否经得起拉伸测试。林奇说，"那时我们完全没有概念"。在那次尴尬的对话后，"我们决心从制鞋业那里吸取经验"。于是他们走进制鞋工厂，观察皮革切割和制鞋的过程，他们还走访鞋店，轮流充当售货员。"那体验太棒了。"待科芬真正上市之时，林奇已经可以大谈特谈杜邦与制鞋业的紧密联系了。他说，"即便在杜邦，大多数技术服务部门都是由化学家构成的"，"我们的技术服务部人员却都是制鞋匠。大家没有大学文凭，可都是业内的专家"。大家对科芬都充满自豪感，对这种新材料的预期只有光明的未来和巨大的成功。

在科芬上市 7 个月后的 1964 年 8 月，杜邦的一则广告以"现状报告"的形式告诉零售商，他们之所以还没拿到科芬做的鞋子全怪这种新材料太火了。广告强调说杜邦做梦也完全没"想到大家如此迅速地抢购科芬"。

　　　　科芬刚一问世，就被消费者全盘接受，其间没有渐进的过程。
　　　　没有"等等看"的态度。
　　　　也无须克服旧有习惯。

科芬"一鸣惊人"，因此大家需要耐心等待。

　　旧希科里的工厂几近完工，但杜邦并不仓促赶工，"我们请求您
耐心等待"，因为生产科芬的"机密"工序要求的"生产厂与世上的
其他工厂截然不同"。广告写到这，杜邦的文案追加了最后的主题，
这个主题像咒语一样贯穿科芬项目的始终：科芬工厂与众不同，"就
像当初第一座尼龙工厂一样独一无二，因此需要格外花心力建造"。

　　"新材料毫无疑问是一种十分特殊的奇迹，"劳伦斯·莱辛
（Lawrence Lessing）在他发表于早期《财富》杂志的一篇文章中写道，
"从规模和重要性上来看，科芬可称得上是第二个尼龙。"科芬就是下
一个尼龙，每个人都这么说。科芬工厂面临着问题，尼龙工厂也一
样；科芬是一个了不起的创新，就像尼龙一样；科芬或许标志着"擦
鞋行业的终结"，至此淘汰擦鞋服务——"像尼龙淘汰了袜子织补一
样"，早期的一则新闻报道援引杜邦发言人的话说。"还记得尼龙给内
衣业带来的冲击吗？"巴尔的摩一间鞋店在当地的广告里抛出这样的
问题。科芬是"最新的'没它的时候我是怎么过的'的一种制鞋材
料"。从科芬的介绍推广阶段开始，杜邦不断地提及尼龙。在"现状
报告"形式的广告中，杜邦塞进了一份25年前广告的复本，在那则
广告中，"杜邦向未来世界宣布……一个新词，一种新材料：尼龙"。
尼龙就是杜邦，杜邦即尼龙，而今科芬将接过尼龙的宝贵遗产，使其
在下一代发扬光大。

　　华莱士·卡罗瑟斯团队在实验站的实验室里鼓捣出来的东西催生

130

了一个产业。公众脑中铭记着这样的画面：战后，妇女们为了买到长筒袜要排几个街区的长队——第一年就卖出了 6000 万双——尼龙成了现代生活的必需品：牙刷、网球球拍线、手术缝合线、降落伞、鱼线、机械承轴和轮胎帘线（tire cord）。与此同时，尼龙也让杜邦赚了大钱，并将杜邦的名字与工业研究美好的一面永久地联系在一起。从杜邦的实验室里相继诞生了一系列新合成材料，"化学令生活更美好"，更好、更强、更轻。研发获得的成功并非个人聪明才智的结果，而是公司文化的成就，这一公司文化的象征就是尼龙。

1/4 个世纪过去了，科芬被推崇为下一个尼龙——先是杜邦这么说，接着你能听到每个人都这么说，几乎所有人都这么说。"科芬将是下一个尼龙，它责任重大。"两种材料之间的映照也达到了令人生畏的地步：尼龙和科芬都是天然材料的合成替代品，它们分别替代的是丝绸和皮革。在尼龙的早期试验中杜邦的安保十分严格，每一块废料都要回收称重以确保没有纤维丢失，科芬的研发过程也采取了同样严格的安保措施，也要收集废料。尼龙长筒袜和女士内衣被分给尼龙项目参与者的妻子们，科芬鞋则分给项目参与者的家人。尼龙这个名字是经杜邦委员会长期挑选得到的，科芬也一样，只不过这次挑选是在计算机生成的选项中展开的。1939 年尼龙在纽约世界博览会问世时的口号是"我们进入明日世界"；25 年后，几乎在同一天，科芬问世的口号是"迈向明天"。几个月后，这一口号出现在 1964 年的纽约世界博览上。在博览会的杜邦秀上播放了一部名为《美好的化学世界》（The Wonderful World of Chemistry）的卡通片，片子讲述了"从穴居人到人造革科芬的化学发展之路"。

这一时期尼龙和科芬的另一相似点出现了。1964 年 3 月的《读者文摘》（Reader's Digest）刊登了一篇《向消费者的报告》（"Report to

Consumers"），内容几乎完全是对科芬的宣传："它看着像皮，摸着像皮，旧了像皮，透气也像皮"，"而且似乎能直接穿出街去"。

制革匠很愤怒。美国皮革业联合会负责人梅尔·萨尔兹曼（Mel Salzman）把《读者文摘》上的这篇文章扯了下来，并愤怒地去信给《读者文摘》出版方。他说从未见过"哪本杂志如此赤裸裸地为一个商业产品背书"，把"未经验证和证明的说法"当作事实来陈述。文章作者声称科芬的结构"几乎等同于皮革的结构"。根本不是这样，萨尔兹曼在信中写道，科芬"与皮革的天然纤维结构相比差得远了"。文章作者称科芬不是塑料，可制鞋业行里行外的大部分人都当它是塑料。作者不加质疑就全盘接受了杜邦的宣传语，变成了杜邦的传声筒。作者的信息来源只可能"是那一个，科芬的制造商：杜邦"。

事实上，当科芬的面世广告铺满全国杂志的时候，《读者文摘》这篇文章的作者写道，自己是唯一一位被准许进入杜邦试验工厂的记者。他得以有机会亲眼见到"特拉华河的泥巴"抹在科芬制成的鞋子上，然后用肥皂和水就能"洗得干干净净"。这位作者毫无异议地接受了杜邦的说辞，说生产科芬的过程像原子弹"提取裂变物质的操作一样复杂"。这篇文章的作者是小莱西·唐纳尔·沃顿（Lacy Donnell Wharton Jr.），他在文章中的署名却是唐·沃顿（Don Wharton）。他在20多年前也写了一篇夸耀尼龙的文章，彼时那篇文章的题目是《尼龙：研究的胜利》，发表在1940年1月的《纺织品世界》（Textile World）上。

自其面世已经过去了几个月，科芬的成功似乎已是不争的事实。杜邦当时的三位管理者——比尔·劳森、查尔斯·林奇和杰克·理查兹（Jack Richards）前往西弗吉尼亚州的白硫黄泉镇参加产业研究所的春季会议。他们在会上做的关于科芬研发的"案例分析"已经带有成功者的意味了，这似乎也印证着科芬的商业前途。第二年，当科芬

132

出现在《科研管理》(*Research Management*)杂志上时，杂志编辑这样点评科芬：

> 已经跨越了通常横亘在固有市场和全新产品之间不可逾越的障碍。本文揭示了优质的资源、明确的目标以及高超的技术相结合所能获得的成果。

科芬面世后不久，《纽约时报》的记者就购买了用科芬制成的男鞋和女鞋，几个月后他们将报告鞋子的使用状况和体验。男记者报告他的鞋子"结实耐用"、合脚，在不变形和透气性方面都令人满意。同一篇文章还引用了来自格涅斯科（Genesco）的麦克西·贾曼（Maxey Jarman）的话，格涅斯科是力挺科芬的几个制鞋厂商之一。贾曼说，"最终"科芬将在鞋业市场中占有相当大的比重，年业务价值将达 3 亿美元甚至更多。一切都在高速运行。

1964 年 1 月科芬面世时，杜邦发行了一本今天被称为常见问题解答（FAQ）的小册子。小册子一共 8 页，上面列出了常见的问题，其中一个问题是：

> 问：这种材料有什么缺点？
>
> 答：科芬研发中遇到的问题都已解决。

iii. 火热的脚

时间来到 1969 年，似乎出现了一些问题。

杜邦授权在全国范围内展开了对 1000 名消费者的调查。18% 的消费者购买了科芬制成的鞋子，其中 75% 的人说自己还会购买第二双。在更多的从未购买过科芬鞋子的消费者中，大约 20% 的人说他们更喜欢真皮，不喜欢合成材料。总的来看，情况并不特别糟糕。

真正糟糕的是另一项调研的结果。这次调研针对的是 460 名零售推销员，只有 10% 的推销员说科芬比真皮好卖，40% 的推销员明确表示科芬比真皮难卖。他们说科芬制成的鞋子发热，烧脚，不透气，没有弹性，硬邦邦的，伤脚，从一开始就不合脚。这些是实打实的、证据确凿的投诉，因为它们来自这群懂脚、懂鞋、知道什么合脚并且了解消费者的销售人员。1969 年 11 月，一份题为《科芬何去何从？》的报告被提交给杜邦执行委员会审阅，报告引用了这次调研的结果。织物及表面处理部的总经理理查德·赫克特（Richard Heckert）宣布："产品最大的问题在于舒适度。"

几年前的一天，鲍勃·威尔逊（Bob Wilson）的父亲递给他一双新鞋，告诉他说："嘿，发了一些鞋做测试，试试看你喜欢不。"鞋子是用科芬做的马臀皮效果的雕花镂空皮鞋。父亲兴致很高，鲍勃·威尔逊记得当时父亲告诉自己说，"未来这种材料会在皮鞋制造中替代真皮"。鲍勃·威尔逊在纽约州纽堡长大，他父亲在漆布部门工作，当时是该部门的外销经理。小威尔逊当时 20 岁出头，他乖乖地听父亲的话，穿上新鞋并强忍随之而来的不适。"我很乐意相信爸爸的话，"他说，"但我得告诉你这是我这辈子穿过的最不舒服的鞋了。"

怎么会这样？鞋子的舒适度有赖于透气性，而透气性正是杜邦研发科芬的出发点，从一开始杜邦就把透气性作为科芬的核心优势大力宣传。科芬难道并不透气吗？

1967 年，两位研究人员向英国皮革制造商研究协会（British Leather Manufacturers Research Association）报告说，科芬的水蒸气透

过率大概仅为真皮的 1/3，但远优于完全没有透气性的乙烯基材料。3
年后，英国权威检验组织鞋类和相关贸易研究协会（Show and Allied
Trades Research Aossiation）将科芬与真皮及其他透气人造革进行比对
测验，最终发现普通半开皮（side leather）每平方厘米每小时可传送
3.0 毫克水蒸气，小牛皮是 6.9 毫克，科芬是 2.5 毫克。美国测试实验
室得到的结果也大致相同。

那么，科芬的确是透气的，可能没真皮那么好，但也足够好了。杜邦
在陈述事实时或许有些许艺术加工的成分，却也谈不上是在欺骗消费者。

可那些说"烧脚"的报告呢？他们不是测试过科芬吗？而且是在
真人身上测试过。杜邦在每一次发布及每一则广告里都引用过这类检
测强度、耐久性、耐磨损性及舒适度的测试，而且杜邦也一向乐于谈
论这类测试。他们声称科芬没有缺点，是因为他们说鞋子损耗实验的
"目标就是为了发现并解决材料的问题"，任何问题都已在实验早期发
现并被处理了。

杜邦公司的消费者实验并不仅限于科芬。1961 年《杜邦杂志》
（*Du Pont Magazine*）曾经报道过"从缅因州到迈阿密"共有 3000 名
志愿者参加了针对合成纤维制成的衣服进行的损耗实验。这些志愿者
里既有穿着莱卡泳衣的佛罗里达州巴里学院的"漂亮姑娘们"，也有
来自费城穿着隔热内衣的健壮屠夫。但对科芬的测试完全是另一个级
别的：用于测试的科芬鞋子数量取决于你是什么时候听到杜邦提到这
类测试的，最终用于测试的鞋子数量大约有 2 万双。参加测试的有医
院的护士、孤儿院的孩子和纽堡街上的警察。曾经有一幅宣传照上就
是一位身穿制服的纽堡警察，他穿着科芬做的鞋子蹬在消防栓上，旁
边站着杜邦的工作人员，手里拿着写字板夹，正在认真地听取警察的
反馈意见。在另一张宣传照里，一位身着白大褂的技术人员——事实

134

上，出现在纽堡宣传照里的也是这个模特——正蹲在有飞机库那么大的鞋海前，一直绵延到天边。宣传照上印着这样的说明文字，"穿旧的鞋子排成巨大的阵列，在科芬上市之前，对这种多孔透气材料进行大规模实测并进行记录"。

1964年1月，时年21岁的美国海军陆战队下士麦克斯·W.卡尔森（Max W. Carlson）在看见一则科芬鞋子的广告后给杜邦写信，提出他可以穿着杜邦资助的科芬鞋徒步穿越美国。当然可以，杜邦带着大企业灿烂的微笑回复道。从加州埃尔托罗的海军陆战队航空站到他在明尼苏达州的老家，全程2000英里，整个过程中卡尔森消耗掉半打皮鞋底和10对鞋跟，而科芬做的鞋面表现良好。1965年末，《杜邦杂志》的作者激动地报道说："还有两个街区，一个街区了。"旁边配的照片里年轻的海军陆战队队员站直着，正艰难地穿越无垠的美国西部。"就在那……明尼阿波利斯的市区线。麦克斯（和科芬）终于成功到达终点。"

这些年来杜邦的所有努力都是在证明科芬与真皮近乎一致，甚至更好，像真皮一样合脚或者比真皮更加耐用持久。"在追逐市场效能的过程中，"查尔斯·林奇在白硫黄泉镇的会议上说，"我们给这个沉醉于传统和情感的领域带来了一种特殊的新材料。"好消息的鼓点当然是为杜邦的消费者们敲响的，毫无疑问它同时也鼓舞了杜邦内部的士气，与此同时任何一种"哪里似乎没那么好"的感觉也被压制下来了。

但实际上有很多方面都没那么好，而且一直存在着这样的迹象，比如在圣路加的研究。

杜邦负责提供材料，从当地的百货公司雇用试穿者，资助爱德华·C.梅尔德曼（Edward C. Meldman）和亚瑟·E.赫尔方（Arthur E. Helfand）进行研究。这两位足科医生来到位于费城的圣路加和儿童医疗中心，他们招募了一些护士参加测试。测试将发给每人一双标准的白色护士牛津鞋，目的是"测试一种让白色鞋子保持干净的新方法"。这个说辞自然不是真的，测试的真正目的是检验科芬鞋子的舒适度及合脚度。测验的结果呢？结果显示没有任何异常或过敏反应，一切正常。梅尔德曼和赫尔方在《美国足病协会杂志》（*Journal of the American Podiatry Association*）上发表文章公布了他们的研究结果。在文章中他们称，科芬"具有舒适性，不会影响足部健康，作为鞋面材料使用时能够保持足部运动效率"。这听上去与之前美国牙医协会对含氟牙膏的推介如出一辙。不久以后，杜邦就开始发布这样的广告了：

现在，告诉你们的消费者：科芬已被美国足病协会测试批准。

然而这里存在一个问题：参与圣路加研究的护士每两个月要进行一次汇报，每次汇报的人越来越少。最开始106人，两个月后减到98人，4个月后减到89人，6个月后，即研究结束时减到82人。导致这一现象的原因并非研究者无法追踪受测人员，因为护士们在医院工作，一直就在那里。这些人被从测试名单里除名是因为研究人员认定他们的"鞋不合脚"。

每名参与测试的护士都被要求提供他们的鞋子尺码，按尺码分配136 鞋子。但两个月后，有8名护士反映他们的鞋子完全不合脚，在接下来的定期汇报中，更多的人反映这种情况。项目工作人员预料到可能会出现这类问题，或许这些护士并没有实际测量过他们的脚，而只是提供了他们通常穿的鞋码。但为什么退出测试的人数逐步增加呢？梅尔德曼和赫尔方认为这一问题"与鞋面材料无关"。在这里我要原封不动地告诉你，他们是怎么说的，是什么原因呢？这"似乎反映了受测者对'合脚鞋码'的认知不可靠"。

按他们的说法，原因在受测者身上。**因为这些人不知道自己的鞋码是多少！**

现在回头来看，原因其实很简单，受测者太懂自己的鞋码了。他们"知道"鞋子会逐渐适应脚，多年的经验告诉他们刚买的鞋子有点紧，穿过一段时间后鞋子吸收一些水分就会变大一点，皮肤就是这样，最终就会像"一双旧鞋"一样合脚。

但科芬鞋永远不会这样。正相反，科芬鞋刚上脚的时候会张大一些，把脚紧紧地包裹住，一把鞋脱掉它就会回缩到最初的尺寸。后来很多人说，穿科芬鞋，就像每天都在磨合新鞋一样。若干年前曾有一家美国公司开始用麋鹿皮和野牛皮制鞋，他们当时吹嘘自己的鞋子"从一开始……就像旧鞋一样舒适"。而对一些穿科芬鞋的人来说，这更像是"从始至终……都像新鞋一样难受"。

科芬不易变形的特点曾被标榜为一大卖点。在 1963 年介绍科芬的新闻发布会上，比尔·劳森曾说到科芬鞋"会温和地抵抗拉伸变形，穿在脚上不会变得扭曲难看"，不需要磨合。"早上穿上科芬鞋，它们会像几个月前刚拿出鞋盒时一样。"它们不会凹陷，不会开裂，不会鼓包，也不会变形。劳森补充说，当然前提是要合脚，"你不能指望把它穿合脚"。

科芬保持最初形状的这一特性的阴暗面很早就暴露出来了。1964年末，《消费者报告》（*Consumer Reports*）的出版方美国消费者联盟在考察这种新材料时说：

> 或许来自美国消费者联盟最重要的信息是有关科芬的合脚度。尽管科芬是柔软的，但它并不像真皮那样能够拉伸并最终适

应脚的形状。如果一双科芬鞋在一开始的时候挤脚，那它就会一直
挤脚。和购买真皮鞋相比，在购买科芬鞋时合脚与否更为重要。

《消费者简报》（*Consumer Bulletin*）同样注意到了科芬的形状保
持性："合成材料无法像真皮那样在局部逐渐产生变化，形成更适合
不同脚的形状。"

果然不出所料，有关足部舒适度的投诉开始出现在零售中。烧
脚、出汗、疼痛、不适，不是所有穿科芬鞋的人都有这样的抱怨，可
抱怨的人着实不少，甚至是太多了。

杜邦从一开始就察觉到了这一问题。在 1964 年的销售培训会议
上，人们第二常问的问题就是"科芬鞋有不合脚的问题吗"。据 1967
年《化学周刊》上的一篇文章记载，会上明确了一点："科芬鞋一开
始必须完全合脚，因为它们不会变得合脚。"但这一信息并没有被很
好地传达下去。一位杜邦的竞争者在回答采访时说，其中一部分原因
是零售店的销售人员惯常销售"有库存的尺码或消费者所要求的尺
码"，而这对真皮鞋来说是没问题的。

后来有人这么说，"杜邦的逻辑无懈可击，他们指出消费者只要
买尺码大一点的鞋子就完全没有问题。但这一理性的观察和人们不理
性的心理发生了冲突，因为没有多少男人，更别提有多少女人愿意承
认自己脚大"。科芬内部一名经验丰富的员工汇报说，曾有生产商把
10 码的鞋子当 9.5 码卖。与此同时，在广告和推广中杜邦再次强调尺
码合适的重要性。并且，一种新的、号称更舒适的科芬材料正在酝酿
中，这种材料将针对护士及其他需要穿着这种白色"工作鞋"的人
士。可是人们对科芬的印象已经固化，"像旧鞋一样舒服"，说的可
不是科芬。

一份为了 1967 年德国医学会的会议准备的关于科芬与足部健康的发言稿提到，杜邦的目标是确保"科芬这种未来材料能够像传统材料，如几个世纪以来的皮革一样，具有足部卫生保健的特性"。但如果足部卫生保健是指能够舒适地适应不同脚的突出和隆起、出汗与肿胀的话，科芬毫无疑问失败了。

138

iv. 在旧希科里的艰难日子

与此同时，杜邦在科芬的生产中也遇到了麻烦。

在实验站的幻灯片演示中，皮卡德的同事 J. E. 埃文斯用简单的示意图来概述这种仿皮无纺材料的生产：示意图中的小方框代表压延辊、染缸和干燥机。"请不要误会，"他补充说，"在这一集成方式中，这一流程尚未实现，这是我们努力的目标……"埃文斯的这一演讲在 1950 年 9 月。20 年后杜邦仍在努力，却始终没有实现目标。

如埃文斯的幻灯片所示，制造科芬的基本配方并不复杂：聚酯棉（聚酯纤维按尺寸横切）形成轻如绒毛的网，经针刺收缩再用聚氨酯成膜剂将其浸透凝聚，就得到了所谓的"基底"，即合成革中结实坚固的部分。接下来给基底涂上聚氨酯使其凝聚产生孔隙，压印出皮革的纹理，有时根据需要也会在基底和聚氨酯涂层间加入一片薄薄的织布夹层。解释科芬的制造过程就是这么简单，几句话就能说清。可真生产起来，尽管杜邦最终成功地将生产规模扩大成一间大厂，却问题重重。制造科芬绝不简单，也绝不经济。1965 年初的一份行业杂志报道说，"杜邦制造多少就卖出多少，拼命地满足市场需求"。这话说得不假，但这一评价既反映出制造科芬的难度之大，也同样反映出市场对其的需求不小。

困难始于纽堡，那里的小规模工厂和微型厂房仅仅为了满足测试用鞋所需材料及优化制造过程所建。正如杰克·理查兹稍后回忆道："那里安装的设备与其说是在解决问题不如说是在制造问题。事实证明，我们低估了开发一套可行工艺流程所需工程的复杂度。"

即便在后来拥有10倍产量的试验工厂中，这些问题依然存在。据杜邦的一位老员工回忆，他在纽堡看到"角落里堆满废品"。"他们生产出一大堆卖不了的东西。他们想尽办法要干好"，但还是不成功。他们做出脚那么宽的长条，这时大概是1962年，"边角或中间一旦出现问题就彻底废掉了"。在杜邦推出科芬后不久，一名记者曾报道说，纽堡工厂里几十个化学家和工程师"交头接耳"，他们"组成若干个专业团队……来优化微孔化纤织物科芬的品质"。在几乎全篇大颂赞歌的《鞋靴记录》里，这种说法无异于是在暗示科芬出现了产品问题。

以制造科芬的关键环节——丝网收缩（web shrinkage）——为例，一开始，尤其是在试制和实验阶段，理查兹承认对于怎么做他们完全"没有概念"。原理再简单不过了：加热聚酯纤维网，然后看着它收缩，但加热必须是经严格控制的。理查兹回忆道，"放到热水里让它收缩，聚酯纤维网会皱得不成样子"。他们还试过一系列水浴操作，奇形怪状的水浴装置坐落在厂房的中央，像一艘大船或那种平底驳船，大概有60英尺长，水浴装置由3个舱构成，里面都注满热水，按顺序一个舱的水温比前一个高。约翰·C.理查兹是杜邦织物及表面处理部纽堡研究实验室的负责人，他站在水浴装置的一边，另一边站的是公司的另一位高价员工：鲍勃·弗赖伊（Bob Fry）。他们手摇曲柄把易破的聚酯纤维网从一边赶向另一边，纤维网艰难地"蠕动"，每秒前进几英寸。

139

当然，这里是纽堡试工厂，本应是完美解决问题的地方，但据几百个在旧希科里工作的杜邦人中的一些人反映（其中包括全体从纽堡调来的工程师和化学家），和旧希科里相比，纽堡的情况好不了多少。罗恩·莫尔腾布雷从伍斯特理工学院毕业，获得化学工程学位并加入杜邦，从 1955 年到 20 世纪 70 年代一直在科芬项目工作。据他所说，尽管已经过去了 5 年多，"我们的试验工厂仍旧是世界上最大的"。

据一位科芬项目管理者的妻子回忆，她第一次去厂里参观时感到十分惊讶——事实上她用的词是"震惊"——科芬的生产并不是由金光灿灿的机器主导的高效过程，与之相反，她看到的是工人们穿着围裙把东西搬来搬去。高度自动化的工业生产流程，一个步骤与下一个步骤之间无缝的连接，没有人力操作的干扰？科芬的生产根本不是这样的。在纽堡，科芬的生产规模很小，每月只生产 25 万平方英尺。旧希科里的产量是纽堡的 10 ～ 20 倍，但也不是机器生产。理查兹那时候是织物及表面处理部研究部门的助理总监，据他回忆，在纽堡的科芬共有 15 个不同的生产步骤，每一个步骤都需要对原料进行缠绕和展开操作，或者叫"落纱"（doff），这个术语来自纺织业，指的是每个步骤的起始节点。在纽堡生产科芬一共需要 15 个落纱。理查兹说，"如果能够把这 15 个步骤整合在一起固然很好，但很难实现，因为有些步骤很快而有些步骤很慢"。"所有这些缠绕和展开的动作——根本没法把它们合在一起来连成一线。"

和其他人一样，"巴德"·霍洛韦尔也被调到了旧希科里。在他看来，步骤之间无法顺畅衔接给科芬的生产带来了致命的打击。"整个过程步骤众多繁复，这样一来，即使每个步骤的产出不小，总产量也不会高。"霍洛韦尔说的可以用简单的概率来解释，要想算出总的可能性，需要把其中包含的每一步骤的可能性相乘，每一步骤的可能性

140

越小或者步骤越多，最终实现的可能性就越小。大致来说，科芬的生产过程就是如此，每出厂 1 码科芬需要经过无数道工序，每道工序都不简单，充满了不确定性，并且还要求所有工序都能顺利完成。

生产中会遇到一个问题——针刺的针断掉，但这只是很多问题中的一个，而且并不比其他问题更难解决。他们设置了金属探测器，电磁线圈感应到断掉的针就会发出警报，机器操作工就会动手将断针从丝网中捡出。机器上少了一根针，成品里就会混进一根针，生产 200 单位长度的丝网，其中 2/3 会因断针而放慢生产速度。

还有浸胶槽（dip bath）里的大块聚合物。丝网经针刺和收缩后浸入聚氨酯中，然后被送入一个密封结构中。据约翰·诺布尔（John Noble）回忆，他那时还是名年轻的现场工程师，丝网被放置在一个大概 6 英寸深的长盘里，泡在聚合物中。你可以透过侧面的窗口观察，在整个过程中丝网吸附上聚合物，多余的物质在另一端被剥除。从那里，浸润的丝网被降到凝浴槽（coagulation bath）里。这一步骤首创于 1956 年一个湿热的夜晚，如今杜邦自信地宣称他们能在 1 平方英寸的面积上做出 100 万个孔隙。但对这一步骤的控制需要进一步优化，其中包括若干个创造性专利，这一过程一直都不轻松。如今诺布尔这样描述，他们一度把丝网缠绕在无动力托辊上，然后将其浸入淡水中。但在进行这一步骤时丝网并不总如人们所愿，均匀地裹上聚氨酯，相反常常是大块塑胶垂挂在丝网边缘。这么做根本行不通，不得不额外安排一名操作员手动将其清除。

《财富》杂志的一篇文章报道说，"旧希科里出现赤字的速度等同于它造出科芬的速度"。其中的部分原因在于断针和那一团团塑胶块。即便在生产了 20 年之后还是做得不对，比如在实验室、小规模工厂、试验厂以及最终在旧希科里，成本也不小，至少没法同时满足这两样。

"我们的问题是不能像预想的那样高效地生产科芬",查尔斯·林奇委婉地说。

一位纽堡工厂的拜访者曾经遗憾地说,"你们没法让它不闪",这里指的是科芬无法适应时尚的变化。

"我们做不出他们想卖的东西",据露丝·霍尔登(Ruth Holden)回忆,她丈夫——时任旧希科里工厂经理的埃尔斯沃斯·K.霍尔登,在经过一天的折磨带着报废的科芬残片下班回家后,常常向她这么抱怨。

讽刺的是,令科芬负累加重的正是杜邦自己的宣传,说它优于"传统材料",即真皮。一卷卷规格统一的均质材料:这是杜邦给制鞋商的许诺。"切割它就如同切割奶酪,因为它没有瑕疵,所以你一次想切几层都行。"最初为科芬摇旗呐喊的一位制鞋商的描述被记录了下来,但那时是 1962 年,科芬尚未开始全面生产。在旧希科里,当生产全面铺开时,产出的科芬却不总是统一均质的:斑点和坏洞都出现了;有时前一天刚刚生产出 25 英寸宽的,转回来第二天就生产出 32 英寸宽的。"昨天、今天和明天做出来的东西全不一样",托马斯·J.伦纳德(Thomas J. Leonard)说。他当时是杜邦的一名地区销售经理。他认为制鞋商们习惯应对天然皮革这样或那样的不同,应该能接受科芬的品质。"但对于听惯我们吹嘘科芬统一均质的制鞋商来说,这样的品质是不能接受的。"

从一开始在纽堡到最后在旧希科里,问题一直存在。莉比·费伊(Libby Fay)的丈夫罗伯特·费伊在 1952 年前后来到纽堡,很快就被任命为纽堡研究实验室主任,负责科芬项目并最终随项目迁至旧希科里。据莉比·费伊回忆,罗伯特和他的同事们都对这项工作激动不已,"努力尝试做出一个像样的材料来"。有的时候能成功,但是,"他

142

们设置好运行程序，排除了所有问题，开启滚轮，然后就出问题了"。气泡、斑痕，还有天知道什么东西都跑了出来。在忙于应付气泡和斑痕的同时，他们试图应对时尚变化对颜色、质感和样式的需求，在这些方面，他们的天然竞争者皮革都能轻松应对。

v. 挽歌

与此同时传来了这样的报告，鞋面不断弯曲导致表面断裂，这种情况以男鞋居多，并且没人能解释为什么会发生这样的情况。此外，尽管科芬是抗磨损的，可是一旦磨损就无法挽救，无论是像对付真皮那样用擦光剂还是清洁剂都于事无补，只能丢掉。

还有柔软性的问题。彼时正处于 20 世纪 60 年代，到处都是长发的嬉皮士，飘垂的印度棉床罩风靡美国。柔软正在流行，材料不能闪，只能微微发亮。真皮是柔软的或者说真皮可以变软，那种光亮的皮子不再流行，时髦的是麂皮和油蜡皮。制皮业受到科芬的刺激开始行动起来，市场要什么他们就做什么。比尔·劳森在 1972 年痛惜道，"制皮业受人造革的刺激开始生产和推广柔软的手套质感的皮革"。这一做法迎合了时代的需求。而科芬还是老样子：光滑，结实，坚硬不弯。

据 1970 年初发表的相当坦诚的市场报告记录，1969 年对人造革产品的西区分部来说是糟糕的一年。总的来讲，鞋子卖得都不理想，尤其是用科芬当表面材料的传统男鞋，如布洛克鞋。科芬的销量比上一年下降了 44%。报告的作者写道，"1969 年见证了柔软时代的开始"。"所有东西都要舒适、妥帖。不幸的是，科芬既不舒适，也不妥帖……科芬被钉上了耻辱柱，因为它不柔软，也不'时尚正确'，因此做什么都不适合。"哦！这可够伤人的。用科芬做的鞋和 5 年前的鞋子一样，像士兵啐唾沫打得亮闪闪的正装鞋一样，没有情爱珠和凉鞋那种暖暖的微光。需要用"优化过的聚乙烯制作出更柔软舒适的（透湿或者说透气）产品和其他能大幅提升足部舒适度的方法"。还要降价，还要更像真皮。

最初，科芬面对的是一个不折不扣的由同样生产合成物的竞争者构成的大市场，类似的产品有阿尔纳夫和贝雷塔（Arnav and Barretta）、莫利梅尔（Morimer）、坡维尔（Pervel）和泡棉（Poron）。这些竞争者都是被科芬的美好前景及其初期的成功吸引进场的。无论造出了什么塑胶产品，只要把它吹成高科技，比如具有透气性，无论真假都能搭上科芬的顺风车。到 1964 年秋天，即科芬面世仅 6 个月后，已经有大量类似材料进入制鞋业，《鞋靴记录》宣告"人造物降临"，并且描绘了飞利浦公司的假鳄鱼皮船鞋和科芬新款鞋摆在一起的场景。"杜邦的成功催生了许多模仿者。"

但最终给科芬致命一击的不是这些模仿者，而是乙烯基塑料，这一粗俗低档的竞争者大举进入鞋帮生产行业，从而拉低了价格。"我们意识到自己是在给别的人造材料热场，"查尔斯·林奇在介绍科芬的时候说，"但顺风车可没你们想象的那么好搭。"当然不好搭，对乙烯基塑料来说更是如此，因为它已经在市场中占据了特殊的一席，即低端市场。低端市场的消费者没钱计较足部的舒适度，因此乙烯基塑料是出了名的俗气和劣质，穿上它能捂出一脚汗。正因为如此，新出的鞋帮合成材料，无论成分是什么，都尽量避免与乙烯基塑料或任何其他塑料扯上关系，有的叫"多层融合聚合物"，有的叫"化学膨胀弹性纤维"，还有的叫"合成树脂材料"。杜邦自然从一开头就尽可能地让科芬和乙烯基塑料保持距离，科芬瞄准的是顶级市场，"塑料"这个字眼根本不能出现。

但廉价的合成材料的确得益于科芬的魅力。比尔·劳森后来说，"在鞋子上用多孔材料取代真皮，人们已经接受了这一变化，也使得乙烯基塑料涂层织物制造商的努力得到相应的尊重"。换句话说，如果科芬果真那么优秀的话，其他合成材料或许一点也不糟。鞋类市场

144 原本清晰的格局如今被搅乱了，即高端市场用真皮，廉价市场用乙烯基塑料。科芬还是乙烯基塑料？还是多孔人造革？抑或是聚合物？1971 年，《鞋类新闻》（*Footwear News*）上发表的一篇文章叙述了鞋类零售商和制造商的这一看法，"消费者不清楚它们之间的区别"。

但科芬可比乙烯基塑料贵得多。科芬面世第一年的价格是每平方英尺 1.10 美元。这个数字在今天看来似乎并不贵，但请相信我在那时真的很贵。那时候便宜的鞋子一双才卖 3.98 美元，一双高档鞋子卖 20 美元；汽油一加仑 29 美分；一张邮票 5 美分。放到 2005 年的话，科芬的价格接近每平方英尺 7 美元，或者以织物码长来计算，每码价格在 60～100 美元。与此同时，20 世纪 60 年代中期真皮的价格为每平方英尺 50 美分或 60 美分，很多人造鞋面材料每平方英尺 25 美分或 30 美分。即便进行适当降价，科芬仍非常昂贵。1969 年杜邦在一份市场备忘录里预估，如果每英尺 65 美分的话，科芬还有机会竞争女鞋市场，但价格差距太大。1964 年，杜邦代表团向一个大型鞋业制造商国际鞋业制造公司表示，"我们需要在科芬的价格上进行真正有意义的消减"。但首先旧希科里必须高效地运转起来。"对此，杜邦最优秀的工程师们信心十足。"可最终我们看到，旧希科里从未高效地运转和生产科芬。

杜邦曾竭尽全力想把科芬和乙烯基塑料区隔开，可如今这两种材料却在一个臭池子里并肩游泳，争夺市场份额。理查德·E. 赫克特说道，"我们认为公众不会容忍乙烯基塑料涂层材料"。他于 1969 年接

任织物及表面处理部总经理一职，"但，天啊，我们错了"。到 1971 年，乙烯基塑料已经占鞋类市场 1/3 的份额，而其他所有人造革（包括科芬）加在一起还不足 5%。

1964 年末旧希科里工厂上线，生产科芬 300 万平方英尺，1965 年产量达到 1000 万，1966 年产量达到 2000 万。1967 年科芬被推广给制鞋业以外的市场，其中包括行李箱、手包、表带、皮带和高尔夫球袋。这是进步，不是吗？然而据比尔·劳森后来回忆，1967 年是转折之年。在鞋店这个最前线里，日复一日给消费者们试鞋，听取他们的抱怨，关于舒适度和合脚度的问题在不断增多。科芬现在面临的不是消费者日渐消减的激情，而是彻头彻尾的憎恶。一位芝加哥地区的销售员在 1970 年的报告里说，"对科芬的反对和抵制持续不断。（一家鞋厂的）销售员们因为顾客的负面评价已对科芬彻底失去了兴趣。我听说很多顾客一听销售员提到科芬就不想再听下去了"。

这无疑加重了这曲挽歌的阴郁底色。早在 1969 年 9 月，杜邦就在驳斥《鞋类新闻》关于"杜邦决定退出高级人造革业务"的报道。并非如此，杜邦回应道，科芬一切顺利，公司还在给项目继续注资。"我们对这一事业的未来充满信心。"几个月后，《福布斯》杂志刊登了一篇令杜邦不快的文章，文章突出强调了科芬面临的问题。"科芬之于真皮制品就如同尼龙之于丝袜：前者都彻底埋葬了后者。"但事实是科芬并未埋葬真皮制品，科芬自顾不暇。赫克特被引述道，"时间不够了"。但是还有希望。降低科芬的价格，这样就会有更大的市场向其敞开。《福布斯》杂志的文章作者如此描述赫克特，"但当他说这话时，再不是为科芬敲锣打鼓、摇旗呐喊的语调了"。这篇文章的描述如此令人沮丧，迫使技术销售主管乔·利维（Joe Leavy）列出了 5 点反驳意见。"很显然，你要知道，"这位科芬的充实支持者坚持道，

"制鞋业的未来在人工产品上。"为什么这么说呢？美国农业部最近刚刚做出了这样的预判。未来是属于合成物的，"我们是不会退出制鞋业的"。

听说公司要关停旧希科里的多孔人造革研究实验室后，杜邦的工程师约翰·诺布尔感到一切都结束了。对杜邦的审计员约翰·科伦科（John Korenko）来说，前后的鲜明对比令他印象深刻。1968 年的旧希科里是乐观向上、放眼未来的。可到了 1970 年，"一切都分崩离析"。人们不再坦诚相见，都在暗暗欺骗自己说情况并没有很糟糕。

1971 年 3 月初，杜邦的年度报告注明了一种新的改良版科芬，这款材料在 1970 年问世，被认为和原初科芬相比手感更柔软。然而，仅仅 8 天后，杜邦集团总部就发了这样一篇新闻稿：

> 特拉华州威尔明顿，3 月 16 日——杜邦今天宣布，计划于一年之内终止透气性织物"科芬"的制造和销售。

146

杜邦的员工们会向你讲述科芬年代旧希科里工厂里那种奇妙的氛围，那时他们认定自己踏上了一条开发和生产有价值的新材料之路。从 1964 年末工厂开工到 1969 年，这一段是黄金时期。詹姆斯·诺布尔[1] 向我如此描述，"不管是上班还是下班后，科芬项目团队的凝聚力是我在杜邦效力的 28 年里再未体会过的"。还有一个人回忆说，这是他待过的最团结的团队。这样的回忆里有年轻的同志情谊，有大家一起玩高尔夫、网球以及周五晚上舞会的记忆，还有若干年后大家重聚时擦出的火花。这样的火花往往在人们回忆成功时刻时出现，这一次

---

[1]　此处原文为 James Noble，全文只出现了一次，疑似原文有误，根据上下文应为上文的约翰·诺布尔。——编者注

却出现在对失败的回忆中。

§ §

杜邦损失了多少？据《美国新闻和世界报道》（*U. S. News and World Report*）估算有 2.5 亿美元，另有统计说相当于现在的 10 亿美元。1971 年杜邦给出的数字是 8000 万到 1 亿美元。无论实际数额是多少，科芬都不能被仅仅当作一件小小的市场营销差错而一笔勾销。科芬身上有太多专门技术，被过于高调地打入市场，又被过于自信满满地推广到美国各地，最终却悄然退场。20 世纪 50 年代《杜邦杂志》发表了一篇文章来解释公司何时以及如何将一些产品从市场中撤回。杜邦当时的总裁说，杜邦就如同一个敞口的大桶，桶底有个龙头开关：研发的新产品在上，过时的产品从下面的龙头流走。过去 4 年一共有 120 个新产品，其中的大部分很快就被人遗忘了，但整个出新品的过程是冷静的、是经过了考虑的，在公司的掌控之下。然而，科芬不是这样的。（科芬的出现就像）桶突然破裂，桶里的东西倾泻到地板上。

科芬的失败激发了对其的道德惩戒：一些报道标题显示出的态度已经趋近于鄙夷或残忍。《纽约时报》把科芬的失败描述成"杜邦价值 1 亿美元的埃德塞尔牌（Edsel）汽车"，埃德塞尔牌汽车指的是历史上的另一桩惨败，即在 1957 年出厂时恰逢经济衰退的福特汽车。《华尔街日报》暗示科芬是被不光彩地炒了鱿鱼，"从它的解雇函里就能看出"。一份英国报纸告诉它的读者，"杜邦的科芬是怎么花了 1 亿美元做美黑的"[①]。《国民讽刺》（*National Lampoon*）杂志构想出了一个圣公会的地狱，那里的鞋子都是用科芬做的。

为了弥补部分损失，杜邦把科芬的生产设备卖给了当时还是社会

---

① 这里英文"tanning"既有美黑也有鞣皮的意思，为双关语。——译者注

主义国家的波兰的一家国有企业：波利麦斯公司（Polimex-Cekop）。

147　据罗恩·莫尔腾布雷回忆，杜邦负责协调设备搬迁的工程师们多年来无数次去波兰出差，帮波兰的买家安装设备。旧希科里的机器被装上驳船，沿田纳西州和密西西比州的河到新奥尔良，然后装上波兰货船，到波兰的皮翁基再重新组装起来。到 1975 年 4 月工厂建立起来并投入运转，开始生产莫尔腾布雷称之为"军棕皮"（military brown）的材料，用来制造手枪枪套、靴子和手提箱。《财富》杂志给杜邦和波兰的这笔交易起了个令人难忘的标题：《百万美元的波兰笑话》（"Hundred Million Dollar Polish Joke"）。

在威尔明顿公告发出仅仅 4 个月后，1971 年 7 月得克萨斯大学奥斯汀分校的一名学生完成了他的工商管理硕士（MBA）论文，论文题目叫《科芬的失败》。科芬已经成为商业失败的一个象征，无论何时，只要谈及市场灾难，人们大脑神经元的通路就直指科芬。一个专门收集"超级失败"的网站把科芬和麦当劳的招牌汉堡以及帕米亚无烟香烟归在一起；还有一本书把科芬与埃德塞尔牌汽车、新可乐和索尼的格式盒式录像机系统一起收入有史以来 100 个最严重的品牌失误名录；在创业管理中心以《五个重大营销错误》（Five Marketing Blunders）为题的发言中，科芬的名字再次出现；在纽约一场致敬清洁先生、托尼虎等广告业知名形象的庆祝活动上，当人们转而谈起那些失败案例时，科芬又一次出现了。回头来看，奚落可怜的杜邦不但很容易，而且很有意思：30 年后有人奚落说，"女人们想要的是透气舒服的鞋子，而且只要撑到下个时尚季就行了，可杜邦给她们的是又热又硬，能穿到天荒地老的鞋子"。

《巴伦周刊》（Barron's）则在科芬的失败中读出了另一层道德训诫含义：科芬的失败进一步证明，大公司并不像一些左派经济学家所预言的，能免于市场风险的影响。杜邦有着巨大的应对市场的能力和看似无穷无尽的资源，即便这样它还是失败了，这意味着市场，如那些深信自由放任政策的人形容的那样，一直是危险重重的，不能掉以轻心。文章的作者写道，"竞争就像化学一样，能产生更好的东西，创造更美好的生活"。

比尔·劳森在1972年撰写了一篇文章，显然是为了回应外界一连串的质询，他开诚布公地反思了科芬从始至终的整个历程，其中一部分标题为"商业的成熟与质疑的产生"。他写道，科芬失败的原因是"微妙而复杂的"，他给出了一些可能的原因。10年前在纽约希尔顿酒店的发布会上，他自信满满地把对科芬的探索比作《天路历程》，而今与当时的状态相去甚远，经过试炼的劳森欢迎读者得出自己的结论：科芬到底错在哪里？"即便那些深入参与科芬项目的人也给出了许多不同的猜想。"

是时候用怀疑的目光来审视科芬项目了。正如科芬项目关闭后《财富》杂志的一篇文章所说，杜邦被"辉煌灿烂的商业前景"迷住了双眼。管理层最初存疑不够，之后"又没有及时意识到问题的严重性"。换句话说，杜邦在一厢情愿的美梦中自我欺骗着。因此，严格说来，科芬的失败其实并没有那么多原因，原因只有一个：杜邦对科芬明显的缺陷视而不见。

除了作为商业史的一个小插曲为人所知外，科芬还提醒我们要意识到，天然材料在非自然世界里的坚守和魅力，以及看似无懈可击的、代表未来力量的塑料有其自身的局限。在2003年写给《圣何塞信使报》(*San Jose Mercury News*)的一篇文章里，斯坦福大学人文中心的杰弗里·农贝格(Geoffrey Nunberg)重述了"塑料"一词的历史。他发现，在长达40年的时间里，"塑料"一词和美国民众的关系一直处于蜜月期。1940年的民意调查显示，"赛璐玢"一词在英语最美词汇排名中位列第三（前两位分别为"母亲"和"记忆"）。在1939年世界博览会的杜邦展区里，"一名身材姣好的化学小姐斜倚在站台上，腿上穿着尼龙丝袜"。此外，还有尼龙和奥纶，接下来还有璐彩特（Lucite）、富美家、萨冉（Saran）等。然而，被语言学家农贝格称作"灯丝断裂"的情况发生在20世纪60年代，以两个事件为重要标志：一个是"'塑料'一词首次被用来代指肤浅和虚假"；另一个则是给世界带来尼龙的化学巨头将科芬推向市场，结果却是彻底的失败。

1994年，《波士顿环球报》（*Boston Globe*）的记者保罗·亨普（Paul Hemp）被要求试穿一件新款免熨烫棉衬衫，说是服务新闻的需要。亨普写道，"老板认为我是最佳试验人选"。于是他穿上了那件衬衫。但这款号称具有分子记忆功能的抗皱衬衫还是出了褶，而且衬衫的质感"像聚酯纤维一样，暗暗地闪着金属的光泽"。亨普还是更喜欢自己纯棉的皱巴巴的衬衫，他觉得这种新衬衫不过又是市场炒作出来的废物。他总结道，"就像科芬鞋和一次性纸质衣服一样，听上去是个好点子，可永远也实现不了"。科芬的幽灵似乎在所有非天然产品身上留下了令人厌恶的冰冷污点。军方的一个网站在提到士兵们为了应付着装检查而使用的别针领带时，引用了某人讥讽的话语，"别针领带和科芬专利皮鞋是一类的"。

《达拉斯晨报》（*Dallas Morning News*）的一位作者在描述他对一条没怎么用就磨损了的毯子的怒火时说，这"又是聚酯什么什么，里面没有一丁点棉、毛和其他我们看重的东西"。很快地，他就把对合成材料的不满统统归结到科芬头上，他回忆起科芬受害者那被"闷死的"脚。"我希望他们把科芬和核废料一起埋到爱达荷去。"

第八章　头层皮

在波士顿外环公路之外的远郊一个贸易展的大厅里，鞋类零售商和销售代表们汇聚于此参加这个一年两次的贸易展，高声讨论有流苏的男士便鞋、细高跟鞋、玛丽珍鞋、高帮皮马靴、凉鞋以及只有小丑会穿的滑稽怪鞋。还有排球鞋、矫形鞋、布洛克鞋、舞鞋和护士鞋。鞋子或被整齐地叠放在货架上，或被笨拙地摆在桌子上，或被堆在地板上。到处都是鞋子，没一双是用科芬做的。有些老销售代表还能记起他们入行之初接触过科芬，除此以外，很多人压根就没听说过科芬。如今，便宜鞋子的鞋面可能是用乙烯基塑料或其他人造材料制成。弗朗科·萨尔托（Franco Sarto）这款紧贴小腿肚，彰显女性线条的黑色靴子由聚氨酯制成，因为设计性感、价格昂贵且由合成材料制成——不常见的组合——而成为热门。高科技运动鞋，如登山鞋、跑步鞋和摔跤鞋也用到了合成材料，就像半个世纪前的经典运动鞋一样。即便在科芬诞生的40年后，大多数男鞋、女鞋，无论是防水的还是有绒的，无论是发光的、发亮的、哑光的还是麂皮的，无论是淡褐、乌黑还是彩虹紫，其最主要使用的材料还是真皮。

1964年，《财富》杂志的劳伦斯·莱辛在献给科芬的狂热赞歌的结尾断言：

　　"合成"一词已褪去了曾经的 19 世纪特有的贬损和轻蔑的含义。相反，现在它代表了世界的一大希望，即为爆炸式增长的人口提供充足且体面的服饰。如今"合成"一词指的是人类有能力借助科技和化学的力量超越粗粝的自然，给世界创造出新的、更好的东西——在这种情况下，人们穿上了新鞋。

即便如此，科芬并未践行如上预言。莱辛所言的"人们穿上了新鞋"，这鞋的确是新的，但不是更好的。经过制鞋材料的七年战争，最终拔得头筹[①]的是带有自然粗粝感的真皮。真皮的缺点显而易见，大家都能看到被蜱虫叮咬破坏的皮革纹理，也都能听到皮革切割工因为要设法避开叮咬痕迹发出的抱怨。真皮的很多优点却无法被清晰地表述出来，很难用数字和图标呈现。即便如此，迄今为止真皮仍是人造皮革强有力的竞争对手，而这是杜邦人没想到的。真皮到底好在哪里？

　　具有讽刺意味的是，这一问题的部分答案也正是令制造真皮的过程颇让人头痛的原因，即真皮是不规则的，这一特性使真皮在无止境地追求新奇的市场里游刃有余。1964 年 10 月的一期《纽约时报》里，时尚编辑对比了科芬鞋和真皮鞋：一位女性受测者尽管对科芬鞋表示满意，却说她更喜欢高档时装设计师设计的真皮鞋，因其"颜色、质感和款式多种多样"。

　　难道还有科芬无法企及的颜色、质感和款式吗？杜邦一直以来许诺的不正是这种新材料在纹理和表面"效果"上有大量不同的选择吗？他们会说，"由于是人造的，新材料在外观及美学上的可能性仅会受限于设计师的想象力"。科芬鞋最初可能会和其他鞋子类似，早

---

① 英文为"top grain"，头层皮，这里引申义为第一。——译者注

晚"高级时尚鞋子上也会出现全新的非真皮效果,每一个时装季都会出现之前未见的外观"。在科芬上可以印刷图案,可以压印纹理,也可以做出大理石和金属的纹理。没什么是科芬魔术师不能实现的。

实现这些需要足够的时间,可时尚是个无常的行业,永远变化莫测。20世纪60年代末的一项估算显示,每年投入生产的有25000种新款或改良款鞋样,其中的每一款又有多种颜色和材料选择。1969年,杜邦管理层承认,他们惊讶于鞋的款式变化速度。在旧希科里吭哧吭哧地生产着不起眼的科芬的大工厂就像俗语里那艘超级油轮一样,需要若干英里的开放海域才能掉转船头,小小的改变都是至关重要的大事。科芬似乎永远落于人后,一位制鞋公司的经理在杜邦放弃科芬项目后说,"时尚市场快速变换的风格强调的是速度",而真皮的转向更快。

大体上来说,科芬夸耀的一致性和可重复性与大工厂生产的标准化产品相配(尽管我们已经看到,在旧希科里要实现这一点也并不容易)。而皮革最初就不是这样生产出来的,皮革的制造过程依每块毛皮的不同而各不相同,几千年来皮革的处理都要适应皮料不同的大小和尺度。乔·里弗斯后来回忆道,"害死我们的是,真皮是由8~10英尺的毛皮做出来的,最终得到的颜色和质感都很棒"。至少在旧希科里工厂正常运转时,杜邦一次能制造几千码科芬,而"真皮制造者们则更习惯和小批量材料打交道",这样他们可以在生产过程中随时改变皮子的品质、样式和质感,制造出特别的东西以应对市场需求的变化。"这可把织物及表面处理部的人逼疯了。"真皮主要用来做什么?鞋子、衣服、手包和手套,人们对穿在身上和摸在手里的东西是很讲究和挑剔的,而且还要求其赏心悦目,且能随季节变换。时尚意味着皮料种类持续不断地更新。对制革匠们来说,适应时尚变换是从事这一行必须具备的能力，他们不得不快速做出反应，事实上制革匠们有这样的能力，而且一直以来他们也是这么做的。

自 1972 年起情况就已经发生了变化，即便如此，2003 年缅因州哈特兰的欧文制革公司（Irving Tanning Company）依旧努力迎合着时尚的变换。公司每一季都会发行一本光鲜亮丽的名录——今年的主题是缅因州海滨的小船和浮标——来展示公司制造的皮革，每种都附有目录号和名称。

"光轮"（NIMBUS）是一种柔软蓬松，似乎可以飘起来的皮革。

"君子"（ESQUIRE）有着无羽的哑光表面，十分紧致坚硬，黑色的甚至令人生畏。

叫"麝鼠"（MUSKRAT）的皮子看上去油油的，很柔软，好像已经预先进行了做旧处理。

"安吉洛"（ANGELO）是一种植鞣皮，有小卵石的纹理。

"野格力娇酒"（JAEGERMEISTER）皮注定被用来制作工作靴，蜡质生皮内层可作为鞋面。

"疯狂"（PAZZO）皮有一种淡淡的仿古感，皮子的天然纹理之上另附有一层纹理。

"重金属"（HEAVY METAL）皮经刷擦会呈现特殊的金属光泽。

"星爆"（STARBURST）皮闪亮耀眼。"米娅"（MIA）皮有霜状的釉面。"牛眼"（BULLSEYE）皮大气昂贵，像奔驰一样。

每种皮子都不相同，彼此之间差别很大，这些真皮之间的差异就如同它们中的任意一种和科芬或瑙加海德革的差别一样大。差异如此之大，以至于人们会因为欣赏某一种皮子而对其他皮子无感，甚至蔑视。装在色彩鲜艳的硬纸板盒子里，大小像无删节词典的是皮料样品。有的有三四种颜色，还有的有超过 20 种颜色："海滨草""夏日灰褐""泡泡糖粉"。每种皮料样品一共有几百种，都是一种时尚选择，是工作靴、正装鞋、皮带或飞行员夹克特有的样式。这些皮料可以被做成像信用卡那么薄，也可以做成像男士皮带那么粗壮、结实。每种皮料都经过特殊定制的生产流程加工生产出来。

在一个冬日的傍晚，一家制鞋商下了一份订单，要预定一批制革公司称之为"极速"（RAPID）的防水皮革。这种皮革的卖点是其"是一种质地滑润的全粒面摔花皮，全手工制作，有着如缅因州海岸线一般的粗粝美感"。订单量为 245 面（side）——一面指的是沿脊柱切开的半边牛皮，能够做大约 3000 双鞋，颜色为"杨基仓"（Yankee Barn），一种深巧克力色。制革单上的色彩那一项标注着"F"，意思是染料需浸透整张皮革，这也意味着每平方英尺皮料的最终价格要贵几美分。

一个工人把一张又一张铬鞣过的蓝湿皮送进机器，把它们按大致厚度切剥开来。制革厂加工的是头层皮，余下的次等皮则被不计价格地处理掉。另有一个工人把皮子再送进另一台机器，将其精确削薄至 2.2 毫米，削下来细细的蓝色皮革碎末沉降在机器底部。

接着，这 245 块皮料被升降机吊向高处，倒进六号轮（Wheel 6）里。这台六号轮是由非洲红木制成的圆筒，空间大小约等于一间小卧室，桶板由钢圈箍住，桶里的木钉和木尖角相当于家用洗衣机里的搅拌器。在长达 12 个小时的时间里，染料、油、酸和洗剂按预先设定好的顺序被泵入和排出。整个过程都在布满电脑屏幕的控制室的监控之下，这个控制室则坐落在旋转木桶的正上方。

在接下来的操作中，皮料经"出炉"（set out）、真空烘干、"拉软"（staked）和"干摔"（milled）。在出炉这一步，滚轴压去湿皮的水分；在拉软过程中——这一名称来源于传统制革操作，工人把皮子

154

搭在及腰高的木桩上，木桩被固定在地上，两头是圆的，然后推拉皮子——经连续捶打，皮子变软；在另一软化操作即"干摔"中，皮子被放置在更大的转鼓里翻滚。

在"干摔"之前，皮子要经过第 1120 号操作——热蜡（Hot Wax），融化的蜡浇在皮子表面，蜡的颜色要比皮子之前染的颜色深一些，这样可以使皮子在被挤压或拉伸时产生一种"上拉"或者叫"双色"的效果。最终，皮料进厂 3 周后就可以出厂了，239 面皮生产出了5313 平方英尺的皮革，价值 15000 美元。在生产过程中，样品已经过弯曲实验和色彩检验，皮料的含水量及其他指标也经过定期监测。

所有这些加工步骤都是在鞣制之后完成的，有人回忆说，欧文制革公司进厂的皮料都已铬鞣处理过，潮湿的蓝绿色大张皮子堆叠在运货板上直接从包装公司运来。鞣制是皮革制造最重要的一步，此话不假。但在许多现代制革厂里，普通的蓝湿皮才是工作的起点（而非终点）。鞣制之后那些复杂的操作步骤才能最终制成适合鞋面或飞行员夹克的皮革，最终的成品有些闪着"光轮"，有些有着"麝鼠"油亮的质感。如今，皮革制造的艺术正在于此。

事实上，这些皮革鞣制后的"步骤"并非真正的步骤，起码不是那种按照固定顺序进行的指向某个特定终点的标准操作。每种皮革所需的操作不尽相同，有时候是操作顺序有所不同或只是稍做调整。比如在干摔过程中，皮革被倒进转鼓里进行翻滚和摔打，这是利用纯机械作用软化皮革。根据所需的皮革种类不同，这一过程可持续 12 小时或半个小时，或根本就免去了这道程序。给皮革染色，既可以把它浸在桶里使其吸收颜色，也可以把皮子放在传送带上，用高速旋转的喷枪给皮革喷涂上颜料，或者也可以把两种方法结合在一起。整个过程中可以随时改变主意，可以进行修改和修正：如果皮革不像预想的

那么柔软，那就再拉软一遍。让皮革再过一遍机器，经机器上震动的 155
金属针的敲击后，皮革会又变软一点。这些及其他无数种选择使最终
生产出来的皮革千差万别。当然，还要算上在此步骤前动物生皮种类
及鞣制方法的不同。所有这一切加在一起给了制革匠们轻松回旋的余
地，而这正是在 1971 年令科芬艳羡不已的。

　　不过，也正是科芬激发了制革匠的斗志，让他们行动起来。在
杜邦刚刚终止科芬项目后，《鞋类新闻》的一篇报道这样写道："为
了应对科芬的到来，制革匠们开启了皮革制造史上最富创造力的时
代。"1965 年的一份行业杂志报道了那个时代欧文制革公司生产的一
种抗磨损的皮革，它"同时也抗合成材料"。如今 40 年过去了，欧文
制革公司和它的全球竞争者们，这些古老的、曾经漫不经心的低技术
含量行当，也开始染指越来越复杂的化学操作了。英国皮革工业顾问
迈克·雷德伍德能够背出一连串从 1970 年至今的皮革防水法："填充
油脂、疏水油（hydrophobic oils）、碳氟化合物、硅酮处理（silicone
treatments）、硬脂酸铬化合物（chrome stearate compounds）、二元酸
链（dicarboxylic acid chains）及精选丙烯酸树脂。"美国皮革化学家
沃尔多·卡伦伯格新的复合鞣法（combination tannages）、合成复鞣
（synthetic retannages）和更明亮也更稳固的色彩以及新的防水处理法，
以上都是在科芬刚问世时尚未出现的。具有威胁性的新技术推动旧技
术进行更新。正如伦敦《星期日泰晤士报》（*Sunday Times*）的商业作
家安德鲁·罗伯逊（Andrew Robertson）在科芬项目失败时评论的，
这正是"帆船效应"（sailing ship effect）在起作用："最好的帆船诞生
于汽船出现之后，科芬至少推动了制革业进入 20 世纪末的新时代。"

　　1964 年在芝加哥召开的制革工会第四十八届年会上，一个大制
革厂的总经理约瑟夫·C. 卡尔滕巴赫尔（Joseph. C. Kaltenbacher）在

反思合成材料带来的挑战时强调，制革商们要"做出各种各样的产品——各种颜色、饰面、质地、厚度和手感——为消费者不断变化的需求而量身定制……这样的服务将是模仿者的那些机器很难企及的"，他预言道。

事实的确如此。

§ §

毫无疑问，科芬将焦点放在了它意图取而代之的材料身上。当科芬进入市场时，报纸、消费者杂志以及科技和行业刊物不但在考察它的合成材料，同时也在考察真皮的足部舒适度、美感及耐久性。这就像一盏聚光灯起初牢牢地照着合成材料，之后却摇摆起来照向了合成材料的天敌。因此，到杜邦放弃科芬项目时止，在其漫长的历史中，皮革无论在技术层面还是其他任何层面从未被如此仔细地检视过，且检视的态度居然如此正面。

一方面，真皮复杂精细的内部结构进入了人们的视野，被看作集形态美与生物美之大成。杜邦曾试图复制真皮之美，然而，显而易见的是科芬并非真皮，甚至严格来说，在某些方面都称不上"人造革"，和"人造革"相差十万八千里。1968 年，一位研究者指出，真皮纤维的编织结构远比多孔人造革的精细，其机械完整性"呈现的状态更为精巧"。真皮的力学表现更优秀、更抗损。1965 年，在法国里昂召开的国际皮革化学家协会联盟会议上，人们被告知"科芬的结构被宣称几乎复制了真皮的纤维编织结构，这样的表述并非事实"。那么，科芬"纤维"又是怎样的呢？它们"与真皮纤维相比更加粗壮"，尽管也相互交织缠绕，却远不及真皮纤维的编织密度。科芬是层状结构的，而真皮纤维则上下左右相交并形成了单一的整体。"科芬结构与真皮结构的相似性一如高尔夫球与足球的相似性"，意思是两者之间

156

几乎没有什么共通点。

　　另一方面，当然还有真皮鞋子的舒适性问题。很长时间以来，这一点都被看作理所当然的，而今舒适的重要性被再次强调。"制鞋业内部大量讨论了天然皮革与生俱来的舒适特性"，英国研究者 R. E. 惠特克（R. E. Whitaker）于 1972 年发表在《涂层纤维材料学报》（*Journal of Coated Fibrous Materials*）上的文章指出。在 10 年前，即科芬问世之前，这一论断是不可能产生的，是科芬促使行业内的科学家们重新开启对这一课题的研究。他们给穿之前和穿过后的袜子和鞋子称重；他们询问穿鞋的人是否感到不适，不适感是怎样的以及不适发生在一天里的什么时间；他们苦苦思索潮湿和紧固意味着什么。期刊论文研究足部健康、合脚及鞋子内部的"微气候"，标题通常是这样的——"天然皮革与人造皮革的足部舒适性"。

　　科芬的研发和销售都将其视为一种能排汗、会呼吸的鞋面材料。但足部舒适度远不止这些。例如，水汽确实能透过科芬表面的微孔传送出来，却因为不能及时流走而聚集起来，这样一来脚就变得湿漉漉的，像浸泡在一摊水里一样。科芬不怎么吸水，而真皮的吸水性是科芬的 13 倍。为了测试，他们给整天保持站立或走动的姿态的老师们穿上科芬制成的鞋子，受测者们注意到了科芬的一些问题：在一次测试中，半数人抱怨鞋子潮湿——相较之下，穿皮鞋的受测者中仅有五分之一的人有同样的抱怨。1970 年，英国鞋业及相关行业研究协会的材料研究部门主管 L. G. 霍尔（L. G. Hole）的一份综述中写道，"这已经成为定论，即真皮鞋面令足部更加凉爽，更少出汗"。总的来说，真皮鞋更舒适。

　　穿上一双不合脚的科芬鞋，鞋子要拉伸以适应拇趾囊肿、大脚趾和其他足部凸起，这样一来，足部就会明确地感受到来自鞋子的压

157

力。到晚上鞋子又会变回最初的形状，第二天不适感将一如昨天。可真皮不是这样。1972 年比尔·劳森写道，科芬的问题可以被"试穿凳前的周到服务"解决掉。真皮鞋子就不需要这样小心翼翼，为了适应脚的形状，在某种程度上它们能够自我调整。

1963 年一位工程师如此描述如下实验：将皮隔膜（leather diaphragm）的周边夹紧成鼓面状，用一个圆头柱塞下压皮膜片至一定量，如 3/16 英寸，所需重量大概为 30 磅，然后撤掉柱塞，把这种轻度"虐待"——下压和放松——重复 5000 次。这一实验模拟的是行走 5 英里的状态，实验结束时真皮产生了永久性的变化：你能看到在对应柱塞的位置上出现了一块杯子形状的凸起，这使人联想到旧鞋那令人愉快的形变。以 5000 次为一个循环——这很关键——同样把皮子压至 3/16 英寸，所需重量从 30 磅可减小至 7 磅。

这组数字印证了人们长期以来的经验，新鞋刚上脚时并不那么合脚，真皮的抗力会在最初带来不适感，随着皮子逐渐随脚，抗力也会逐渐减小，鞋子会越来越舒适，最终合脚。在美国皮革化学家协会的一次会议上，工程师米特·梅泽（Mieth Maeser）说，"现在尚不清楚正在研发中的新鞋面合成材料是否已经具有或者能够具有这样的特性"。

158   这里指的是科芬，而科芬没能实现这样的功能。

§ §

梅泽时年 63 岁，被选为当年的约翰·亚瑟·威尔逊讲师（John Arthur Wilson lecturer），这是该协会的最高荣誉之一。30 年前，他拿到杨百翰大学的学士学位后离开了犹他州，在东边的麻省理工学院获得研究生学位。1934 年，在美国制鞋业"心脏"的新英格兰地区，梅泽找到了联合制鞋机器公司研究部门的工作，那时联合制鞋机器公司生产了许多制鞋的专门机械。此后梅泽一直在那工作，并最终成为真皮特性及制鞋方面的权威。梅泽高高瘦瘦的，不是一般的讨人喜欢，大家都叫他"瘦子"（Slim）。

瘦子梅泽说，"材料工程师们对我们最古老、最传统或许是用得最多的材料如石头、木头、皮革的了解，不及他们对新材料的了解"。部分原因是这些材料不规整、变化无常，因此很难对其的表现进行定义和预测。多年来，技术团体制定了一些方法来测量皮革的一些特性并对其可变性进行量化，但还是存在着巨大的空白。皮革始终是一种神秘的材料。很多人相信——梅泽确定自己也是其中之一——数据"无法全面地测量皮革的真实特性"。他补充说，"或许，皮革具有一种难以捉摸的特性，这种特性纵使不是百分百也几乎是主观的。这种特性之所以无法测量，是因为它对不同的人有不同的意义，但对每个人来说是真真切切存在着的"。

难以测量，却又真实存在。瘦子梅泽还是个工程师吗？

为了清楚地交代《工程师看皮革》这个题目，梅泽引导他的听众来了一趟制鞋工厂的想象之旅。在介绍皮隔膜实验时，他不断提醒听众注意皮革坚韧的耐久度、透湿性和张力。他还谈及皮革即便经过削切和嵌接仍足以支撑住边缘的针脚，针眼和切口处也不会撕裂开来。但在演讲结尾总结陈词时，作为工程师的梅泽渐渐消失了，他开始展现出自己的另一面，或许长久以来对这种材料深深的爱恋已经成为他生命的一部分了。他说，皮革"是一种绝佳的独一无二的材料"，有"丰润细腻的多孔纹理"，带来了"美与质感"。来自犹他州、毕业于麻省理工学院的工程师瘦子梅泽说，这"使人乐于用手轻抚，用脸摩挲"。

159

皮革的触感很棒，这正是皮革的核心魅力所在。

研发科芬的杜邦工程师们并非对质感和触感漠不关心，但科芬最终失败的原因正是其不够柔软。在科芬项目宣告失败前不久，《财富》杂志一篇题为《一亿美元的经验教训》的文章就详述了科芬存在的"审美问题"："制鞋商和购买者一样都对面料的'手感'心存不满。所谓'手感'指的是材料摸上去的感觉以及使用中弯曲、打褶和折曲的状态。"所谓不满，自然是相对真皮而言。

皮革业很久以来一直使用的一份宣传册道出了制革匠们的忧虑：

> 一直以来他时刻牢记自己的责任，要维护皮革那些能唤起美感的特性，要做出有天然感觉的皮革。如果做出的东西有合成的"手感"就没达到预定的目标，因为有合成"手感"的东西缺少优质皮革的精致和奢华感。仿制品可以在印刷、戳刺后形成一定的图案，使其看上去近似真皮，但任何一位经年提着优雅变老的鳄鱼皮手提包的女士，或是一位带着全粒面牛皮公文包行走世界的男士都能马上确认，没什么比得过真皮制品。

1968 年，杜邦委托费城一家市场研究机构行为研究联合公司进行调研。50 名女性被问及她们对一批黑色正装船鞋的感觉，除了鞋面材料不同，这些鞋子基本上是完全一致的。被测女性无法完全辨认出真皮，自然也不能区分小牛皮和小羊皮。但总结调研结果的文档显示，她们更喜欢"天然材料的视觉和触觉美感……女性们更喜欢'柔软的'真皮质感，而非'僵硬'、坚硬的质感"。

制革匠和真皮的狂热爱好者们永远都在大谈真皮的美好柔软，但究竟什么是"柔软"呢？这个词可以被用来形容土地、空气、摇滚

乐、枕头和一个吻。人类生命中的每一天都在感受它，似乎每个人都
觉得自己知道"柔软"的含义。"你的肌肤更光滑……更柔软，好比
那天鹅的绒"，德莱顿写道。① 但要如何定义并测量柔软呢？在前一章
中，我们看到约翰·卡德在工作初期开发了一款原始的柔软度测量
器来测量试验材料。在其前后人们还设计了众多方法来量化皮革的柔
软度，如天氏欧森挺度测定仪（Tinius Olsen Stiffness Tester）、BLC 软
度测量器（BLC Softness Gauge）和雪莉软度测定仪（Shirley Softness
Tester）。有一种简便易行的方法，你只需把皮革样品的一端夹在桌
子边缘使其悬垂，然后测量它弯转的角度，这就是皮尔斯弯曲测试
（Peirce Flex Test）。与之相对的一个复杂方法来自英国，他们将皮革样
品扯开，并记录在这过程中产生的声音，然后将示波器屏幕上的声波
形状和皮革的柔软度相关联进行研究。

　　然而，这些测试的得分真能预测消费者在抚摸一双皮靴时产生
的喜悦或失望吗？实际上，一位皮革化学家曾在线上论坛里如此表
述，柔软度"通常由测试方法定义"，而测试方法仅仅满足于给出
一个数字，并不妄想测量出皮革在感官和审美维度的魅力值。此外，
皮革专家对柔软的感知也不尽相同，因此，一篇针对柔软度测量器
的评论文章提出的问题颇为合理。"如果个人评估者无法对一组皮革
的柔软度排序达成共识的话，我们又怎能让机器与所有评估者保持
一致呢？"

　　在试图表达皮革的感官优点时，制革匠不得不借助"感觉"、"手

① 约翰·德莱顿（John Dryden，1631-1700），英国诗人、剧作家、文学评
　论家。此处诗句来自其翻译的奥维德《变形记》第十三卷中波吕斐摩斯
　（Polyphemus）袭击阿喀斯（Acis）和加拉提亚（Galatea）的故事。——译
　者注

160

感"和"触感"这样的词语，而且他们往往依靠引号或斜体字来对此难以捉摸之物进行精准描述，但这是不可能的。对"手感"一词的定义颇多，它集合了所有的知觉，包括触感、弯曲、把握、平抚以及对材料的处理，其中可能包括，也可能不包括视觉层面的知觉。踏入这片不确定的疆域，你很快就会听到"感官品评"（organoleptic）这个词。它指的正是手感、柔软度这类触觉特征，还可扩展至那些难以言说的东西，如"油""干""黏"是什么感觉。

　　毫无疑问，部分问题出在词汇上。20世纪70年代初的纺织业也面临着相似的问题，他们转向"织物客观测试"（Fabric Objective Measurement），以便找到合适的解决办法。"织物客观测试"受日本的川端季雄的影响，把"手感"与织物可测量的物理和机械特性关联起来。一篇1996年发表的该领域评论文章注意到，"仅英语中使用的术语就有很多"，"混乱是不可避免的，更不要提试着把它们翻译成其他语言"。光滑、柔软、稳固、粗粝、厚实、沉重、温暖、粗糙、僵硬、生动、脆嫩、干薄、油腻、编织、粗硬、垂坠，这些是英语里用来描述织物的一些词。日语也有其特有的词汇，如"弹性"（koshi）指的是硬度和弹度，"膨胀"（fukurami）包含有巨大、温暖和充盈的含义。更复杂的是，你选择使用的词汇还取决于你手部皮肤的软硬度、粗糙度、温度及干湿度。

　　触摸的过程是双向的，这一点十分特别。麻省理工学院人机触觉实验室——即人们熟知的触摸实验室——的主任门德亚姆·斯里尼瓦桑（Mandayam Srinivasan）解释道。观看一个物体，观者并未对观看对象施加任何影响，听的过程也是如此。可当你触摸某样东西，一方面它唤起了你的各种知觉，另一方面你同时也在用指尖按摩着它。摩挲一块小牛皮搅起的震动取决于牛皮和你指尖的表面特征。皮肤里有四类不同的传感器，每一类会对不同频率范围做出反应，斯里尼瓦桑称它们为机械性刺激感受器，它们是视网膜里特定光接收体，视锥细胞和视杆细胞的触觉对应物。比如，其中一类传感器对 300 赫兹或 300 周每秒左右的振动最为敏感，另一类传感器却对 30 赫兹的振动最为敏感。把这些机械性刺激感受器的反应加一起就形成了可供大脑翻译的模式。斯里尼瓦桑说，"这些模式能区分芒果和橙子，它们有固定的神经信号组合"。同样的机制使我们能区分牛皮和其他材料，如瑙加海德革。

让我们看看 20 世纪 80 年代初爱荷华州立大学体育系的莎伦·马西斯（Sharon Mathes）和凯·弗拉滕（Kay Flatten）做的篮球研究。那时，新技术正在被引入体育界，如铝合金球棒和超大的网球拍，所以该对这些新奇怪异的新技术进行科学的检视了。她们选择的研究对象是合成皮制成的篮球。

在一次试验中，她们从 6 英尺的标准高度将球掷下，发现真皮篮球反弹得更高，继而得出结论真皮篮球更容易运球。天然材料得一分。

但马西斯和弗拉滕最感兴趣的是人们能否找出两种球的区别。她 162 们向选修体育课的男女学生们寻求帮助。

在距离球 4 英尺远的地方，受测者观察篮球并指出哪些是合成皮制成的，哪些是真皮制成的。

受测者通过听测试者运球的声音进行判断。

受测者佩戴干扰视觉的护目镜亲自运球进行判断。

受测者被蒙住双眼，用手触摸篮球进行判断。

事实证明，运球声音并不能帮助受测者得出正确的结论，认对和认错的情况一样多。

观察结果也一样：合成皮篮球比真皮篮球还像真皮，2/3 的受测者都上了合成皮篮球的当。

学生们只有上手后才能判断出篮球是合成皮的还是真皮的。即便在疯狂运球的过程中间歇性地接触篮球，他们都能"认出"合成皮，2/3 的判断都是正确的。如果任意触摸每一个篮球，掂量它们的重量，随意持球和抓球，82% 的学生能判断出篮球的材质是合成皮还是真皮的。

最终形成的论文发表在《知觉及运动技能》（*Perceptual and Motor Skills*）上。仅仅 3 个版面——只是简单的比较和对比，搭配一点卡方统计检验，但文章得出的结论意义重大：距球 4 英尺远时，合成皮篮球看起来像真皮，可要摸上去像真皮就完全是另一码事了。

据说在公元前 5 世纪，希腊雕塑家迈伦用铜做了一头母牛，这牛栩栩如生，竟引得附近的公牛兴奋不已、驻足不前。这令牧牛人大为光火，但只消触摸一下，铜母牛就立马露了馅儿。威廉·R. 纽曼（William R. Newman）在他的著作《普罗米修斯的壮志》（*Promethean Ambition*）中记下了这样的警句，"单单远观这尊铜牛像，艺术似乎窃取了自然的力量，一旦真正触摸它就会发现，'自然终归是自然'"。

或许，人造皮革就像迈伦的铜牛一样，永远也无法真正窃取自然的力量？

1971 年，英国鞋类和相关贸易研究协会在英格兰海滨胜地布莱克浦召开了一次国际会议，专门讨论人造皮革。与会者之一是丹尼尔·J. 特洛伊（Daniel J. Troy），他当时是杜邦的化学工程师。特洛伊在 1966 年成为科芬项目所属的织物及表面处理部的研究员，在那里他开始对多孔材料的美学特性产生兴趣。他研究的是材料的外观。在这次会议上，他说，科芬的开发目标是使其在外观上接近真皮，因为这是买鞋人的期待。另外，这一点可作为"未来的性能指标"，即借

163

真皮的名声打开市场。模仿真皮的颜色和光泽容易，要模仿真皮的质地却很难。人们能辨别出最细微的差别，即便这差别已经细微到了难以说明的地步。为了进一步解释这一悖论，他邀请在座的英国听众想想他们的英国老乡——大卫·皮耶（David Pye）的作品。

皮耶是建筑师、工业设计师、家具制作师、伦敦皇家艺术学院家具设计专业的教授。在鞋类和相关贸易研究协会召开这次会议之前的几年，他写了一本奇妙的、不同寻常的书，名叫《手工艺的艺术与本质》（*The Nature and Art of Workmanship*），这本书已经成了一部另类经典。最为人所知的是皮耶将手工艺分为他所谓的"冒险的手工艺"和"确定性的手工艺"。第一类大概由真正的工匠创造，第二类则由工厂里的技术工制造。这仅是皮耶无数洞见中的一条。他的另一洞见是，在面对雕塑、音乐、家具或任何一种艺术品、工艺品时，人们对最细小的偏差、不规则和剐痕以及不完美的敏感性会被唤醒，即便那些偏差已经小到挑战人们认知极限的程度。我们也许看不太清楚，又或许我们真的能看见那么一点，但这些偏差实实在在地影响着我们。用皮耶的话说：

> 在自然里，在所有的好设计里，造型元素的规模是多种多样的。在任一范围内或从任一角度来看，总有一些元素处于或十分接近可见的边界……在美学层面，这些无论在何种距离与范围内都处于可见边界的，令我们刚刚能够模糊辨认出来的元素十分重要。它们可能近似（音乐里）音符的泛音，它们是可见场景中的活力元素。

它们给我们带来愉悦和满足。真皮里的这些元素或许是小小的毛发细胞、图案上的微小变化、细心的裁皮师都难以发现的瑕疵以及明暗、色彩和质地。圣路易斯的亨舍尔帽子公司生产的帽子上都附有标签，向消费者保证说，"色差、疤痕甚至被昆虫叮咬的痕迹都证明此产品由真皮制成"。这些标签引导消费者关注那些可见的天然标记。

164　但皮耶走得更远，他指出，那些你不怎么能看到的或是视而不见的东西也很重要。

皮耶的洞见呼应了麻省理工学院麦戈文脑科学研究所（MIT's McGovern Institute for Brain Research）的认知科学家克里斯托弗·摩尔（Christopher Moore）描述的一项研究。摩尔介绍说，在人类受试者皮肤的一个触觉感受器上施以"强烈"的刺激，受试者如果感觉得到就会及时报告；如果刺激太过温和，受试者就不会报告任何反应。这部分再清楚不过了。现在把刺激加强到刚刚超过之前测定的感知边缘又会发生什么呢？当感觉不到多少或者对这小小的针刺感尚未形成意识时，受测者并不会主动报告。这时进入试验的关键变化节点，即每一次刺激都要求受试者进行回答：有感觉吗？——是或否？在"强迫选择"的情境下，受试者始终能够对感知边界的刺激做出正确的反应。受试者并未意识到自己其实产生了感知。

有一次，我母亲让我尝尝她做的千层面酱汁。

我说，"嗯，好极了"。

"你能尝出有咖啡吗？"

咖啡？

不，我难以置信地说，尝不出咖啡的味道。我能尝出这酱汁很美味，有什么让它与众不同，但根本尝不出咖啡的味道。

"我只是往酱里点了一点儿，点了一点儿"，她说。这属于另一个感觉系统，不同于皮耶关注的那个，但无论我是否意识到了它的存在，它实实在在地对我产生了影响。

皮耶评论说，天然材料中存在着大量这类不易被察觉却在审美上特别关键的元素，而人造材料往往没有这些。皮耶曾提及一些印记和元素：

> 除去那些常常令我们沮丧的场景，如像白墙一样的薄雾和阴天均匀的灰白色天空，几乎出现在每一个自然场景中，但它们较少出现在人为创造的环境里。在过去的淳朴年代，它们常常出现在人们用简单工具制造的物品里。这就解释了为什么当我们靠近现在的一个产品或一栋建筑时，只能看到空洞的表达。从远处看上去不错，可当你缩短和它的距离，直到跨过某一点之后就再没有新鲜的东西出现了，再没有进一步的（视觉）事件发生。一旦你接近那些大型设计元素的最小有效范围就什么都没有了。

165

皮耶的洞见可否解释合成材料对消费者的吸引力不大这件事呢？在屋子的一边观察另一边的真皮鞋和仿皮鞋，两者似乎没有区别，但近看之下或是把它们拿在手中触碰呢？《消费者报告》总结道，"科芬鞋看上去像是不错的皮子，可是摸上去就不是那么回事了"。科芬不是瑙加海德革，它不是融在布料上的乙烯基塑料，与之前的仿皮相比，科芬更复杂、更精巧，可是与真皮相比科芬就显得过于单调了。真皮上能体现生命和生长的曲折历史，有蜱虫叮咬的痕迹、油皱、瑕疵，还有浸灰、软化、鞣制、加脂、拉软和干摔等操作的痕迹。对杜邦而言，动物毛皮那恼人的不规则性正凸显了科芬的优点，他们吹嘘它"在厚度、宽度、手感、颜色和质感上完全均一"。从皮耶的角度来看，令人乏味的均质性恰恰意味着科芬少了些什么。

丹尼尔·特洛伊，那个在布莱克浦参会的杜邦员工，一定也意识到科芬有麻烦了。他回忆起 1966 年研发的一款以黑色小牛皮为竞争对手的科芬，这款科芬曾被"某些观察家描述为颜色灰白、甜腻"，特洛伊说，这款比先前一款他听说叫"渴望"的科芬要好，不管那款是什么皮，反正它不够"让人产生渴望"。"保护剂和抛光操作凸显了其丰盈的质感，"20 世纪 50 年代初的一场博物馆展览小册子上如此描述，"从观感上来看，皮子具有观赏性；从触感上来看，皮子令人心动；无论多么奢华的皮面都需要光滑持久的光彩，丰富且有深度的光泽，这永远是最好的。"

而这不仅仅是当皮子是新的时候。

《皮与鞋》的一位编辑如此描述他与科芬的第一次邂逅，彼时杜邦提前一周组织了一场"闪亮亮相派对"，在这个派对上作者和记者们有机会"触摸、拧扭和戳刺新产品，还可以把它弄湿，总之就是可以和新产品进行亲密接触"。科芬或许会赢得一席之地，然而这位编辑怀疑，至少对男性而言，人们是不会"满足于杜邦展示的这种新产品的"。科芬的确"能在更长的时间里保持其崭新的样貌"，可这恰恰是问题所在：男人"更喜欢他们的鞋子旧旧的，优质的皮革会形成专属于个人的裂痕和褶皱印记"。

166　　这就是真皮的魅力所在：真皮制成的物件永远不是"簇新的"，或者说永远都不"只是簇新的"。条件反射似的，你会遥想它变旧变老的样子，同时也会更好。穿久了的皮鞋会更加合脚，这我们已经知道。机车夹克、手袋和家居饰品也是一样。真皮制品越用越柔软、温暖，抛光的光泽会越深。合成材料则完全不同，它们最美的时刻永远是你在商店里买下它们的当口，自那以后它们就开始走下坡路。乙烯基塑料包裹的自行车车座，多次靠在砖墙上就会磨损、裂开、报废，露出里面的黄色海绵。经过类似考验的真皮车座尽管也会磨损，但这种磨损、粗糙和褪色像是刮擦的痕迹而非严重的伤口。

我们对"高品质"产品的要求是它们能耐用，不会在重度使用之下立刻报废。按此标准评判，真皮产品通常达标，原因并非它们的簇新状态能维持很久，而是它们能优雅地变老。比如笔记本的真皮封面被掷到桌子上，被反复地开启，被迫吸收人手的汗液，最终形成的不规则痕迹使它更有魅力；每次从口袋里掏出钱包它都会被摩擦；皮革家具饰面，你越放松地坐下去，它就会变得越柔软、越令人心动。对真皮和仿皮进行实验，如掉色、摩擦褪色、缝合撕裂、在太阳下暴晒几个钟头、摩擦、击打、上千次的弯折，所有这些操作都在检验皮子的耐久度而不是皮子簇新时的表现。真皮的魅力大多源自其会优雅地变老这一事实。

2003年，我参加了美国皮革化学家协会举办的为期三天的会议。会议的议题广泛，既包括饲养场的结块粪肥和皮革鞣制，也包括测试室及奢华指定座驾的豪华内饰——这是一个广大丰富的材料世界，令人目不暇接、头晕目眩，或许也心荡神驰。一位发言者说，"人类和皮革之间是有爱的"。米特·梅泽在他作为威尔逊讲师的那次演讲中说：

> 出于某些原因，人们似乎更喜欢使用天然产品，身体长久而亲密地与其接触。人们更愿意摩挲一块抛光的石头而不是一块石膏；人们喜欢木地板和木家具；人们喜欢接触柔软的棉和丝绸；人们更喜欢真皮材质的包和鞋而不是塑料制成的类似产品。

167

南希·坎威舍（Nancy Kanwisher）是麦戈文脑科学研究所的认

知科学家。她提出，我们大脑的神经组织能够识别人脸是因为经过了几十万年的进化。木头和真皮能在我们脑中激发特殊的愉悦感或熟悉感，是否因为这类强烈的神经敏感性、触感及观感已经深深地植根于人类历史了呢？

在那段欢快振奋的时期，当时科芬还是合成材料界的明星，杜邦人无不称其具有神谕般的重要意义。比尔·劳森曾给一份行业杂志写过一篇涉及范围甚广的文章，文章的编辑导语是这么说的：

> 一直以来，以人造鞋面材料的优点和未来为主题的讨论与争论，无论是谴责性的还是褒扬性的，都是感情用事。我们需要的是深入而客观的视角，这正是本文的价值所在，本文可称得上是关于这一争议主题的最清晰客观的分析文章。

化学工程师出身的劳森承认，"动物合成聚合物构成皮肤的能力值得赞叹"。但当人类把动物身上的皮剥下来用来包裹足部，不得不改变其中的聚合物，将其鞣制成有缺点和不足的皮子。美好的未来将会来到，科芬正是其先驱者，到那时"化学工业能够合成任何用途的聚合物，制造出更令人满意的产品"，且优于天然产品。劳森在这篇文章的剩余部分描述了化学家们如何系统地研究真皮，规避其缺点，以便制造出更优的材料。文章发表的年份是 1965 年，6 年后科芬项目失败，真皮进入黄金时代。

早在 1913 年就有传闻说，法国军队定制了一批 20 万件军用装备，这些装备在以前都是由真皮制成，这一次则由"一种特殊处理的棉"制成，近似于漆布。"真皮的统治结束了吗？"巴黎皮革实验站的勒内·马德吕（René Madru）问道，"其他替代材料和人工伪皮要推翻真皮了吗？这古老的材料一直辅助人类的工作，助力人类的成功，从未令人类失望过"。

马德吕并不这么认为：抽出真皮的一种特性并对其进行模仿是一回事，但要从真皮那看似取之不尽的特性库里提取出一整套优点，这可能吗？绝不可能，根本不是一回事。马德吕确信真皮还是占上风的。

§ §

整个 20 世纪 60 年代，杜邦的高级职员一直仔细地记录着合成材料竞争者的信息，登记和详述它们的技术性能及市场前景。其中就包括海特莱克（Hitelac），它的基层是浸透尼龙和聚酯纤维的无纺材料，夹层是梭织的，涂层上有很多微孔。杜邦的备忘录里如此记录，"美感很差，水汽渗透性低、易裂。我们……不视其为有力竞争者"。海特莱克的生产商是日本的东洋人造丝株式会社。1970 年更名为东丽株式会社，同年推出了一款合成麂皮，即美国人熟知的奥司维（Ultrasuede）。

另一个竞争者是人工皮革可乐丽娜（CLARINO ™），截至 1967年它已经垄断了日本多孔聚合人造革鞋面的大部分市场。在美国，它很少倚赖科芬早期那种大张旗鼓的宣传方式，却从制鞋商那里赢得了不小的市场份额。可乐丽娜人造皮由日本大阪的仓敷绢织制造生产，1970 年该公司更名为可乐丽株式会社。

168

169

第二部分　受到启发的假货

第九章　自然在想些什么

　　远处在闪光，那灌木丛生的干燥平原上迸出光亮，可能是羊群，也可能是仙人掌的叶子。绵羊群是白白的一团团，大家都熟悉。当地土生的仙人掌丛，叶子平整地展开，像三角龙的头盾，地中海的太阳照在这些镜子一般的叶子上时，它们也会闪烁白光。我们身处意大利撒丁岛中部的蒂尔索河的河谷地带。这里有外露的石块、无灰浆勾缝的石墙、吃草的群羊、仙人掌、灌木丛和低矮的树木，周围的群山拔地而起。然而这里最显眼的东西却是河床另一边远处的一对烟囱，它们像感叹号一样戳在厂区里。就在这里，靠近奥塔纳（ottana）镇的这一片毫无特色，好似从美国中西部直接空降过来的工业构筑物中，他们制造出了洛丽卡（Lorica）。"Como la pelle"，萨维尼先生告诉我，意思是"像真皮"。

　　乔治·萨维尼（Giorgio Savini）身穿欧式紧身灰色西装，身材高挑挺拔。现在才3月却已经晒出了健康的深棕色肤色，唇上的黑色小胡子修剪得干净整齐，全身上下只有黑眼圈和眼袋辱没了他如马塞洛·马斯楚安尼[1]一般的英俊外表。萨维尼今年59岁，是该公司研究和产品开发部的负责人，他通常在都灵市内办公——都灵位于阿

---

[1]　马塞洛·马斯楚安尼（Marcello Mastroianni），意大利人，20世纪世界影坛的杰出演员。——译者注

173　尔卑斯山脚下，是 2006 年冬季奥运会的承办城市。今天却出现在这里，一般来说他一个月里会有两周时间在这里和同事朱塞佩·穆纳福（Giuseppe Munafó）与恩里科·拉凯利（Enrico Racheli）商讨事情。前者是这间工厂的负责人，后者则是公司的总裁助理，今天特地从公司的米兰总部赶过来。"超越真皮"，公司如此夸赞洛丽卡道。也有来自外界的认可，"史上最棒的'合成'皮"，说这话的是沃尔多·卡伦伯格，一位投身毛皮皮革业的来自辛辛那提的化学家，"这种材料一定能完成科芬和瑙加海德革几十年前未竟的事业，对真皮构成实质性威胁"，撒丁岛就是它的诞生地。

　　或者说撒丁岛是洛丽卡的完成地，它并不是在这里从零开始的。工厂有两层楼，一共 40 名员工，运进来的不是纤维和化学原料，而是大卷的"基材"，它们将在这里见证技术奇迹的诞生。萨维尼和他的同事们管这叫"本色货"（greige goods）。"greige"源自意大利语的"greggio"，是一个纺织术语，意思是灰色，指的是未经漂白和染色的坯布。它很像最终的仿皮，颜色却是米黄色的，有一点纹理，摸上去像橡胶。这些基材由在地球另一边的另一家公司生产，它已经和洛丽卡合作了 20 多年。这家公司就是日本大阪的可乐丽株式会社。

　　在 1982 年秋的那一天之前，萨维尼没听说过可乐丽株式会社。那时他供职于意大利鞣皮再联合公司（Conceria Italiana Reunite），简称为 CIR——发音类似于英文的"cheer"，该公司在都灵，是意大利最大的鞣皮公司之一。头一次呼吸到鞣皮的硫黄味时，萨维尼问自己："我怎么才能忍下去啊？"但后来他觉得在公司做铬鞣法（chrome tanning）试验比在大学有趣得多，因此他很快就开始协助开发新工艺并与客户合作了，这一状态一直持续到 1982 年，这一年他照例去参加琳琅沛丽（Lineapelle）皮革展。

　　琳琅沛丽皮革展是意大利皮革的大规模展会。在这个充满艺术和技术、色彩和浮华的三天盛筵里，鞣皮商、时尚设计师、家居装饰商、服装鞋类制造商们汇聚一堂，展示新色彩、新饰面、新造型。现如今琳琅沛丽皮革展在博洛尼亚举行，当年则在米兰举行。意大利鞣皮再联合公司的大展位包括三个会客室。当萨维尼忙于布展时，他的老板、研发部的负责人乔治·波莱托（Giorgio Poletto）正在其中一间会客室里会见可乐丽株式会社代表团，可乐丽株式会社正是在 20 世纪 60 年代和科芬竞争的可乐丽娜人造皮的制造商。

　　可乐丽株式会社给意大利鞣皮再联合公司带来了一项提案。他们已经在仿皮上下足了功夫，而且还想更进一步，因此找到意大利鞣皮再联合公司寻求帮助。后来波莱托在递给萨维尼一些样品时说："这个就是他们新研发的合成皮。看起来糟透了，我知道，但有提升的空间。"展会在周五晚上结束，萨维尼早把它抛在了脑后。然而周一一回到实验室，波莱托就在那里等他了，还带着可乐丽株式会社的样品。样品有四五个，每个 1.5 平方英尺，成分和厚度不同。可乐丽株式会社向他们这个真皮制造商讨教优化合成皮的办法，而这就是未来发展的起点。老朋友萨维尼评价波莱托"个性刚毅，总是愿意尝试新鲜事物"，拉凯利充当翻译。意大利鞣皮再联合公司为什么不能关注一下呢？那时候真皮制造起来很慢，或许可乐丽株式会社从日本带过来的东西，不管是什么，能打入新的市场。这值得一试。

　　究竟什么值得一试？肯定不是对这种聚氨酯和尼龙微纤材料进行鞣制处理。怎么才能鞣制不能鞣制而且也不需要鞣制的材料呢？复鞣如何？那可就是另一回事了。在正常的鞣制过程中，铬鞣的蓝湿皮一点都不像人们想象中的真皮。通常，蓝湿皮还要经过额外的操作才能改善其外观和质感。今天把这类操作统称为复鞣，也就是把它浸泡在

174

染料和油脂里，对其进行机械操作。那么，能否对可乐丽株式会社那了无生气的塑胶片进行类似的处理呢？

他们把样品放进桶内，加入油和染料，然后使其翻转起来。最初，费了九牛二虎之力只换回来开裂、掉皮和丑陋的蜘蛛网形褶皱。在接下来的几个月，他们从可乐丽株式会社要来更多样品，这些样品的聚氨酯薄膜厚度不同，有些皮革纹理压得深，有些压印得浅。在鞣皮厂的一个角落里，他们搭建起一块小小的试验飞地，里面架设着微型桶。工作从傍晚时分一直持续到晚上。

萨维尼和波莱托自然还有白天的工作要完成。由于最初的失败，他们不大可能全身心地投入这项新冒险里去。在工厂里，萨维尼回忆道，"他们都说我们疯了"。他们在和真皮的竞争者打交道，这一点让一些人很不高兴。萨维尼也有他自己的顾虑。他的整个职业生涯都在和真皮打交道，现在却和合成皮打成一片，关系有些不清不楚。怎么会这样？这就像一种不正当的关系——上午和妻子在一起，下午却和情妇在一起。这种分裂的忠诚感折磨着他。

真正的危机出现在他们有所进展时。把压印不深的基材放到干摔转鼓里，像处理真皮一样令其翻滚，那浅浅的印痕就像细胞核或开胃小菜一样，最终在其之上会形成更清晰迷人的纹理。"给它空间，让褶皱和纹理生长起来"，萨维尼解释道。今天在奥塔纳，你仍能看到这种处理流程：先把启动材料削成适当的厚度，然后进行浸泡和染色，这时材料的表面纹理一点也不清晰，了无生气，可是一旦把它放到世界各地的鞣皮厂里都有的干摔转鼓里，等上 6～8 小时，它就会变软变热，表面纹理清晰迷人，像真皮一样。

这个小小的成功提高了整项试验的赌注：接下来该干什么呢？波莱托当时 43 岁，萨维尼比他小两岁。对波莱托来说，鞣皮厂象征着他在事业上长大成人，在行业里他已经有了知名度，扎下了根。现在要改变方向吗？市场会如何看待他们新的非皮（unleather）材料？面临严厉的批评，这吉凶未卜的事业会不会突然崩塌？

但最终，好奇心和纯然的冒险精神还是驱使他们做出了选择。在意大利，真皮有着高贵的身份，但从很多方面来看，真皮制造都是一个陈旧的古老产业。萨维尼说，"从研发的角度来看，超细纤维更有吸引力……给塑料注入生命这件事更具挑战性。给人造材料赋予自然特性"。以从日本运来的冰冷的、没有生气的基材为基础，按他们的设计进行改变——单单想到这一点就令人激动不已。两个老朋友站在两种制造传统的相交点上，他们将联手与这种奇怪的材料打交道。这种材料原本不真，却将因他们的努力而变真。先是在意大利鞣皮再联合公司，而后经过若干次所有权转换，变成了新公司，他们始终在努力开发洛丽卡。

坯布进来的时候是成卷的，最终的成品也是成卷出厂的。他们很快就意识到不能仅仅展开坯布，把它们扔到处理毛皮的转鼓里，然后坐等令人满意的成品。在鞣皮业商标上出现的以及真皮公会惯常展示的毛皮都有固定的形状和确定的比例——如果宽度是 1 米的话，长度就是 1.5 米。长条坯布的长度远远大于其宽度的两倍，这样一来，放在鼓里会打结缠绕在一起，针对这一问题，直到今天人们还在使用这样一个一点也不具备高科技含量的方法：他们把 15 米长的坯布折叠起来，缝成 2.5 米长的整齐的嵌套环状坯布捆。在转鼓里和油、染料、专利化学成分充分混合后，坯布捆被穿着橡胶围裙和靴子的工人卸下来。工人的这身打扮就像是在意大利的鞣皮厂工作似的。这时候的坯布就像是一大捆刚从洗衣机里掏出来要送去烘干的牛仔裤和棉衬衫——又重又湿又凉。穿橡胶围裙的工人用大剪刀挑开缝线，把坯布

176

展开平摊在不锈钢材质的桌子上，把坯布晾干重新缝起放到干燥转鼓里软化就会显出纹理，然后再喷涂表面颜色。

日本客户惊讶于他们的成果，尤其是处理后材料的柔软度，进而预想出广阔的市场前景。萨维尼自豪地说，"这个成果不归功于日本人的技术"，而是鞣皮匠的经验。萨维尼和波莱托两人的成果体现在若干项专利中，其中一项是美国专利第 4766014 号，即"对合成片材进行化学处理，制造类似真皮的人造皮革"。该专利于 1988 年签发。

意大利时装屋楚萨迪（Trussardi）的设计师给这种新材料取名洛丽卡，"洛丽卡"原指古罗马人穿戴的轻型盔甲。据萨维尼回忆，1987 年在米兰罗马广场的洛丽卡首展上，火把照亮了陈列洛丽卡样品的阶梯，那阶梯通向一个高台，台子上摆放着洛丽卡饰面的沙发和椅子。在场有 100 位记者。尽管后来还举办了不只一场洛丽卡时尚展，比如在尼斯，但在米兰的这次轰动的展览才是洛丽卡营销的高潮。虽然洛丽卡的营销不像科芬那样高潮迭起，20 年后来看，洛丽卡在市场上存活的时间是科芬的两倍。

萨维尼和波莱托认为家具业是洛丽卡的目标市场，而他们的日本合作商可乐丽株式会社认为洛丽卡的市场在制鞋业。洛丽卡三巨头中的一位说道，这三位都穿着上等皮做的正装鞋，"在意大利，我们无法想象用合成皮做时装鞋"，但公司如今称之为"科技运动鞋"的鞋子则是另一码事了。在奥塔纳工厂二楼办公室旁有一个展示柜，里面陈列着用洛丽卡制成的产品，其中大多数都是传统的皮制品：手套、家具织物、手袋、表带，还有自行车专用鞋。这些鞋连同其他专业运动鞋一起，经证明是颇具商机的小众市场。在美国，品牌马汀博士选择使用洛丽卡制作"植物"鞋，瞄准波士顿、纽约和洛杉矶的精品店。洛丽卡一直在鞣皮厂加工生产，这样的情况一直持续至奥塔纳工厂 1991 年投产运行。如今奥塔纳工厂每年生产 60 万米洛丽卡,大概是杜邦旧希科里工厂投产第二年的科芬产量。制成的洛丽卡厚达 2 毫米,薄可至 0.4 毫米,有些做成麂皮效果,更多的做成光滑的皮革纹理。公司对外宣告,"起初我们只有真皮,如今我们有了洛丽卡"。

177

真皮爱好者往往先看皮子里侧来判断真假,洛丽卡的里侧却真假难辨。在低角度的掠射光(glancing light)的照耀下,你能看到洛丽卡里侧那一撮撮可人的细纤维,指尖掠过时也能感受到纤维带来的阻力。洛丽卡的外侧就没那么好了,摸起来也不如里侧舒服。洛丽卡缺少真皮的分量,尽管这一点有时候是被当作优点进行宣传的。用刀将洛丽卡剖开,顺着开口处用力撕开,这么做并不容易,从开口处露出来的一撮撮细纤维就是最好的证明。"是个好东西",一位网络记者对洛丽卡深信不疑。若干年前,一位来自犹他州西盐湖城的纯植物安全套经销商在寻找可用来制造非动物制品捆绑用具的材料时选定了洛丽卡。捆绑用具自然是黑色的,大多数都是用真皮制成的。"摸上去感觉不错,看着也像真皮",一家新闻通讯社援引一位消费者的话评论道。洛丽卡在用旧了的情况下也表现及格:在奥塔纳工厂的一间会议室里,用洛丽卡包面的椅子尽管能看出来已经用了些年月,却是颇为优雅地变旧——椅子紧靠墙放着,或是椅子之前相互摩擦,又或是干脆被粗暴地使用着,这些棕褐色或深棕色椅子的靠背有一些已经磨损,但表面之下的织物并没裸露出来,也没有起皮和断裂的迹象,有的只是真皮上会出现的、像桃子表面绒毛一样的磨损痕迹。

"革命性的材料源于独家微细纤维处理系统。"这是奥塔纳工厂对洛丽卡的描述。如果真的是革命性的话,其中有多少归功于最后这道精整工序,又有多少归功于来自日本的神秘"微细纤维"基材呢?萨维尼、拉凯利、穆纳福与他们的日本合作商一直保持联络。他们曾出差去日本，在那里他们看到了类似科芬制造中使用的针刺法及其他基材制造工艺，却没见到号称造出了真正的"人造皮"，和之前一代又一代那些可怜的"人工皮"不一样的基材制造工艺。

　　可乐丽株式会社和其他许多公司制造的仿皮都是基于超细纤维。
178　至少在过去的 40 年里，仿皮几乎都是日本制造的。

§ §

　　在日本，真皮产业向来不大，即便现在日本的肉类消耗量也不大。这个国家面积很小，而养殖动物需要很大的放牧区。在日本，处理皮革的工作通常由社会的最底层承担，他们是"秽多"，或称"部落民"。①另外，日本物质生活的一个更明显的特征是纸，如折纸、屏风和纸盒漆器。19 世纪 80 年代，普鲁士商务部派约翰·尤斯图斯·赖因（Johann Justus Rein）教授前往日本，研究这个国家的艺术和产业。日本纸制品给他留下了深刻的印象。赖因教授回国汇报，除了大家熟知的书本和壁纸外，纸也被用来制造窗玻璃、手绢、雨伞、阳伞、线和布，还被用来替代皮革。在日本仿皮是基于纸的，其历史可以回溯至 300 多年以前。

　　从 17 世纪初期开始，荷兰人把镀金皮或所谓的"西班牙皮"带入日本。这种皮源自西班牙，在相当长的时间里被用来包覆椅子和沙发，也会被镀金、染色、压花、装饰起来做成豪华餐厅的壁板、领主的马鞍和刀鞘。很快，这种古老的日本手工长纤维和纸（Japanese

---

①　按幕府时期的日本阶级系统，在士农工商之下，从事最底层的殡葬业、屠宰、皮草、刽子手等工作的人被称为"秽多"，意思是不净的人。1871 年明治维新，日本政府通过了"贱民废止令"，废除了阶级之分，但是一般人对"秽多"的歧视依然丝毫不减。现在，为了避开"秽多"这个极具争议及贬义的词语，"秽多"的后代被委婉地称为"部落民"。——译者注

paper, or washi）开始被用来仿制真皮。日本仿皮纸最早可以上溯至
17 世纪末，它被用来制作在神社里使用的烟丝袋，因为自然宗教的神
社不允许真皮制品出现。日本人模仿"欧洲压花皮模仿得如此出色"，
第一任英国驻日本大使卢瑟福·阿尔科克（Rutherford Alcock）爵士
报告说，"当我第一次看到它们时，很难相信这些荷兰皇家纹章的仿
品是日本本地制造的"。

　　在 19 世纪中期向西方敞开大门之前，工业化造纸技术还没有引
入日本，那时候有 10 万个家庭作坊在用树皮制作和纸。1983 年，一
位西方人在拜访日本乡村时被告知，"我年轻的时候，这附近每个人
都在制作和纸，一共有六七十家。我记得天气晴好的时候漫山遍野都
是干燥板"。制造和纸虽费时费力，但和纸比西方生产的纸更柔软，
韧性更好。用来制作仿皮纸的纸张需要经过特殊的压制处理才能产生
褶皱，然后把纸张在板子上展平，光滑的一面向上，在其上涂上薄薄
一层混有灯黑（lampblack）的米糊，晾干，再涂上染料，最后浸在清
漆里。

　　仿皮纸与真皮的相似程度自是不高。阿尔科克抱怨说，"要去除　　179
制造过程用到的油和清漆的味道十分困难，这恐怕是将其引入欧洲替
代真皮装帧书籍、装饰椅子等的最大障碍"。或许你不大会把它当作
真皮，但仿皮纸常常被用在本应用真皮制作的物件上，如信件文件夹
和小盒子。格雷格·赫林肖（Greg Herringshaw）是纽约库珀－休伊
特设计博物馆的墙饰策展人，向我展示了一些西班牙皮样品，这些样
品上还留有平头钉孔，说明它们之前曾被用在墙上或家具上。西班牙
皮的旁边是金唐革，这种仿皮纸由现代工匠制成，号称能模仿各种真
皮的特征、雕花、复杂的纹样，比如阿拉伯式花纹和几何图形。把仿
皮纸翻过来看它的背面，你没法立刻确认它到底是什么材质的，交缠

着的植物纤维令人想到真皮的背面。普鲁士教授赖因称赞日本仿皮纸，"外观美丽，弹性和柔软度惊人，令人想起小牛皮"。

　　日本仿皮纸的鼎盛时期自 1880 年起仅维持了不过 40 年时间，随着仿皮纸质量的下降，这一风潮很快就过去了。但这段历史证明了跨时空的相互模仿是存在的：西班牙皮原本是在模仿上等织物，当它传入日本时又被纸模仿。在过去，当日本产品在欧洲大受欢迎的时候，日本仿皮纸被看作新鲜、新颖的东西。一个世纪后，新一代日本人造皮将会给西方带来更深远的影响。

　　20 世纪初，当仿皮纸在欧洲式微之时，日本诞生了众多化学纤维厂，合成纤维制造第一次大爆发，尤其是人造丝制造。帝国人造绢丝株式会社创建于 1918 年，尝试依据专利文献建立人造丝产业；旭化学工业株式会社于第一次世界大战后建厂，从德国公司购买了人造丝的生产技术；可乐丽株式会社前身为一家人造丝公司，1926 年创立时名为仓敷绢织；东洋人造丝株式会社——也就是后来的东丽公司——也在同一年创立。最终，上面提到的这些以及其他一些公司成长为日本化学工业的巨头，就像美国的陶氏化学公司（Dow）、杜邦以及英国的帝国化学工业公司（ICI）一样。今天，所有的合成皮，如洛丽卡和奥司维的制造都源于一项新技术，即超细纤维（microfibers）。约
180　翰·E.贝尔科维奇（John E. Berkowitch）1996 年写给美国商务部的报告中指出，超细纤维无异于开启了"合成材料史的新篇章"。

　　贝尔科维奇的报告题为《日本纺织技术新趋势》（"Trends in Japanese Textile Technology"）。是的，我们迈进了另一个世界，纺织品的世界。早期仿皮，如漆布和瑙加海德革，上面覆盖的织物无论是棉布的还是细平布，都是随机而定的：科芬里的聚酯纤维就是旧希科里隔壁的工厂生产的，与成千上万吨做成衬衫和休闲套装的聚酯纤维

没什么区别。可如今，这些纤维细如蛛丝的织物赋予了新一代仿皮以特殊的性能，令其大获成功。

新一代仿皮的成功可以回溯至 1970 年的一场晚宴。据说在那次晚宴上，日本设计师三宅一生身着前不久刚在巴黎一场时装秀亮相的仿麂皮夹克。另一位设计师上前细细端详这件仿麂皮夹克，这位设计师是候司顿。候司顿全名罗伊·候司顿·弗罗威克（Roy Halston Frowick），1932 年出生在得梅因，杰奎琳·肯尼迪 1961 年参加其丈夫就职典礼时所戴的药盒帽（Pillbox hat）就是候司顿设计的。候司顿告诉《纽约时报》的记者，"我翻了一下"。那种材料手感柔软，观感奢华，令他开始思索如何才能运用得当。

候司顿设计了一件仿麂皮衬衫式时装，正面扣子一扣到底，像男士衬衫一样。"最初是一件罩衫，"候司顿如此讲述他的时装故事，"后来发展成一件长晚礼服，最后变成一件休闲衬衫式时装。我画了 100 幅草图才最终得到想要的式样。"这就是候司顿的第 704 号设计。"这件时装，"一本精装的候司顿传记评论道，"成了上东区人士的制服。"有 36 种颜色可选，"比芭斯罗缤冰激凌①的种类还多"，候司顿在 1976 年说。接下来又有了男女猎装、裙子、裙裤、军装外套和风衣，通常都是冷驼色和灰色的。这些服装的魅力一大部分源于制作它们的材料。

日本开发者东丽株式会社最初给这种材料编码为东丽 223 号，后来在日本将其命名为爱克塞纳（Ecsaine）；在欧洲，当东丽公司和意大利企业合作在意大利特尔尼生产此种材料时，它又成了阿尔坎塔拉

① 芭斯罗缤（Baskin-Robbins）冰激凌宣传"每月 31 天，每天一个口味"。——译者注

（Alcantara）；美国经销商斯普林丝的一位管理者给它起了个美国名字奥司维，我也将以这个名字称呼此种材料。奥司维摸上去柔软、手感好，像真正的麂皮。它不会皱，可以直接丢进洗衣机洗；它不易破损，不因功能性而牺牲美感；像真皮一样，奥司维无论外观还是手感都极尽奢华。20 世纪 70 年代模特们在伸展台上昂首阔步，身上的奥司维柔软飘逸。1974 年 10 月，站在摩纳哥皇宫台阶上的格蕾丝·凯莉王妃微笑着，她容光焕发，贵气十足，一只手轻搭在及地长裙的口袋上。这条裙子就是用奥司维制成的。截至 1976 年，美国时尚业每年要用掉 150 万码奥司维。自此以后，这种材料历经兴衰。不是每个人都喜欢它，有人讨厌它的沙沙声。一位时尚达人曾抱怨它"发出巨大的声响"。尽管如此，奥司维仍在市场中占有一席之地，有多种重量、效果和颜色可选。在美国，就像舒洁可以泛指纸巾一样，奥司维也可以泛指所有人造麂皮。

　　"到底是候司顿成就了奥司维，还是奥司维成就了候司顿？"在候司顿的传记中，作者伊莱恩·格罗斯（Elaine Gross）和弗雷德·罗特曼（Fred Rottman）问道。"在 20 世纪 70 年代，这两个名字互为同义词。"起初，其他设计师只当奥司维是另一种劣质合成品，可最后他们也都张开怀抱拥抱奥司维。据格罗斯和罗特曼记述，候司顿的成功在于，他坚持把奥司维当作麂皮而不是布料来使用。奥司维无须内衬和接口，像麂皮一样，它坚固结实，能独当一面。缝合奥司维时不能用一般的方法，因为面料太厚，压不平整。正确的方法是把奥司维的边缘叠在一起，用明线缝制。到底是聚酯纤维还是聚氨酯？这取决于加入其中的物质，1976 年的一篇《纽约时报》文章说，"除非你碰巧是一名化学家，你在乎加进去的是什么吗？女人们感兴趣的是奥司维……看起来和摸上去有多像真皮"。

　　1984 年，在写给《达拉斯时代先锋报》(*Dallas Times Herald*)的一篇文章中，敢于挑战传统的得克萨斯政治评论家莫莉·艾文斯(Molly Ivins)沉溺于漫无边际的遐想中。在文章中，莫莉·艾文斯努力尝试——起码在文章中表现出很努力的样子——理解到达拉斯参加共和党大会的女性代表的立场。毋庸置疑，这些女性代表们团结在"共和党核心精神"下，欣然接受并决心捍卫它。但在莫莉·艾文斯的显微镜下，这些女性代表们分化成了两个阵营：首先是更富裕，不那么保守的一类，共和党内部的福音派倾向令她们难堪不安。这些人就好比是"奥司维"，她们对另一类女性代表的出现头痛不已。这第二类人来自更低的社会阶层，是进不了乡村俱乐部的"聚酯纤维"。

182

　　艾文斯的文风一贯如此，开别人的玩笑，自己乐在其中。若是要吹毛求疵，或者在技术层面较起真儿来，艾文斯其实说错了。高调的奥司维对抗卑贱的聚酯纤维？奥司维其实就是聚酯纤维。这个表述也不准确，奥司维并不是 100% 的聚酯纤维，标签上说奥司维是 60% 的聚酯纤维和 40% 的聚氨酯。从化学层面上讲，奥司维里的聚酯纤维和那些令 20 世纪 70 年代聚酯材料蒙羞的，做成花哨俗气休闲套装的聚酯纤维是完全一样的。

　　即便化学构成相同，聚酯材料也并非完全一样，吉他弦毕竟不是桥梁缆索，尽管制造二者的钢材类似。从前给人们留下坏印象的聚酯纤维是粗糙的，而加在奥司维里的聚酯纤维是极为精细的。仅这一点不同，其结果就天差地别。

　　1986 年，距乔·里弗斯和约翰·皮卡德在科芬项目上合作已过去多年，此时乔·里弗斯正接受大卫·霍恩谢尔(David Hounshell)的采访。大卫·霍恩谢尔是一位技术史学家，他正在为一本关于杜邦材料研发的新书收集材料。里弗斯解释说，影响合成纤维特性的一个因素是黏性，即融化的塑料纤维的黏度。如果黏性太低，塑料纤维"就会像水一样流过喷丝头"，这样可不行。

除此以外，还有什么会影响合成纤维的特性？霍恩谢尔问道。

"旦尼尔"（denier），里弗斯答道。他解释说，"细丝的旦尼尔值越低，得到的纱就更软，更柔顺"。

旦尼尔，是衡量纤维或纱线粗细度的传统标准，这个词最早是中世纪一种银币的名字。标准是 900 码，约 5 英里，纤维的重量（以克数表示），就是此纤维的旦尼尔数。粗糙的羊毛纤维大概是 15 旦尼尔；棉和聚酯纤维的旦尼尔数在 3 和 6 之间；丝的旦尼尔数为 1 左右，由此可见其相当精细。按此定义往回推导，9000 码旦尼尔数为 1 的真丝，重量仅为 1 克，100 英里的丝只需一张平信邮票即可邮寄。正如里弗斯给霍恩谢尔解释的那样，旦尼尔数越低的织物越柔软，事实上是柔软得多。正如结构工程学文献的公式所示，一种丝状物的直径是另一种的 1/10，其硬度仅是后者的 1/1000。因此，用鬼魅一般的低旦尼尔数纤维来制造合成皮，或许会得到一种柔软、飘逸、垂坠的丝绸服装革。

但如何能像里弗斯说的那样降低细丝的旦尼尔数呢？

183　　制造合成纤维的一种方法是将融化的塑料从小孔中喷射出，就像用水枪呲水一样。几乎在一瞬间塑料就会凝固，之后可以将它绕在线轴上；另外一种方法始于溶液中的成纤（fiber-forming）材料，将其挤出经过小孔直接进入凝结槽，塑料在经过的时候凝固成型；还有一种方法是将热风灌入孔洞使溶剂蒸发，剩下的就是固态的细丝。第一种方法叫熔纺（melt spun），第二种方法叫湿纺（wet spun），第三种方法叫干纺（dry spun）。每种方法都是把液体射入孔洞，以便获取连续的细丝。

从人造丝早期开始，带小孔的形成纤维的装置就被叫作喷丝头
（spinneret），名字取自蚕"纺"（spin）丝的器官，和纺丝成线、纺线
成纱一点关系都没有。尼龙的钓鱼线是怎么做出来的？就是用喷丝
头。根据杜邦的说法，在实验室里用来制造尼龙的第一个喷丝头是从
药局买到的皮下注射针头。制造科芬时，聚酯纤维首先经过喷丝头，
之后被裁成更短的"聚酯棉"。如今在参观杜邦的实验站时，很有可
能你会看到细如蛛丝的闪光聚合纤维从某个试验设备中钻出。全世界
纺织业所需的尼龙、聚酯纤维和丙烯酸纤维都是从这样一排排昂贵的
小东西里冒出来的。这些昂贵的喷头由铂金或优质不锈钢制成，每个
上面都有许多小孔。孔洞越小，制造出的纤维就越细。

细也是有上限的。孔洞太小，聚合物通过孔洞时速度过大或力度
过大——纺丝速度可达每分钟 3000 米或每小时 100 英里——再强韧
的材料也会断裂。因此，这些塑料卷须的细度存在一个最低值。对聚
酯纤维来说，这个值是 0.3 旦尼尔，比真丝要细。如果还想要更细的
纤维——像真皮的细胶原蛋白纤维那样的呢？根本办不到。

可后来，冈本三宣做出了这样的纤维。

§ §

冈本三宣 1936 年生于甲贺，这里是旧时日本的忍者之都。他毕
业于名古屋工业大学，于 1960 年获得化工学位，之后直接进入东丽，
在位于日本四国岛爱媛县的东丽旧厂工作。此时，令东丽发展壮大的
人造丝已开始走下坡路了。丙烯酸纤维和聚酯纤维是代表未来的材
料。冈本三宣很快被分派到三岛聚酯纤维工厂，在那里为了获得从原
料到成品的整个生产过程的经验，他在每个部门都要待上几个星期。
其间，他被分配了一项任务，研发一款更厚实的新聚酯纤维。

彼时，日本的西式建筑越来越多。这些建筑的水泥地板冰冷坚硬，就算搭配传统的榻榻米也无法缓和其冷峻的调子，因此需要更多像厚密的簇毛地毯一样的材料，而且越软越厚越好。冈本三宣想出了一种方法来制造"超厚"的聚酯纤维，用特殊的喷丝头将两种配方稍有不同的聚酯并排喷出，选择什么样的聚酯取决于它们不同的收缩率，最终结合在一起的纤维就可以任意卷曲。不久以后，东丽公司"超厚"聚酯纤维的年产量就高达 6000 吨，这种材料被用来制作更柔软、更有弹性的地毯和日式蒲团。来公司仅仅 3 年后，时年 27 岁的冈本三宣就成了明星员工，公司奖励了他一大笔奖金和不少荣誉。接下来呢？

冈本三宣的增强版聚酯是一种复合纤维，其特性取决于不止一种构成成分。他在 2005 年出版的用日语编写的研究备忘录中写道，当时杜邦是业界公认的老大，其他公司"刚加入竞赛，正在奋勇直追"。追随杜邦的脚步，如果有出路的话也是死路一条。冈本三宣想要尝试新的东西，"杜邦做梦也想不到"的东西。那是 1965 年，东京奥运会刚刚结束，冈本三宣被调到公司设在滋贺的中央研究所，因为手上已握有一项成果，他觉得可以暂时放纵自己的想象力。冈本三宣梳理了专利文献并研究了纺丝的核心，即不同种类的喷丝头，用他的话来讲，他开始放眼自然。

冈本三宣在东京以北 40 英里的甲贺附近长大，他对那里的群山和茂密的森林有着天然的亲近感，也听说过忍者武士的故事，那些忍者武士能借着烧草的烟雾，神不知鬼不觉地遁入茂密的森林之中。从小他看着父亲用当地作物制作偏方，卖给流动药贩。小的时候冈本三宣曾经患病，多亏青霉素他才能康复。青霉素由亚历山大·弗莱明（Alexander Fleming）在绿色霉菌中发现，冈本三宣后来还特地拜访了伦敦的弗莱明墓以表达自己的谢意。冈本对自然怀有非同寻常的热情，他认为"自然是最好的老师"。现在要研制新的合成纤维，他能从天然纤维那里学到些什么呢？

真丝是人们最渴望的天然纤维之一，因为它最精细。羊毛呢？小羊驼——如今 1 磅要卖到 225 美元——是人们最垂涎的，它的纤维比绵羊毛或山羊绒还要精贵。纸呢？最好的纸是用来造币的纸，它来自楮树和三桠树皮。皮子呢？鞣制之后会得到分叉和交缠在一起的胶原纤维，其纤细程度不可想象。冈本三宣意识到，人们最看重的天然材料的特性是它们重量轻且精致。

冈本三宣还注意到，人类使用天然材料时，首先要去掉其中的某些东西。真丝中的丝心蛋白纤维和丝胶蛋白捆绑在一起，要去除丝胶蛋白。制造皮革意味着去除除微细胶原蛋白以外的几乎所有东西。去除异物得到好的所需之物，这或许是一条值得人们遵循的法则。

1965 年，冈本三宣在领导看来过于抽象的空想成为现实。他和一名助手一起收集了各种长度的尼龙纤维和聚酯纤维，将其混合装到一个直径 1 英寸长 8 英寸的粗玻璃试管里。想象一下，试管里就像装了一捆干意大利面，有粗粒麦粉和全麦两种。试管的一端是漏斗形的，汇聚成尖尖的一点，冈本三宣把这端弄破就形成了一个小小的喷嘴。试管的另一端是普通的圆形开口，用一个木活塞将其塞住。在活塞和喷嘴之间的试管里是聚合的意大利面混合物。

接着，冈本三宣把试管装置浸在 300℃的热硅油浴（silicone bath）中，温度高于聚酯纤维和尼龙的熔点，足够并将其软化熔在一起。下一步，慢慢地推动活塞挤压熔化的纤维，将其从喷嘴中挤出。经过这一操作，原本一英寸粗的纤维就变成几千分之一英寸细的细丝——还是原来意大利面的样子，只是极其微细，且完好无损。细丝经冷气降温立刻凝固，被电机缠绕在线轴上。最终的成品令冈本三宣想起了金太郎饴，那是一种颇受人喜爱的糖果，长条形上面有细细的条纹。

186　　　冈本三宣后来写道，"我把纤维抻长，在受热的情况下能抻长至原来的三四倍，然后我在显微镜下观察自己的作品"。把纤维摊开在载玻片上，可以看到其包含 70% 的尼龙纤维和 30% 的聚酯纤维。这两种组成成分分别是什么并不重要，重要的是它们彼此不同。接下来是必经的过程，即同一操作作用在两种聚合物上，却产生不均等的效果：甲酸溶解尼龙，却不会伤害聚酯。冈本三宣后来写道，"在载玻片上滴上一滴甲酸，一缕纤维就会变成成千上万条聚酯超细纤维，如珍珠般闪亮"。冈本三宣用日语"ふにゃふにゃ"（Funya-funya）和"たらたら"（tara-tara）来形容这些闪闪发光的超细纤维，第一个词的意思是柔软易弯，第二个词的意思是柔韧易垂。经过这一操作，原来像条顿的布伦希尔德（Brunhilde）①的粗马尾一样的纤维变成了年轻女孩丝般顺滑的头发。

　　最终的奥司维并不是如此制成的，但其原理——溶解纤维中的一种成分剩下许多精细的超细纤维——是这么确定下来的。这一演示说服了东丽公司的高层将更多资金投入昂贵的喷丝头及其他下一步工作所需的关键技术中去。"并非一帆风顺"，冈本三宣写道。原型机要不分日夜地连续运转，他和他为数不多的几个助手一起经历了供电中断、雷击和设备故障。"不久，我就开始了晚间的朝圣，"即下班后去附近的神社，"祈祷神灵保佑我们免遭厄运。"

　　冈本三宣的研究还只是他说的"以发现为导向"，简单说就是基

————————

① 布伦希尔德在北欧神话中是一名持盾女战士，也是一名女武神。她是北欧英雄传说《沃尔松格萨迦》和冰岛史诗《埃达》中的主要角色。日耳曼史诗故事《尼伯龙根之歌》和理查德·瓦格纳的歌剧《尼伯龙根的指环》中也有她。——译者注

础研究，成果应用尚未确立。冈本三宣已经证明他能制造出极其精细的纤维，这在他看来前途一片光明。现在需要的是实打实的应用，也就是公司能拿来挣钱的东西。要不要在热爱真丝的日本推出一款优于人造丝和尼龙的合成真丝呢？还是用它来做合成皮或合成麂皮？纹理、编织和染色——这些后续操作都取决于其最终用途。冈本三宣头脑一热，开始在公司内部搜寻可能的应用。合成纸？毛皮？羊毛？他总是待在其他部门，不断地讲，也不断地听。冈本三宣意识到自己的办公桌上总是空空如也，因此害怕同事觉得他是个懒惰、不负责任的人。冈本三宣后来回忆说，"我拜访了一个又一个实验室，在每个实验室里待的时间都不长，凳子坐不热就走了"。如今，将近70岁的冈本三宣身背无数荣誉，照片里的他一看就是位令人生畏的实验室主任，德高望重的元老。但很早以前，照片里30多岁的他个子很高，站得直直的，让人一下就能想象出充满青春干劲的他在东丽公司这个官僚沙洲里探索和工作的样子。

　　最终，他的某一次拜访得到了回报。

　　1966年，海特莱克正在陨落。海特莱克是东丽公司制造的一款合成皮，在冈本三宣看来，它其实就是在效仿科芬。海特莱克瞄准的是鞋类市场，它坚硬发亮、手感不好，用它做的鞋子"很磨脚"，正如冈本三宣在一封邮件里描述的那样，问题出在"坚硬"上。冈本三宣用玻璃高压容器试验做出的纤维，不说别的，起码是柔软的。冈本三宣写道，"这提醒了我"。和冈本三宣同一时期加入东丽的朋友鸿巢信*（Makoto Kounosu）参加的是人造皮项目，此刻他"正烦心于材料

187

---

*　原书中仅给出罗马音拼写，未能找到该人名确定的汉字写法，以下括注了罗马音拼写的日本人名均为音译。——编者注

过于僵硬"。很快，这两个人就在冈本三宣早期试验的超细纤维材料的基础上做出了人造麂皮的样品。这块样品是棕色的，笔记本大小，或者应该说，夹样品的活页夹是棕色的，因为他们根本没顾得上给白色的超细纤维染色。以之后的标准来看，这个展示相当寒酸，但样品本身是柔韧的，麂皮需要的就是这种柔韧。今天，那份初始样品陈列于东丽在三岛的研究中心，因为使用和磨耗已经有点破了，和它一起展出的是冈本三宣当初用来裁剪样品的剪刀。

一段时间以来，他们既想要光滑的皮革效果，也想要麂皮的效果。冈本三宣和他的同事们对皮革并不熟悉，因为在日本皮革的应用并不广泛。西方熟悉和喜爱的拉绒麂皮表面在一些日本人看来十分神秘。与此同时，如冈本三宣所言，"鞋类用人造皮革的用途对我们而言是一个专业性极强，很难进入的世界"。他们曾征求过一位外国顾问的意见。"他夸张地把一份鞋类皮革样品扔到一边，然后拿起一份麂皮质感"的样品在脸上摩擦，不断赞美其无与伦比的柔软度。可惜的是领导们没看到这一幕表演，冈本三宣暗自思量。听了冈本三宣的汇报，领导们还是不以为然，他们认为这只是研究人员过于醉心于自己的项目而已，但外国顾问的表现深深地镌刻在冈本三宣的记忆里，使他相信麂皮才是未来的方向。

冈本三宣及其同事开始就这一技术申请专利，1966 年他们申请了其中一项关键性的早期专利。通过申请这项专利，冈本三宣和他的同事们寻求对"合成纤维长丝等"的保护，这一名称还是这类材料1970年在美国的名称。在这一专利中，他们描述了用两种聚合物元素生成一种长丝的过程，其中一种聚合物元素"被分散到另一种聚合物元素中，从横截面上看就像是漂在大海中的小岛一样"。此后不久，他们又给制造长丝的复杂喷丝头装置申请了专利，名为"喷制合成'海中岛屿'形复合长丝装置"。

请想象一幅南太平洋群岛的地图,广阔的大洋之中小小的岛屿星罗棋布。如果从冈本三宣最初实验里的混合"意大利面"上切下一片,就能看到它的横截面正像太平洋群岛的地图,深色的"岛屿"纤维被统称为"大海"的浅色纤维包裹着。喷丝头的设计如果得当——后来的技术也的确达到了——一个"海中岛屿"复合体中会包含 145 个岛屿纤维。

事实上,这正是此项技术的关键所在:在整个制造过程中,纤维的粗细和结实程度可以根据加工的需要进行选择——比如其后用到的 7.5 旦尼尔的纤维,类似粗糙的棉纤维。也就是说,如果制造过程需要结实粗壮的纤维,我们就能得到那样的纤维。只有到了制造的最终环节,当那片硬化的海洋被溶解时,最终材料方才显现出弹性和丝绸一般的柔软度。

整个过程的美感被简化为两幅孩童图画般的草图,并呈现在东丽的专利书里:一张图展示的是一些粗壮的"海中岛屿"纤维,这是它们未加工时的样子;另一张图里同样是这些纤维,但纤维中像胶水一样的"海洋"成分已经被溶解,剩下的是超精细的超细纤维。这些缠绕在一起的超细纤维具有冈本三宣在最初试验中所观察到的柔韧性,超细纤维的旦尼尔数值不再是 6 或 7,而是 0.6 或 0.7 甚至更少。

甚至还有少得多的。东丽后来宣称做出了 0.00009 旦尼尔的聚酯纤维,重量仅相当于餐厅里那种小包糖在月球的重量。

冈本三宣和他的 6 个助手在长达 3 年的时间里不断完善着这项技术。1968 年春,项目评估即将展开,冈本三宣带来了棕色人造麂皮样品以及过去 3 年来项目在制造上的进展报告。评估结果如何?他的工作受到领导的"痛斥",冈本三宣回忆录的译者选择了这样一个词

189

来指称冈本三宣对自己所受待遇的描述。当时的东丽副社长藤吉吉继
（Yoshitsugu Fujiyoshi）[①]总结说，"制造成本过高而潜在应用范围却太
窄。收回对此项研究的资助……尽管不是全部收回"。"我还是有一些
幕后支持者的"，冈本三宣写道，对他抱有同情的领导告诉冈本，如
果就此停止研究，这恰恰证明此项研究没有任何价值。努力前进，公
司最终会醒悟的。于是冈本三宣继续进行研究，可这一回研究的速度
却慢了下来。

　　与此同时，东丽的触角延伸到了一种新扫描电子显微镜上，人们
透过这种电子显微镜能看到十万分之一米范围内的高分辨率图像。你
一定见过把虫子放大的骇人图片，图里的虫子像来自火星的怪物一
样，这类图片就是典型的扫描电子显微镜图片。冈本三宣对虫子毫无
兴趣，他感兴趣的是羊毛、羊绒、纸、毛皮、羽毛和丝——尤其是鹿
皮制成的麂皮，而新扫描电子显微镜图像恰恰能清楚地看到麂皮纤维
状的绒毛。这项新的显微技术使他们更清楚地看见自己在做的事情，
也能更清楚地向公司领导展示他们的成果。1998 年，冈本三宣和合
著者在对新合纤（shingosen）进行评估时说道，"研发人造皮的成功
很大程度上有赖于对真皮进行显微观察，继而模仿"真皮的结构。此
处提到具有精细触感的新合纤，是东丽及其他日本公司继奥司维之后
得以继续引领市场的特殊纤维。东丽公司后来说，奥司维是"自然命
定的"。

　　1969 年，冈本三宣被任命为人造皮革新业务的带头人，此时东丽
正想要重振人造皮革事业。他所在的组被称为第二业务组，尽管据冈

---

① 　查到东丽官网上显示当时的副社长应该为藤吉次英（Tsuguhide Fujiyoshi），此
　　处的 Yoshitsugu Fujiyoshi 无法确定汉字写法。——编者注

本三宣说："那时连第一业务组都没有呢！"在 9 个月的时间里，他们组和从东丽的实验室及其他部门抽调组成的其他两组互相竞争，或者借用冈本三宣用英文撰写的电子邮件中的说法，"陷于残酷的竞争状态"。他领导的五人小组在攻坚超细纤维，这个组的规模最小，并且从之前的评估来看是最不被看好的，这就像大卫和两个巨人歌利亚决一死战。

事实上，超细纤维的研制仍问题重重。其中一个是染色问题，因为超细纤维特别纤细，其表面积巨大，所以经传统染料浓度（dye concentration）染色后的超细纤维呈现出水洗褪色的效果。某日，冈本三宣忘了关闭正在加热染料烧杯的本生灯，被加热的溶液变得更加浓稠，颜色更深了，于是他建议用这种更高浓度的染料进行染色。后来，他了解到更高浓度的染料用在聚酯"岛屿"上的效果要比用在尼龙上好，尽管尼龙也在他们的考虑范围之内。

既然如此，就用聚酯吧。在 1969 年最初的几个月里，他们还要面对制作无纺毛布的针的问题，科芬当年也曾有过这个问题。据冈本三宣回忆，那时候能弄到的东西全是"有针眼的低档废物"，用这些东西根本没法做成他们想象中的优质服装用麂皮。他到处寻找更精细的针和相应的技术。直到后来，当一位与他们合作却一直存疑的设备制造商"看见无与伦比的美丽的无纺毛布从机器里出来时，他彻底安静了"。

最终在 1969 年 9 月，第二业务组的电话响了起来。东丽的管理层带着人造麂皮原型样品以及其与真正的麂皮的新扫描电子显微镜图像对比出访美国，他们打电话带回了第一个好消息。接着更多的电话打来，电报传来。"我们要在半年内开发出生产技术！"冈本三宣的上司接了第一通电话，冈本三宣也恰巧在场见证了项目的成功。公司

190

的资源不断地涌入了。

第二年，在巴黎的一场高级定制女装时装秀上，一些设计师展示了用这种新人造麂皮制成的服装。冈本三宣写道，"轰动一时，人们为巴黎模特身上披挂的衣服鼓掌，掌声经久不息"。毫不意外的是，"在日本这边，这么大的事报纸上只有 3 行字报道。由此可见当时的日本对皮革是多么陌生"。巴黎的盛况并未立刻转化为生意，但订单的确开始进来了，不用说是在候司顿设计出那件标志性的衬衫裙之后，而冈本三宣后来也终于见到了候司顿本人。"纤维界的劳斯莱斯，"有人如此称呼奥司维，"自亚当、夏娃的无花果叶子之后最具革命性的服装材料。"

冈本三宣后来说，它被称为"尼龙之后的最伟大发明"。

§ §

一部献给奥司维的影片在滨田良文（Yoshifumi Hamada）的纽约办公室里开演，滨田良文是当时东丽的美国分部社长兼首席执行官。影片呈现出的流动画面似乎来自介于照相写实主义和好莱坞动画之间的莫名地带。在片中我们看到被切割成份的纤维，看到无纺绒毛变得密实，看到"海洋"材料溶解。影片的节奏很快，充满了色彩和为了达到某种审美效果而故意模糊的图像，整体的效果与其说是本分且接地气的，不如说是云山雾罩迷人眼的。据统计，一共有 250 项专利在保护着奥司维，其中 100 项是美国专利：成网（net forming）、针刺、染色和喷丝头。特拉齐·梅－普拉姆利（Traci May-Plumlee）和托马斯·F. 吉尔摩（Thomas F. Gilmore）在他们合写的无纺材料工业概览中说，尽管距奥司维问世已经过去了将近 40 年，其多数制造细节仍属行业机密。"因为在那时，这项技术是革命性的，"他们说，"东丽公司能申请到涵盖范围特别广的专利并无须提供细节，因此制造奥司维的细节至今也不明朗。"

奥司维可以称得上是教科书一般的案例，是个人创意和企业创新的结合。据说冈本三宣得益于地下研究政策，这一政策保证科学家可以避开管理层的干扰进行自己的研究。如果东丽的决策者们短视，只注重经济效益，那么，就如一位行业分析师说过的那样，"他们很有可能会放弃该项目。如果他们像其他日本公司一样只追求一团和气，他们是不会成功的"。1989 年东丽任命冈本三宣为实验室主任，实验室也是以他的名字命名的，为的是鼓励独立研究。"我们甚至都不过问他们在做什么，"时任东丽研发部主任说，"要让研究人员更具创造力，你就不得不允许他们犯错。"之后，奥司维开始在意大利制造生产，起的欧洲名字叫阿尔坎塔拉，冈本三宣则因为其对提升"意大利制造"在全球范围内的声誉所做的贡献获得了莱昂纳多奖（Leonardo Prize）。后来曾有故事这样描述奥司维的诞生，说它是"冈本三宣面对着河流的漩涡冥想出来的"，冈本三宣并没有否认这一说法。

尽管奥司维如此引人注目，但它只不过是 20 世纪 70 年代若干基于超细纤维的合成皮革中最成功的一个。这种基于两种纤维的合成物不只奥司维一个，无论以何种标准判断，奥司维都不是这一方向上的首次尝试。冈本三宣把功劳归于杜邦在双纤维合成（bicomponent fiber）上的创新。阿曼达·林赛（Amanda Lindsay），一名年轻的英国博士生，她在 1999 年发表的论文《技术变革和市场压力影响下的超细纤维发展》（The Evolution of Microfibre Through Technology and Market Pressure）中说，双纤维合成的想法最早可追溯至 1939 年，那一年法本公司（IG Farben）就此申请了英国专利，这家公司后来卷入战争罪行之中。这项专利揭示，"任一精细度的人造纤维"可以由两种不同特性的非混合液体制成。这两种液体从喷丝头中喷出形成同轴

192

纤维，然后将内部的成分溶解掉就形成了空心纤维；或者也可将外层圆柱形成分溶解掉，剩下更精细的纤维，尽管还不能达到小于1.5旦尼尔的精细度；此外，还可以像东丽后来制造奥司维那样，在制成织物之后才溶解掉另一种成分。以上这些，法本公司的专利中早有预想，林赛在1946年的一本英国纺织品手册中发现了这一专利的细节。

和许多真正的创新一样，除此以外，奥司维还有其他非原创的地方。事实上，东丽和它的大多数日本竞争者一样，从某些方面来看都是在模仿杜邦的科芬。和科芬一样，奥司维使用的也是无纺底布（nonwoven substrate）；和科芬一样，奥司维也是通过针刺法来形成紧密的网；和科芬一样，奥司维的黏合剂也是一种聚氨酯，这种聚合物已经证实能产生弹性，像真皮手套一样能包裹住乱动的指尖，又不会像乙烯基塑料那样遇热变黏，遇冷变脆。

到了1983年，日本每年生产1100万米超细纤维人造革，其中大约1/3是奥司维，剩余的2/3是另外十几种产品。那时候，奥司维有了更多的竞争者，一些在韩国和亚洲的其他地方，一些在意大利。东丽的美国奥司维分部曾经一度宣布，将计划引导消费者"区分奥司维及其仿造者"。逛商场的消费者或许并不了解它们之间的区别，但奥司维产品和它的仿造者确有不同：奥司维中含有60%的聚酯纤维，而可乐丽生产的阿玛丽塔（Amaretta）中含有60%的尼龙；正如我们已经看到的，奥司维的喷丝头直接喷出"海中岛屿"结构，而一些竞争产品在生产过程中，纤维从喷丝头中喷出的时候彼此连接得并不紧密，之后还会被抖散。这有点像我喜欢的一种新式巧克力，形状上像一个完整的橙子，小心地敲击它就能痛快地裂成一瓣一瓣。这些竞争者中有一些仿的是麂皮；有一些有真皮特有的光滑纹理，如可乐丽娜人造皮；还有一些既可以是光面的也可以是起绒的麂皮面的，如洛丽卡。认真的学生可能会格外看重能记录和追踪这些不同产品的图表、表格和技术规格。但从根本上说，所有这些东西都是在模仿胶原蛋白的超细纤维。

"相当长一段时间以来，"一项美国早期伪皮（faux leather）专利文书如此开头——这项专利由可乐丽株式会社首先于 1963 年在日本申请，"能制造出与天然皮革匹敌的合成物是某些领域专业人士的梦想。"以此为目标，这一梦想终于实现了，其产物是这样一种材料，它"在结构、外观、质地和触感上都与天然皮革惊人地相似"，它的发明者是福岛治（Osamu Fukushima）、早波浩（Hiroshi Hayanami）和名越一雄（Kazuo Nagoshi），他们将此项专利出让给了仓敷绢织，即可乐丽株式会社的前身。1969 年 1 月他们取得了美国第 3424604 号专利。这只是自 20 世纪 60 年代起日本合成纤维生产商在美国获得的几十个专利中的一个，这些专利奠定了他们在合成皮革领域的龙头地位。这项专利书中有对既往失败的诚恳反思，其措辞看得出是仓促中从日文直接翻译过来的，还有类似宣言的内容，这些细节给我们的这个故事增添了迷人而又古怪的风味。

早期的工艺将皮革废料压碎，有时还会添加一些适合的香味作为"伪装"。可乐丽的发明家们称其为"再生皮"（regenerated leather）。

接下来就有了"仿皮"（imitation leather），比如"早期"那些涂有硝化棉、乙烯塑料或橡胶的仿皮。

然后是"超越了'仿皮阶段'的'合成皮'（synthetic leather）"，由无纺面料和微孔黏合剂制成，其中包括科芬和其他多孔聚合物。这类产品同样因为"远逊于天然皮革"而进一步刺激市场对更优质的仿皮材料的需求。在日本，鞋类制造商求而不得的是"一种在外观和手

193

感上接近天然皮革的合成革"。

下面我们将清晰指明真皮的优点：首先，"其表面纹理的美感独一无二。通常情况下会用到'像真皮'这样的表述。'像真皮'的装饰品能很好地搭配日式及欧式服装"。总共列出了 9 个优点：真皮柔韧、可塑、吸湿、易剪裁、易染色，其实，真皮真正的优势并不在此，而是"能将这些单一特性出色地结合到一起"。在此之后列出的是真皮的缺点。

整篇评论前言足有 28 段之长——这"功课"做得太夸张了——
194　至此尚未提及这项发明本身。但最终，发明家们面对的巨大困难还是被忠实地记录了下来：

> 因此，制造合成皮革的一个任务就是要去除天然皮革的不足，在强化天然皮革优点的同时不损害其他特性，进而提高其综合表现力。

这是"此项发明的目标所在"，其成果是一种"柔韧、透气、透湿的片材"，可匹敌真皮。

专利描述了一种"混纺"纤维，此纤维由两种聚合物混合而成，经普通喷丝头喷出，形成大约为 3 旦尼尔的厚纤维，其中一种聚合物的卷须缠入另一聚合物里，纤维一旦成型和变成无纺网状结构，就把其中一种聚合物溶解掉，只留下另一种聚合物。根据选择溶解掉的聚合物不同会得到不同的最终成品，有的布满孔洞，有的是一团纤细的丝状物。无论溶解掉哪种聚合物都有一大部分原料被去除了，因此得到的纤维的旦尼尔数会小得多，有些情况下其旦尼尔数可以低至 0.5 左右。成品就是柔韧易弯的细纤维垫。这一过程不会使用冈本三宣和东丽在制造奥司维时所用到的特殊喷丝头，但有赖于"海中岛屿"结构，这样制造出来的细纤维和奥司维纤维极其相似，也可用来制造同样柔韧的仿皮。

在这项专利批准的 35 年后，合成皮革的版图上到处都是可乐丽的身影，其生产的超细纤维被用来制作手套、篮球、鞋子及制造洛丽卡的原料。自 20 世纪 60 年代起，可乐丽曾制造出可乐丽娜人造皮，这种人造皮最初被杜邦嘲笑是低档产品，后因使用超细纤维而性能大增。今天，可乐丽娜纽约分部的市场经理熊野淳（Atsushi Kumano）（在位于曼哈顿东 52 街的办公室）说，他们用可乐丽娜人造皮包裹垒球，做珠宝盒衬里，甚至还说服得克萨斯的制靴厂用可乐丽娜人造皮做马鞍子。可乐丽娜人造皮尽管是在和真皮竞争，但它更接近杜邦当年给科芬设定的目标，即让市场因其独一无二的特性接受这种材料，而非因其是其他材料的仿制品。熊野淳的助理巴帕索幸子（Sanchiko Barbasso）谈及在可乐丽服役最久的合成皮革——纵横市场长达 40 年的可乐丽娜人造皮时说，"它只是它自己，可乐丽娜人造皮"。

和东丽一样，可乐丽也设计了一个颇具诱惑力的网站，网站上展示了可乐丽娜人造皮及其下一代产品——如最新的帕卡西欧（Parcassio），网站上吹嘘说这种材料是"真正的'人工克隆'天然皮革"，以两种熔在一起的超细纤维层为基础，结合日韩鞣制技术。有的公司用它制鞋，高度赞扬其"刚从鞋盒里拿出来穿到脚上就舒适无比"。此外还有阿玛丽塔，和早先的可乐丽娜人造皮一样，它也基于尼龙－聚氨酯配方，却更薄、更垂，可与奥司维及羔羊皮相媲美，并且有光滑的服装用革和麂皮可供选择。

在这之前几年，因为想提高阿玛丽塔在美国时装市场的认知度，可乐丽公司找到米拉·日夫科维奇（Mira Zivcovich）寻求帮助。

195

§ §

曼哈顿下城西 14 街，爬上由荧光灯照亮的三层裸金属楼梯，迎接你的是一扇红色的大门，门两侧装饰的相框里是米拉·日夫科维奇广告公司的成功案例，这里是米拉·日夫科维奇的工作室。进了门眼前豁然开朗，开放的空间由书架和屏风分割，温馨又舒适，这是米拉·日夫科维奇的创意源泉所在。1966 年，十几岁的米拉·日夫科维奇从贝尔格莱德来到美国——她父亲曾是南斯拉夫的一位电影工作者和摄影师——到 20 世纪 80 年代她已经有了自己的广告公司。

据日夫科维奇回忆，她和一名助理在位于曼哈顿中城的可乐丽办公室的会议桌前与公司高管会面，那些人"全副武装"，带着关于阿玛丽塔的"数百页科学报告"。广告推广的目的是吸引顶级设计师的注意，这些人不会考虑和注意每码价格低于 50 美元的面料。日夫科维奇认为，不该从技术角度切入。那该怎么办呢？可乐丽唯一能够确定的是他们想把阿玛丽塔和它的"美感竞争者"奥司维区别开来，日夫科维奇被告知，无论如何都要强调阿玛丽塔优于奥司维，而且还要指名道姓地提及奥司维。

日夫科维奇收集了纽约设计师们对阿玛丽塔的美言。在项目初期，她和她的三名同事并不在乎拼写正确与否，是否有打字错误，以及那些枯燥的事实是否准确，她们专注于在头脑风暴中对宣传词、问答、标语和场景进行深入的讨论。

196

设计师想要阿玛丽塔；设计师需要阿玛丽塔；设计师爱阿玛丽塔，虽然他们自己还不知晓。

*

它看着像麂皮，摸着像天鹅绒。

*

（它的）三维结构与天然皮革一致，品质却优于天然皮革。

*

穿上阿玛丽塔就好像拥有了超级性感的第二层肌肤。

*

羔羊皮还是小猪皮？都没门儿！①

*

一摸钟情。

当然还有这句：

麂皮和真皮已成过去。

他们构想出一个夸张的夜生活场景：你搭在约会对象肩膀上的阿玛丽塔夹克掉到街边的水洼里，一辆出租车从它上面碾过，一个嗑了药的夜店咖——"他女朋友因为一个欧洲摇滚明星离开了他"——吐在夹克上。没关系，阿玛丽塔没问题，只需丢到洗衣机里去。"所有发明之母的这种神奇原材料是可以机洗的。"

以上这些只是开放性寻找创意的尝试。最终的成果是一本8页的宣传册，标题为"阿玛丽塔：从自然中创造奇迹"，选用的色彩是黑莓紫和消防红。宣传册里有艺术家对阿玛丽塔结构的3D表现，即"超薄尼龙纤维构成的矩阵被亿万个小孔包裹"。宣传册还夸耀说阿玛

---

① 此处原文"Not by the hair on my chinny-chin-chin"是童话故事《三只小猪》里小猪在拒绝给狼开门时说的话，表示态度坚决。——译者注

丽塔能呼吸、能防水，其超细纤维比奥司维还要精细。宣传册图片里男女模特赤裸的身体上包裹着的不是裙子和罩衫类的成衣，而是麂皮或光面的阿玛丽塔面料。

其中一幅图片里有一对金发璧人：女孩头发卷曲，古铜肤色，没穿胸罩；男孩英俊，长长的头发搭在眼睛前。在他们身后是朦胧的石壁，除此以外图片里还有第三位成员：男孩一手搂着女孩，另一只手搂着一头绵羊。

阿玛丽塔
自然最好的朋友

"最强的合成材料，看起来、摸起来就像真的一样，"标题写道，"无须牺牲人类最好的朋友。"

据日夫科维奇回忆，最终完成那次拍摄相当不易。日夫科维奇在合成对抗天然的雷区里小心翼翼寻找突破口，一方面不想冒犯那些珍视真皮的设计师，另一方面又想传递出合成材料的优点，即"看起来、摸起来像真的一样"，且不损害自然……

一只羔羊。她想用一只羔羊来表达这层意思。

但他们弄不到羔羊，只能用绵羊充数——比羔羊大一点，也没羔羊那么可爱。

唯一的问题是他们要在中央公园里进行拍摄，可中央公园不允许绵羊入内。可以带狗进公园，但带绵羊不行。日夫科维奇不屈不挠，最终还是让纽约北部的一名农民用小货车把绵羊偷运了进来。她说，"羊的出场费比模特都贵"。

然后，一名模特需要稳定情绪。因为她怕羊，所以为了让她在镜头前放松哪怕零点几秒都要费好大的力气。

在完成的宣传册里，日夫科维奇不仅在技术和审美层面证明阿玛丽塔等同甚至优于真皮，她还指出了一个人们常常忘记的关于真皮的事实——真皮是死去的动物的皮肤，而阿玛丽塔不是。

不损害自然或任何生灵。 198

第十章　鳄鱼的梦

i. "我的皮不是为你而生"

在中央公园以南 30 个街区的东 26 街，夹在曼哈顿高档社区之间的这个地方非常普通。街道一边有一家足部护理店，10 美元一次。另一边是个停车场，停车场周围的铁丝网顶上有尖尖的刺。两地之间原来曾是一家肉店，现为哞哞鞋店（Moo Shoes）。一只猫躺在它圆形的猫窝里，顾客们踮着脚绕过它，店外招牌用黑白花标记提醒人们，这家店供应：

真皮替代品

库贝特斯基（Kubertsky）姐妹，艾丽卡（Erica）和萨拉（Sara）2001 年在这里开店（之后搬至下东城）。两姐妹都是素食主义者，她们绝不吃任何动物产品，也不想把动物产品穿在脚上。她们说，"我们当初只想确定，那些时髦好看又合脚的鞋子不是真皮的"。如今，皮带、手包、男鞋和女鞋挤满了店里的镀锌钢架。一双葡萄牙产的黑色高跟鞋卖 65 美元。紫铜色人造皮面的系带里纳尔多鞋、勃肯鞋、乙烯基皮带，这些都是假皮的，但她们为之骄傲。

真正的假皮

真正的无真皮服饰

英格兰制造

在这间小小的店里，世界颠倒过来了："非真皮"而不是真皮被看作真东西，被人垂涎——"零残忍"（人造）的包、书、皮夹和鞋子。

米拉·日夫科维奇筹划的"阿玛丽塔：自然最好的朋友"拍摄中被偷运进中央公园的绵羊，象征着因使用阿玛丽塔而免遭杀戮的无辜的动物。如今就连瑙加海德革都忙不迭地加入进来：公司网站上说他们古怪的虚构角色纳瓜推出了看似真皮的织物。"因为纳瓜脱毛的时候不会伤到自己"，所以瑙加海德革是"零残忍织物"。（另有网站对其进行恶搞称，公司不想让大家知道，"春天时他们下到河里，棒击纳瓜的脑袋，剥了它们的皮，做成仿皮"。）

颠覆真皮至上、塑料制品在下的神圣皮革等级制度的是 PETA，即善待动物组织。在 2003 年关于其创始人英格丽·纽柯克（Ingrid Newkirk）的一篇《纽约客》文章中，迈克尔·斯佩克特（Michael Specter）称善待动物组织为"迄今美国最成功的激进组织"。仅仅为了皮毛的价值而养殖和宰杀动物；人为了吃肉，让动物终其一生困在室内，这更糟糕；马戏团残忍地训练熊和大象，只为博人类一乐；无论何种原因，这些都是善待动物组织讨伐的对象。善待动物组织的主张只有一个，且容不得丝毫妥协：动物是有感知能力的，因此要善待它们。只要有剥削动物的行为发生，善待动物组织就要反对。他们组织反对动物试验的活动；他们销售"零残忍"的老鼠夹；他们抨击麻木不仁的广告商；他们抗议使用真皮。

　　"真皮就是无毛的毛皮"，善待动物组织在其网站上表明态度并进行论证。果真像制革业辩解的那样，真皮只是肉类加工业的副产品，动物在他们接手之前就已经死了吗？不，善待动物组织说，"动物之所以会死，是因为存在着对它们肉体和皮肤的需求"。毛皮——对善待动物组织来说，就和你我的皮肤一样——构成利益的一部分。"每当你决定购买皮夹克或皮鞋时，都给一个动物判刑终身折磨。"有什么其他选择吗？那就是不要贪恋皮革制品。"把你的衣橱变成'零残忍'地带"，善待动物组织建议说。在长达 28 页的"非皮制品购物指南"中，善待动物组织列出了包括哗哗鞋店在内的素食主义企业。善待动物组织强调，合成材料能像真皮一样呼吸，其表现和真皮一样好甚至更好。污染呢？鞣皮导致的污染比大多数"化学"工厂还要严重。

200

　　参加善待动物组织名为"蜕掉你的皮"的网络活动的帕梅拉·安德森（Pamela Anderson）——以"《海滩救护队》（Baywatch）的性感明星"形象示人，她涂满眼影，金黄发色，嘴唇丰满——气息粗重地念道：

　　　　你或许未曾意识到，在你每次着装时，每次穿鞋、系皮带、戴手套时，你穿戴的都很可能是真皮。动物虐待最常见的原因是对真皮的需求。

安德森讲述了一个悲惨的故事：印度的牲畜被运走，被残忍地宰杀，用它们的皮毛做成的产品在努德斯特伦（Nordstrom）百货公司、盖璞（Gap）和其他零售店售卖。在纽约市的一次街头采访中，一个头戴水手冬帽的年轻人似乎当场幡然醒悟："进化中有这样一个阶段，我们能用合成纤维制造衣服了。我们也能制造食物了。我们有这样的手段。是时候这么做了。"在这个时代，善待动物组织说，我们已经不需要真皮了。真皮只是无知过去的残留，没有必要制造痛苦了。真皮所谓的"天然"毫无意义。

如果善待动物组织仅仅以激进组织的狂热教师形象示人，它的宣传不会如此有效。尽管态度是严肃认真的，但它倚重朗朗上口的语句来传递讯息，还会使用夸张的广告、糟糕却令人难忘的玩笑以及流行文化偶像如保罗·麦卡特尼（Paul McCartney）的推荐。善待动物组织告诉大家，使用真皮是残忍和不道德的，也特别不酷。

在该组织一则获奖的公益广告中，老旧的黑白镜头里母牛、公牛和小牛犊正心满意足地大嚼特嚼，口型正好对应古怪的、传染性很强的轻快乡村音乐：

> 我们这些嫩屁股
> 愿意待在一起
> 我们不想当你的皮子。
> 不给我们点爱吗？
> 别把我们做成儿童手套、
> 夹克或鞋子，
> 因为我们的皮不是给你的。
> 我说清楚了没？

201

牛渐渐远去：

> 别碰我的屁股。

　　善待动物组织的道德训诫只聚焦于这一个问题，它尽量避免表现出一本正经地对他人指指点点的加尔文做派。在善待动物组织的道德世界里，禁欲者并不比寻欢作乐者更接近天堂。你喜欢奢侈品吗？别担心，只要别有兽皮就好。你追逐时尚吗？没问题，只要别用毛皮就好。你想实践暗黑的性幻想吗？也不必用黑色的真皮吧。在以"施虐狂扬鞭挺仿皮"为开场的善待动物组织广告活动中，示威者身着"性感的'人罪'①套装，手拿标语，上书'乳胶——最潮，真皮——过时'"。穿与非皮材料同类的"塑料皮革"（Pleather）。乳胶、聚氨酯——随你怎么选，只要别选真皮。

　　据说，善待动物组织的目的是"用标语和口号在真皮和政治不正确之间画上等号"——使其不再是非皮制品模仿的标杆，而是不值得效仿的社会恶疾。

§ §

　　颠覆真假的高下之分，让"100% 真皮"这一说法令人生疑、无关紧要，其实并非只有善待动物组织一种角度。正如我们在前面了解到的，无论真皮和自然的联系有多深，原则上来讲它也算不得是完全天然的。真皮的仿造者们有多"化学"，真皮也是一样。在这一章中，我们还将面对与之相似的其他悖论以及对常识的挑战。

　　在本书中，我们目睹了真皮这种天然材料与其挑战者合成物之间的争斗，有时我们的视角是真皮的，有时是其竞争者的。当然，我们也可以只把真皮看成一种材料而已，和马口铁、尼龙或海滩上的沙粒一样，死气沉沉、了无生气。把真皮想象成击退竞争者的活物，这恐

---

① 此处英文为"sinthetic"，是作者自创的生词，结合"synthetic"（人造，合成）和"sin"（罪），故翻译为"人罪"，以体现发音相似性及双重含义。——译者注

怕是最糟糕的幻想了，和迪士尼卡通片里抖一抖就活了的、双眼闪闪、牙齿晶亮的扫把和茶壶一样诡异。可是，人类给无生命之物赋予生命和意义难道是什么新鲜事吗？圣餐杯和卷轴被视为神圣之物；"钻石是女人最好的朋友"[1]。我们珍视书籍、彩色大理石、精致的瓷器、树的节疤、棒球球员卡。所以当我们准备抛弃这神秘的材料时，还不能对它产生一些同情和怜爱吗？

202

我们再不会同情和怜爱真皮了，是因为我们的心已经被世上的人造皮、科芬和阿玛丽塔们偷去了呢？

还是因为真皮已经变得不那么重要了呢？托马斯·曼（Thomas Mann）的长篇小说《魔山》（*The Magic Mountain*）以第一次世界大战前为背景。在小说的末尾，托马斯·曼向他小说里的主角汉斯·卡斯托尔普（Hans Castorp）告别，装得好像并不在乎他在欧洲战场上的命运似的。我们也一样，虽然表现得可能不明显，但当我们离开真皮和其他材料的陪伴，向它们挥手告别时，还是会依依不舍地回望它们栖居的"真""伪"之地。

ii. 伪之宣言

寻找人造皮革的故事也是一个关于宣言的故事：自豪骄傲的宣言；小心谨慎的宣言；欺骗性的宣言；专利申请和广告里的宣言；含蓄的宣言；直截了当供人测评的宣言；宣言说，这一次它终于像真皮一样好了；悄悄保证的宣言——嘘，这货比皮子好。在过去的两个世纪里，情况大抵如此。

---

[1] 电影《绅士喜爱金发女郎》中玛丽莲·梦露所饰角色的名句。——译者注

1830 年，一位名叫库默尔（Kummer）的德国绅士建议把废纸、油和清漆混合在一起，再加入铁屑或细沙，挤压这种混合物就能造出人造皮革。有记录说，"这种材料宣称"用它做的鞋子能防水，还"像真皮鞋一样结实"。

1918 年正值战时物资匮乏时期，来自瑞士卢塞恩的鲁道夫·奥布里斯特 - 杜斯（Rudolph Obrist-Doos）建议使用动物膀胱，可以对未加工的膀胱进行拉伸和干燥处理。他宣称，如此操作后得到的材料防水、有弹性、耐久，"完全匹敌真皮"。最近，一块低端女士手表的乙烯基塑料表带被宣传成令人回想起马道和草车夜游，且被称为"压花真皮的孪生兄弟"。就在昨天，可乐丽宣称其生产的基于超细纤维的帕卡西欧"和天然皮革一样，柔软、有韧性"。

像真皮一样柔软。

203   看上去像真皮。

摸上去像真皮。

真皮的孪生兄弟。

比真皮好。

有时，看着手中的仿皮样品，我们会被打动，进而被动地生出对它的欣赏之情。但那些劣质的样品也常常令我们怀疑自己碰见了骗子或蛇油推销员[1]，禁不住发出疑问，他们为什么觉得能骗到别人？常见的对人造皮生产的描述宣称最终成品"禁得起推敲"，可无论是仿皮、人造皮、合成皮还是假皮，它们身上都有欺骗的痕迹，几乎无一例外。

然而，从另一个角度看，模仿的动力催生了服务于社会的善行。

---

① 蛇油推销员（snake oil salesmen）是美国习语，指卖假药的人。——译者注

新材料给我们带来了更低的价格或更高的产量，而且挑战了我们既有的偏见。曾几何时，我们以为自己知道什么是好的、什么是更好的、什么最好的。毫无疑问，新材料无一例外要经受来自更古老、更根深蒂固的材料的抵抗和挑战。

在于 1969 年出版的关于聚氯乙烯历史的书中，作者莫里斯·考夫曼（Morris Kaufman）力图记录所有抵制塑料的行动。他记录道，若干年前伦敦地铁里的一则广告说"没什么像木头一样"。他们的目的是击退那些敢于挑战木头的材料，称之为我们对新材料的"固有的保守主义"：

> 老一辈人清楚地记得——东方地毯的行家们也都知道——植物染料优于其合成变体；老手艺人不无遗憾地回望手工锻造的钢；藏书家都懂得布料纸（rag paper）比之木浆纸的优越性。与新材料展开竞争的不仅有传统材料，还有消费者基于审美、感觉和个人满意度而精选出来的材料，因此新材料遭遇的是根深蒂固的来自主观的抵抗。

创新面对的敌意是"强烈而持久的"。

这在那些一辈子都在和老材料打交道的人身上尤为明显。19 世纪 70 年代，一位书籍装订工在试用了人造皮之后报告说，"出于作为工匠的固执……即总是认为'没有比得上真皮的东西'，他不得不硬着头皮一试，即使控制住了自己对仿品的偏见，他也依旧认为永远不会有东西能像真皮一样"。同样地，当乔治·萨维尼在无数个下午试验未来的洛丽卡时，他也感受到了来自鞣皮老手的不信任和不理解。不用说，科芬也引发了不小的敌意。"现在市场上没有一种替代品或准备上市的新产品没有力图在各方面模仿真皮，"制革工会在 1963 年警　204

告说，"它们从未仅靠自己的双腿站起来，也从未为此努力过"。

　　尽管已在行业里浸淫了数十年，米特·梅泽（绰号瘦子），那位我们之前见过的皮革专家，对此问题的态度却相当开放。在一篇为特拉华谷制革工而写的文章中，他提出了这样一个问题："新材料在生产过程中毫不掩饰其对已有材料优质特性的模仿，这难道有错吗？尤其是这些新材料同时也在努力克服原有材料固有的缺陷。"没有挑战精神，"就没有材料的进步，我们将会比现在更加贫乏"。

　　我们看到维多利亚时期的匠人和发明家把模仿变成了一门艺术：他们创造出了人造皮、漆布和其他无数种仿皮材料。把木屑和动物的血液混合，加热，干燥，压在模具里做成仿乌木材料；山毛榉被削成椅子部件，然后上色涂出斑点，为的是模仿竹子；给铜涂上清漆，上色或上釉，马上就能产生铜绿的效果，而真正的铜绿是要把铜暴露在空气中经过漫长的等待才能出现的。这些例子难道不是充满了自然的勃勃生机吗？

　　今天的科学家通过探索自然的进化来构造他们对新材料的认识：他们描述软木中类似风箱的机制；他们解释有棱纹的鸢尾花茎为何不易弯折。一个经典的例子是维克罗（Velcro，即魔术贴），它模仿的是穿行树林时粘在身上的刺果。当然还有奥司维，它的诞生部分源自冈本三宜对天然材料的研究。最重要的创造力往往躲在模仿背后，带着道德败坏的记号。技术史学家大卫·S. 兰德斯（David S. Landes）曾写道，"好的模仿者，就是好的创新者"。

　　我们不妨直说，从这一角度来看，真皮完全是平庸乏味的。在正面的宣传中，真皮或许是性感、时髦、反叛、帅气的，但你如果想成为真正的反叛者，就不应考虑真皮，因为它太常见、太安全。和其他传统材料一样，真皮是安全网中重要的一环，保护我们不落入模仿的万丈深渊，在那里有仿竹材料、人造软木和装有内存芯片，能在军事葬礼上自动发声的军号。**没什么东西像真皮一样**。正是这种将人们更熟识的东西定性为优于野蛮的新产品的倾向，使真皮变得格外保守，它已经成了现状的化身。消费者被包围在那些上周才刚从实验室里孵化出来的、前卫而难以捉摸的材料中间，他们想要找寻令人安心的标签，标签上写着英语、法语和意大利语的"真皮"，给人带来古老、熟悉和真实的踏实感。

205

真皮代表稳固的秩序，以及随之而来的好处。若干年前，两位韩国研究者采访了 400 多位消费者，让他们给出自己对汽车座椅材料的偏好。这些材料包括布、绒、真皮和合成皮，大多数人更喜欢真皮。真皮被认为是"奢华的"，人们夸赞其"柔软的质感"能让人"坐着舒适"。但当研究者对真皮和其他材料进行比对测试时，真皮在水汽传导这一项上的排名却很低，这表明天热的时候坐在真皮上会感觉黏黏的。除此以外，真皮坐起来也并不总是那么舒服，可人们就是能这样无视自己的感官体验而高声称颂真皮带给人的舒适。

这种差异困扰着研究者，令他们下定决心要好好研究一番。研究者指出，天然皮革是多孔的，可用在大多数汽车座椅上的皮子（我们将会看到）经过重度染色和其他处理，上面的毛孔都已经堵塞了。事实上，这样的皮子已经不比塑料好到哪里去了。受测者确认的是真皮一直以来被认为具有的品质，而非他们的真实体验。这就好比在家具装潢领域表现最佳的真皮把它的声望传给了它那些过度加工的穷酸亲戚一样，这些远亲可远远算不上是"天然"的。

§ §

再一次，天然究竟好在哪里？

或许再没有比作家、艺术评论家若利斯－卡尔·于斯曼（Joris-

Karl Huysmans）创作于 1884 年的小说《逆流》（*À Rebours*）更能体现相反的看法了。于斯曼笔下的贵族主人公兼叙述者德塞森特公爵认为，技巧是"人类天才的显著特征"。关于自然，他说：

> 在大自然的著名发明中，没有任何一项会是那么微妙或那么崇高，以至于人类的才华无法创造：没有任何一座枫丹白露森林、没有任何一道月光清辉，不能用挂满电灯的布景来制造；没有任何一道飞流瀑布，不能用水利设施模仿得惟妙惟肖；没有任何一片怪石岩，不能用硬纸板逼真地拼凑；没有任何一朵鲜花，不能由特殊的绸缎和奇妙的彩色纸来与之媲美。①

206

这位百无聊赖的公爵远离巴黎生活，给自己创造了一个人造世界：他把房子装修成船舱的模样，房子边上是一个巨大的水族箱，"能够随意呈现出不同天光下真实河流的斑驳颜色，如绿色、灰色、乳色或银色"。这部小说最奇诡的创意在于它贬低自然之物而歌颂人类对自然的模仿和表现，正因如此，这部小说可被看作对现如今的虚拟现实的浅尝一试。

认为自然之物优于人造之物的思想至少可以追溯至亚里士多德。他写道，"如果有一种道优于另一种道，那一定是自然之道。"自此以后，文学和哲学都把自然看作老师和模范，与之相比，人类的艺术和技巧则是低等的。

虽然德塞森特是一个极端的案例，是病理和敏感因素造就的特殊情况，但在若干个世纪后仍然有其他人站了出来，把人类造物等同于

① 译文参考余中先译《逆流》，上海译文出版社，2016 年。——译者注

自然造物。约翰·斯图尔特·密尔在 1854 年的一篇文章中写道："对文明、艺术和人造物的赞颂，就是对自然的贬损。承认其不完美，人类的职责和美德正在于纠正或减少这种不完美。"维多利亚时期另一位思想巨擘赫胥黎也表达过类似的看法。试想一下，人类建造花园来保护花草使其免受自然之苦。无论这花园多么郁郁葱葱、动人心扉，它都毫无疑问是"人造的"，并且其人造性一点也不比打火石和教堂要少。维多利亚时期在英格兰活跃的这些思潮认为，人类活动至少不会比自然活动低等。

那么，究竟为什么要把"天然"皮革放在比杜邦、东丽生产的仿天然皮革更高的位置上呢？

希勒尔·施瓦茨（Hillel Schwartz）1996 年的集大成之作《拷贝的文化》（*The Culture of Copy*）研究的是各个生活领域中的模仿、再造、拷贝和伪造。书的副标题是《惊人的相似性，过度的摹写》（*Striking Likenesses, Unreasonable Facsimilies*），其中有章节标题为《第二自然》（"Second Nature"）和《看见相似》（"Seeing Double"）。施瓦茨在书中列举了一些例子：古埃及人给陶珠上釉以模仿绿松石；强盗搜刮战利品，误把打磨过的闪亮尖晶石当作切割过的钻石，只因尖晶石内含的天然晶体类似钻石。施瓦茨指出，模仿并未偏离真与善，模仿有它自己的价值。书中还提及来自波西米亚的"金属衬底白水晶'莱茵石'"和陶瓷仿古浮雕，"这些骗人的仿造品是如何进入中产阶级圈子的"。他还提到，"一件做工不错的人造珠宝对于可怜的打工女子来说就是宝贝"。

如何理解上面这句话呢？这是在表达对廉价珠宝的鄙视吗，只因它们是用二流仿制材料制作的？还是对工人阶级的低俗品位报以怜悯，因为他们太容易满足了？抑或是一种欣慰之情，多亏了这些低成本复制品，工人阶级才能享有"宝贝"？

　　正如杰弗里·米克尔在《美国塑料》（*American Plastic*）中所说，塑料的魅力部分来自"替代品的出现使人们花更少的钱且更容易满足自己的欲望"。以琥珀为例，这是一种已经灭绝了的红棕色松树树脂化石。美是毫无疑问的。但用琥珀做的小东西太贵了，比如小珠子，它也做不了像发梳梳柄或篦子那样的大东西。后来有了早期的赛璐珞塑料，这种材料可以模仿琥珀的透明度和颜色。杜邦在 20 世纪 20 年代指出，琥珀永远无法"足量供应制造盥洗用品"。但杜邦生产的合成材料替代品却能"令所有独具慧眼的人士享用此类用品"。

　　仿皮也是如此。奥司维不便宜，洛丽卡也是，但它们是少数例外情况。最终，杜邦下调了科芬的价格。人造皮的价格低至真皮的 1/8。同样一款沙发，人造麂皮比真皮便宜不少。大多数合成皮之所以吸引人，是因为它们让人买得起原本负担不起的东西。消费者得到了他们之前完全买不起的东西的平替。璐加海德革是"对真皮的怀旧"，托马斯·海因在《平民奢侈品》（*Populuxe*）①中写道，"起居室家具生产者能够对原本多出现在绅士俱乐部和私人图书馆里的软座椅和沙发进行民主化设计"。1911 年的一份杜邦手册宣传说，漆布可以用来做室内便鞋：

　　　　染色皮革和缎面制成的室内便鞋价格昂贵，而且穿过几次后因为很难保持干净而无法示人，超出了普通女性的经济能力范围。

---

① 托马斯·海因在书中自创"populuxe"一词，由"populism"（平民主义）、"popularity"（流行）和"luxury"（奢侈品）构成。——译者注

低价的漆布则可以使普通女性也能拥有这款鞋。

　　研究 19 世纪法国经济史的学者乔治·德阿弗内尔（Georges D'Avenel）衷心地欢迎"廉价的仿造物充斥市场"。罗莎琳德·威廉姆斯（Rosalind Wiliiams）在《梦想世界：19 世纪后期法国大众消费》（*Dream Worlds: Mass Consumption in Late Nineteenth-Century France*）中这样写道，"现如今，地位低下的民众不再整日生活在沮丧之中，他们同样可以享受富人的快乐"。德阿弗内尔陶醉于法国的男男女女都能用瓷器吃饭，都能享用工厂制造的毯子和壁纸。毫无疑问，在巴黎百货商店里卖 2 法郎 1 米的大规模生产的丝绸比不上 600 法郎 1 米的里昂优质丝绸，但是，德阿弗内尔认为，"它们能给更多人带来快乐"。

208

　　廉价的仿造物？廉价不只意味着"劣质"或"劣等"，廉价还意味着能负担得起，因为有了人造丝和其他人造材料。保利娜·G. 比里（Pauline G. Beery）在 1930 年出版的《东西》（*Stuff*）中断言，化学家"对全世界人民的民主事业的贡献大于其他任何组织"。如果说仿皮并不总能达到真皮一般的水准，那或许是因为它在努力给更多人带来快乐。

　　或许因为它，大自然也变得快乐起来了。赛璐珞的早期支持者曾辩称，赛璐珞给"大象、乌龟和珊瑚带来了喘息的机会"。再也不需要"为了找寻不断减少的材料而把地球洗劫一空了"。人造材料缓解了对天然橡胶和珍珠的需求压力。1927 年的一期《巴伦周刊》形容漆皮为必不可少之物，因为"地球上所有牛加在一起"也无法满足汽车和家具内饰对真皮的需求。

　　科芬也一样，杜邦把它包装在社会意识的觉醒之下：伴随着人口大爆炸以及全球范围内生活水平的提高，越来越多的人需要更多的鞋子。据杜邦预测，到 1983 年真皮的需求量将超供应量 30%。新材料的伦理是："令我们感到欣慰的绝不是我们事业中人道主义的一面。"当时杜邦的一位管理层说："'科芬'凸显了'有'和'无'之间的差别。"真皮短缺并没有发生，合成皮的大量使用或许延缓了真皮的短缺。没有这些合成皮，欧文制革的创始人马克斯·基尔施泰因（Max Kirstein）在鞣皮业因为科芬的到来最恐慌时说，"今天皮毛的价格会是现在的 1.5 倍"。

战争也会导致真皮短缺。真皮短缺催生了代用皮（ersatz）。"ersatz"是德语单词，本意是代用品或替代品，通常指没有吸引力的东西。我们就剩烂东西了，咖啡代用品或真皮代用品，因为我们弄不到真的，虽然大家都知道真的更好。"ersatz"的一个含义是"廉价、劣等、骗不了人的东西"，通常产生于经济困难时期或战时。

20 世纪 30 年代，德国备战导致代用品产生。第三帝国的制鞋业原本依赖进口皮，现在因为要给国防军配备装备而开始试验代用皮鞋底并招募工人试穿。哥廷根大学的安妮·祖德罗（Anne Sudrow）证明，二战时这种试验走向了邪恶的方向，萨克森豪森的集中营里成立了穿鞋徒步旅（Schuhläuferkommando）。集中营里 150 多名囚犯被命令徒步行走，其条件之恶劣无异于死刑，这一切的目的就是要测试代用皮鞋底。

"每一名忠诚的美国人都应该投入拯救真皮的行动中"，美国参加第一次世界大战 4 个月后，一则漆布广告这么说道。这里主张的不是奢华、舒适或其与真皮的相似度，这里的主张源于迫切的需求。

　　山姆大叔指明了方向：用真皮替代品做卡车、救护车、飞机和轮船。你会帮他吗？

　　不论做什么，做些什么来节省真皮吧。每块用替代品替代的真皮都用来给军队做鞋子，给农场做马具，给工厂做传动带——
帮我们赢得战争。

你会用什么真皮替代品呢？

山姆大叔的选择是

杜邦漆布

在广告页面一角却又颇为明显的是漆布那值得信赖的广告语：

一头牛有多少皮？

iii. 谜一般的联合

为了手无寸铁的动物、为了祖国、为了山姆大叔，用仿皮。有点
难理解吗？仿造之物也有它们的魅力。

前文在伊迪丝·沃顿的小说中我们遇到过这样一个人物，她对去
拜访的家庭里的"老式柴火"心生厌恶，进而怀念起时髦的假木柴。
自那以后，人们用木屑、煤油、杏核壳、硬纸板、桃核甚至回收咖啡
渣来制造假木柴。对神圣的壁炉的亵渎很容易令人挑剔，并对其嗤之
以鼻，类似的还有铝合金圣诞树以及房前院草坪上的塑料火烈鸟。但
这些东西里是不是也蕴含着一些迷人的放纵感呢？或者是人们终于开
始厌倦真皮、山羊绒、红木和黄金了呢？

不管怎样，这就是理查德·阿奇瓦格（Richard Artschwager）感
受到的。阿奇瓦格是一位经验丰富的高档家具制作者，据 2001 年英
国《旁观者》（Spectator）杂志报道，他"对优质材料产生了厌倦"，

210

他开始讨厌自己店里那些优质木材。"我拿到了一小块富美家"，是最基本的"漂白胡桃木色"。富美家是"那个时代最令人恐惧的丑陋的材料"，但40岁出头的阿奇瓦格被它吸引了，他开始用富美家进行艺术创作。对一些评论家来说，这证明了阿奇瓦格不仅是一位匠人，还是一位真正的艺术家。那些"最好的"材料如何？不行——它们太寻常，太建制派。另外，在这些廉价、卑微的材料上我们感受到一种新鲜的，在艺术上更成立的精神。塑料仿造品是坏的吗？还是坏坏的？[①] 特别牛、潮、新、酷？

正是这种闲情逸致让时尚史学家格蕾丝·杰弗斯爱上了仿造品，尤其是它们那些令头层皮爱好者嫌恶的花哨、肤浅的特质。我们之前已经听过杰弗斯赞颂瑙加海德革带来的欢乐，在她看来，人造材料的粉丝"感性、有趣、注重当下，有很强的幽默感"。把对天然的迷恋调转一百八十度，人造材料的爱好者拥抱仿制物带来的平民的欢愉。对他们而言，1970年在优耐陆展上展出的用聚苯乙烯泡沫塑料（polystyrene foam）制成的手凿木梁和虫蛀镶板会令他们微笑而不是紧皱眉头。即便是在其著作《手工艺的艺术与本质》中对天然材料大加赞赏的大卫·皮耶也能欣赏仿制材料带来的乐趣，他写道："没人会认为女人美丽的脖子上围着和鸟蛋一样大的珍珠是在炫耀印度群岛的财富；罗马圣彼得大教堂的仿大理石也骗不了小孩……这些都是毫不遮掩的，令人愉快的精湛技艺，不是诡计和骗术。"

萨姆·兰格清楚地记得20世纪50年代他在漆布项目工作的日子。在纽堡工厂，焦木素涂层的人造革在一栋楼里生产，乙烯基材料

---

① 此处英文将原本的"bad"发音拉长为"ba-a-a-d"，模仿摇滚乐演唱中的发音，以表现其酷帅的一面。——译者注

在另一栋楼里生产。当时工厂急需新的、有特色的皮革纹理压花辊，那种普普通通、相貌平平的纹样已经行不通了。于是，几年前刚刚从伦斯勒理工学院（Rensselaer Poly）毕业的年轻工程师兰格被定期派往纽约去搜寻新的纹理。那时候他常常进出第七大道制衣区的皮革商店、铺面和工作室，买下所有有趣的料子，然后把它们运回纽堡。"我们已经不管不顾了，"他说，"我们拷贝了能找到的所有皮料。"这是在作假吗？从可怜的皮子那里偷纹理？得了吧。在纽约为了得到真皮般完美的效果而探头探脑，20 多岁的萨姆·兰格过得正尽兴。

那时候，人们赞美摇滚乐队对老式曲风的模仿。有这样一种说法，"人们不再需要为自己模仿他人而道歉……忠于昨日那已渐渐消逝的声音就是新的真实"。路边假路易威登手袋的供应商受到《纽约时报》的礼待：一个小贩把价格从 200 美元降到 180 美元，却还是被拒绝了。《纽约时报》引述他的话说："可这，是真正的仿品！"在我们今天的文化中，仿造的和不真的东西却常常带有些许乖张的魅力。

杰弗里·米克尔曾写道，19 世纪仿造品批评家能理解仿品的诱惑所在。拉斯金称模仿为艺术的五个快乐源泉之一。他写道："当有东西看着像别的东西而且几乎可以乱真的时候，我们会感到惊喜，头脑中产生一种怡然的兴奋感。"伪装被扒开时，也被看透。仿皮的贩卖者恳请消费者拿真东西与之相比：看不出和原版的区别。这难免令人好奇，是否他们自己也被拉斯金所说的那种满足感冲昏了头脑。即使知道魔术师是在迷惑我们，我们依然为他的花招惊叫不已。我们看莱昂纳多·迪卡普里奥饰演的角色在《猫鼠游戏》（*Catch Me If You Can*）中变成律师、医生、飞行员，看得兴致勃勃。当"假"对实实在在的"真"嗤之以鼻时，我们却沉溺在惊叹中不可自拔，我们从骗术中获

211

得的愉悦感将所有道德马后炮一扫而光。

　　让我们想一想 1988 年在纽约开幕的一个展览，此展览经美国民间艺术博物馆（Museum of American Folk Art）批准，名为《四月愚人：民间艺术中的假与仿》（April Fool：Folk Art Fakes and Forgeries）。真与假成对展出，目的是帮助观展人用新的眼光审视真假。话说回来，面对着展览里的一个花了 31.9 万美元收购来的假鹅，谁也不会不端正态度、小心翼翼的。造假是犯罪吗？是的，但这些展品旁的说明文字似乎在告诉我们，赝品做得越好，我们就越会为其制造者的胆量和技艺啧啧称奇。在谈及一组布满污渍的赝品时，一位经销商说："这些是特别好的赝品，很多本应看出来的人都被糊弄了，还不止一次。这些假东西很有创造力。"另一位说："假的不都是不好的。他们的存在给寻找古董的过程增添了一定的趣味。如果所有的东西都是看起来是什么就是什么的话，收藏恐怕就是一个'无聊的游戏'了。"在艺术的这一角落里居住着卑鄙的骗子——或者可否说它们是有趣的无赖？

212　　"技术的壮美"一直被用来形容由超声速飞机和宏伟的大桥这类东西引发的敬畏感。有没有那种"差点骗了我的壮美"存在呢？这种壮美由那些骗我们以为它是什么其实不是什么的东西、人或材料引发。在《普罗米修斯的壮志》中，斯坦福大学的科学史学家威廉·R. 纽曼提及希腊人对艺术幻想力的反应：

　　　　一方面他们敬畏于艺术家的模仿技艺，另一方面他们也必然要嘲笑受骗上当的人。希腊艺术以这两极之间含糊不清的张力为乐。能和天神比高下的再造自然的能力，同时也是蒙蔽双眼的骗术花招。

人们着迷于迈伦的名作，那头知名的铜牛。古典学者黛博拉·塔恩·斯坦纳（Deborah Tarn Steiner）写道，"因为它是有生气的躯体和了无生气的铜或石头这两者谜一般的结合体"。

相似性越高，这个谜就越吸引人。出席奥斯卡颁奖礼的小明星脖子上的钻石项链：真的还是假的？同卵双胞胎：谁是莎莉？谁是苏？当谜底揭晓，骗局真相大白时，胜利的滋味多么甘甜！1885年的一份鞋业杂志曾报道过"某种廉价、薄底的布罗根短靴"，其人造鞋底由普通纸板制成，表面覆盖着染成真皮样子的纸，这样的靴子居然骗过了所有人。最终，"一位以敏锐著称的买家"看出了这里的门道，这种鞋的价格才降了个"底儿掉"。巧妙的骗局在敏锐的洞察力面前灰飞烟灭。我还记得那种满足感，那是若干年前还在上大学时，我闭着眼睛都能在两个一模一样的计算尺中找出属于我的那个。来回摩挲红木制成的计算尺，上面粗糙的部位各不相同。一模一样的东西对一般人来说或许难以分辨，但对我们这些品位高雅、明察秋毫的人来说，不费吹灰之力。

但如果连我们也看不出来呢？如果仿得实在是太像了呢？或者说，如果我们的辨别力没好到能区分出来呢？20世纪40年代，英国计算机科学先驱艾伦·图灵（Alan Turing）思考的问题是，如何判定机器是否能够思考。他的方法是，假设你坐在键盘前同时与一个人和一台计算机互动，你看不到这个人，也看不到计算机，你可以向他们发出任何预先没有设定的问题，然后获得他们的回答，如此往复交谈。如果在大概一小时后你无法确定谁是谁，那么就可以说机器有了智能。图灵称其为"模仿游戏"，也就是我们今天所说的"图灵测试"，这是人工智能领域的里程碑事件。1944年，一位在工艺方面颇有创见的设计师彼得·多默（Peter Dormer）扩展了这一概念。震惊于机器对手工制作的模仿，甚至是对那些"随机的、偶然的意外及不完美状态"的模仿，多默提出了他自己的版本的图灵测试："如果你无法判定一块机织织物是手织的还是机器制造的，那么要么一直被大肆夸赞的手作的诗意之美其实是虚构的传说，要么就是技术也能实现手作的诗意之美。"

或许是时候来一场"仿皮的图灵测试"了：和真皮放在一起，没有被认出来的仿皮就算过关。和模拟手作的技术一样，这样的仿皮对我们来说也是一种威胁。一直以来，我们不是好像能区分出真皮和它的模仿者吗？我们不是相信，如果不出意外自己至少能区分带有自然印记的和永无生气的东西吗？

但事实是，我们常常分不清楚。

在本书的调研准备阶段，我不停地摩挲、抓捏和细看任何一种类似真皮的材料。不管去到哪里，无论是陶瓷谷仓①、酒店大堂、候诊室、皮具商店还是朋友的客厅，我都会立刻摸起周围的材料来，暗想着：真的还是仿的？有时我还会掏出放大镜，眯起眼睛寻找毛发细胞或压花的证据，偶尔我甚至会把椅子翻过来，把餐厅的菜单里外翻转，寻找小块布料、破损的边缘及其他一切人造痕迹。一旦遇上真皮血统令我存疑的材料，我都会怨念自己的无知，并且把它们大卸八块。这怨念会一直盘踞在心中，直到我遇到的真皮专家、专业人士和在鞣皮行业里摸爬滚打多年的人也无法判断时方才消散。这些专家在没有试验测试和显微镜的情况下承认自己无法判断，倒也心安理得。

---

① Pottery Barn，美国家居销售巨头。——译者注

在不确定性的刀刃上如履薄冰，想着这个钱包是牛的毛皮还是来自石油管道，这令人心慌意乱。我招募来的参加小测试的朋友也出现了这种状况：我搜罗了不少真皮和仿皮样品，把它们分别放在卡片上，让我的受测试者们判断——首先是看，然后是摸，接着是捏——到底哪个是哪个。很多人都被一块摸上去像纸板的经干燥处理的蓝湿皮或一块里面朝外的洛丽卡蒙蔽了双眼。在试验的每个阶段，他们的说法都不一样：有时候是视觉被欺骗了，有时候是触觉被欺骗了，还有时候是两者都被欺骗了。真相大白时——得知哪个是假，哪个是真，他们发出尖叫，震惊于骗局的巧妙：哦，我永远也猜不到。他们会神经兮兮地念叨自己错在哪里，还有人会倒吸一口气，赞叹某种材料与真皮如此之像。那些一下就能看出来的材料，无论真假都不会引发人们这样的反应。当那块材料在那里，就在他们手上，可他们还是无法确定时，那"谜"一般的不确定性，那未解的悬念如同急需得到满足的情欲之痒。

被仿制边界吸引的思想家中最具影响力的是法国后现代主义哲学家让·鲍德里亚（Jean Baudrillard），他的《拟像与仿真》（*Simulacra and Simulation*）探讨的就是真与假之间混沌模糊的界限。鲍德里亚用其遍布悖论和细节的警句式写作，区分了"假装"和"模仿"。关于前者，他写道，"保持了真实原则的完整性"，真伪之间界限清晰；而关于后者，仿真，则"对'真''假'之别，'真实'与'想象'之别构成了威胁"。我们之前提到的可乐丽1964年的专利也做出了这样的区分：在此之前的产品只是"仿皮"，可乐丽最新生产的最优产品却是真正的"人造皮"。借用鲍德里亚的表述，可乐丽的目标不再是"假装"而是"仿真"，原版与拟像之间的边界被抹去了。事实上，以科芬为起始点，在至少40年的时间里，新合成皮的制造者都例行公

214

事地把他们产品的微观横截面与真皮的并置在一起，目标是制造出接近更高要求的产品，即真正的仿真。

边界被打破时，我们不再清楚何为真、何为假。鲍德里亚写道，当"真不再是过去的样子，怀旧就有了全部的意义"。再看看之前一带而过的列文杰公司邮购商品目录吧。那旧式皮桌垫板和公文包，还有复古的自来水笔和旧式地球仪都会令我们产生某种怀旧且心痛的感觉。再比如，如果本书成书和出版于没沾染多少怀旧气息的年代呢？也就是说，在那时皮子还只是靴子、马笼头和工业皮带这类日常工作用品的材料。

215　　　鲍德里亚选择的例子是全息图，就是那种在空旷场所用激光投影再造物体三维图像的技术，这种展示方式的逼真度常会令博物馆的参观者震惊不已。"全息再现与所有精确合成和真实复活的幻想一样"，鲍德里亚写道，都不再是真实，而是"超真实"了。超真实的所在是鲍德里亚说的"真理的另一面"，其在某种意义上已经剔除了原版。"这就是为什么在野蛮的文化里，双胞胎会被神化进而被献祭。高相似性等同于对原版的谋杀。"未来的仿皮，那些比我们今天的仿皮更接近真皮的新材料又会有怎样的奇迹呢？在鲍德里亚看来，这一"超真实"的实例会使动物真皮变得陌生且不真实。

希勒尔·施瓦茨在《拷贝的文化》中写道，只有在不断产生仿制的文化里，"我们才会给原版赋予如此大的动力"：与其模仿者相比，原版被改变了，被赋予更大的意义。任何东西的原版"与我们直接对话无需中介，我们似乎相信在我们之间，在人类之间已经不存在这样的体验了"。迫于模仿者的紧逼，真皮那可怜的小肩膀上挑起了更重的新担子。

iv. 仿鳄鱼皮

不能说我们现在已经特别确定何为"原版"真皮，何为"真"，何为"天然"。

第一次世界大战前，杜邦夸口说漆布上压印的皮纹来自他们精挑细选出的完美真皮。每一天，在世界各地的真皮制造中，类似的筛选都在发生。据估计，你所见的真皮中有 80% 或 90%，其最初的表层都已被去除，它们都经过了类似漆布的处理，即涂覆和压印，保留原始皮纹的手袋和鞋子是昂贵的例外。想象一位闪耀青春光芒的 19 岁超模，她的美如此天然，她的面色如此完美，粉和腮红只能破坏这种美。同样地，最好的真皮只需一点油和染料就能展现最佳状态。可其他皮子呢？真皮或许勉强能披着"天然"的外衣，但在更多的情况下，真皮表面一英寸以内都已经加工过了，覆上了非天然的饰面板。

1905 年在英格兰出版的名为《图书馆用皮革》(*Leather for Libraries*) 的报告悲叹书籍装订用皮质量之低。报告说，半个世纪前古老的机械压印皮革装饰法变差了，用电镀法在"绵羊皮或其他同等级皮革"上就能复制昂贵皮革的纹理。自那以后，绵羊皮几乎消失了，它"以仿摩洛哥山羊皮、猪皮或其他高价皮的面目重现市场"，只有用显微镜才能辨别出这里的骗局。

换句话说，早在人造革、瑙加海德革和科芬之前，制造仿皮的压印技术就已经被用来改变真皮的外观。比如，大型斯丹压花辊不只压印乙烯塑料和聚氨酯，也压印真皮。一个常见的操作是，皮革面皮如果瑕疵太多，以致无法使用就会被去掉，皮面被覆以硅酮硝化棉或其他涂层，然后进行压印操作，这被称为"修正粒面"(corrected

216

grain）。有蜱虫叮咬、擦伤和受伤痕迹的皮革的原始粒面让位于一个完美的形象——简言之，这就是美容拉皮。和美国鞣皮商们交流，他们会把生皮质量不佳归罪于饲养场的经营。越来越多带有铁丝网洞、蚊虫叮咬痕迹和破坏外观的粪肥结痂的皮子，到了鞣皮商这里自然要被"修正"。

现代生活"不再是仿真、复制或戏仿的问题了"，鲍德里亚写下一条字斟句酌的警句，"而是将真实替换成真实的符号"。显然，瑙加海德革正是如此。但更适用于这番话的恐怕是那种美感上并不完美的牛皮，表皮被去除，被印上另一头牛的皮纹，而这另一头牛可能来自同一个饲养场，也可能来自地球的另一端。

如果纹理根本不是牛的，而是完全不同的另一物种的呢？一个常见的例子是鳄鱼。的确，印有鳄鱼皮斑驳的鳞状马赛克纹理的牛皮还是真皮。然而它向世界展示的却不是原本的动物，而是上帝的另一种创造物。其结果，如果想得太深，会和科学怪人或换脸一样令人不安。更不用说这里面的欺诈了。联邦贸易委员会坚决要求这类物种转化必须告知消费者，所以你会听到"仿鳄鱼皮"的说法。

我们冒险再向这诡异的、令人心生不安的外表与欺骗的深处走走如何？不久以前，我买了把椅子，金属框架外裹着"涂料染色皮"，深巧克力棕色，很好看，坐着舒服，价格也不是很贵。除非像我一样把座位撬开摸到里面去，不然你没法真正摸到这个皮子，而且发现它其实是特别廉价的一种。它的表面压上了一层橡胶塑料层，而你的屁股接触的正是这层橡胶塑料。这层橡胶塑料可不薄，厚度像风景明信片一样，泡沫层之上是硬质外壳——上面浅浅地压印着真皮的纹理。这就好像你参加化装舞会，遇到了一个戴穆罕默德·阿里面具的人——舞会结束后摘下面具，还真是他，不过是更苍老的、不再令人生畏的穆罕默德·阿里。

　　一位意大利家具进口商吹嘘其饰面材料为"高保护性皮革"。这意味着皮革：

　　　　经谨慎处理，具有高防湿、防晒、防磨性。这种处理使皮革免受污渍和小磨损的影响，也将日常保养降至最低。

产品广告夸耀说："100% 皮，无乙烯塑料！"可如果此种"谨慎处理"把皮子变得像乙烯塑料了呢？令真皮最热心的支持者感到痛惜的恰恰是这一点——皮子没有皮子"该有"的感觉了。被我骗去做那个小测试的朋友们承认合成皮在触感和观感上是成功的，反倒是那些虽然是真皮却又"不天然"的皮子让他们无从判别。

　　我们来说说皮革拉软术。这项技术看似相当简单，就是用震动的机械指连续捶打皮革，令其变得柔软易弯。狄德罗的《百科全书》记录了那时用来拉软皮革的特殊锤子，如今这项工作由机器完成，但原理还是一样。一个皮革化学线上论坛里出现了这么一个帖子，开头是这样的："亲爱的鞣皮同行们，你们如何理解拉软处理的条件呢？"

　　有人立刻回复道，"需要 20% ～ 22% 的含水量"。成品革的含水量为 12% ～ 15%，为了达到这样的含水量需要对鞣制过的湿皮进行真空干燥处理。把它们平摊在滤网上，水分经滤网被吸干，同时监控含水量使其到达正确的数值。另外一种方法是使皮革彻底干燥，再加入水分使其达到 20% 的含水量。从这里开始，讨论扩展到了结构性和非结构性结合水（bound water）、吸湿点（hygroscopic point）以及如何用丙烯酸树脂（acrylic resin）把皮革变软……

218

　　有人加入讨论说，有些鞣皮匠能对湿皮进行拉软处理。那需要特殊的传送带，"但能做出非常好的紧绷的皮子，且长度（footage）特别合适"。长度？他指的是以平方英尺计实际得到的皮革大小。之前一位参与讨论的人回复并怀疑说，这种湿皮拉软术不仅能将皮革拉软，也可能被用来"扩大"早期处理获得的"面积"。他说："这一招可真新奇！"

可这时，他又想了一下说：

> 那么，我们拉伸皮子，在获得最大面积的同时牺牲掉皮子的许多其他物理特性，这么做什么时候是个头呢？最后得到的皮子几乎没有弹性。就这样反反复复，备皮、拉软、拴牢、用板固定等。

这些都是增加皮子长度的机械方法。

> 之后剩下什么？还是皮子吗？

这种由技术推波助澜的人为干预又怎么能被称作"天然"呢？

近些年来，再没有一个词被如此剥夺了其本来的含义。20 世纪 70 年代后期，罗珀舆论研究中心曾让 2000 位成人受测者从列表中选出两三项能令他们联想到"自然"生活方式的东西。表上几乎每样东西都被选到了：更简单的生活方式？是自然的。避免人造食品和加工食品？也是自然的。做自己？也是。自己动手做东西？对。穿着更简单？减少消费？所有这些以及其他很多东西都可以被归到"自然"这个大概念之下。这一观念悄悄深植于美国人的意识之中，而且已经变得模糊不清，以至于可以用它来指代几乎所有东西。只要是好东西就是"自然"的，这种疯狂的无意义已经出现在天然有机食物的标签上了。尽管皮革不是最早令我们发出"什么是'自然'"疑问的天然材料，但在其身上也同样出现了无意义的标签。

在《普罗米修斯的壮志》中，威廉·R. 纽曼将炼金术作为自己的研究对象。炼金术是中世纪晚期及现代早期盛行的一种原始科学行为。大致来说，炼金术士试图通过所谓的"点金石"把基本材料变成贵重金属，尤其是金子。纽曼丰富了对炼金术的标准概括。他告诉我们，亚里士多德将对自然的模仿和对自然的完善区分开来，整个中世纪也保留了这样一种区分。至于那些致力于第二种也是更高级炼金术的人，纽曼说，他们的目标是"真的要把普通材料变成价值更高的物质"。对合成材料来说，联想到这种观念并不需要多大的想象力：廉价、普通的单分子物质产出了几乎等同于价值更高的真皮的东西。这一观念能否同样与真皮联系起来呢？

我们看到，长久以来人们一直用当地作物鞣制皮革，这样的情形在 19 世纪晚期让位于更复杂的技术，此技术基于铬盐，具有化学加工业的一切特征。我们还看到，鞣皮工精心选择鞣前准备（beamhouse operation）、加脂、复鞣及现代鞣后处理方法，既能把一块皮子变得像篱笆桩一样坚硬不弯，也能把它变得像婴儿的小屁股一样柔软娇嫩。就像魔术表演的烟雾和镜子一样，制皮术背后也隐藏着秘密，将其称为鞣皮艺术并不为过。如此一来，可否也将其视为一种炼金术呢？一种"普通的"材料，刚从屠宰场出来的动物生皮变成了"截然不同的物质且具有更高的价值"——皮革。

维勒的合成尿酸打破了人工与自然之间看似神圣不可侵犯的界限。说到底只有一个自然，真皮及其仿制品共享这一自然。纽曼提醒人们注意另一位学者的观点："人造与天然之间的区别并未消失"在

1828 年维勒发现的那一天。虽然从抽象的哲学角度来看，胶原蛋白并不比乙烯塑料更不"化学"，而真皮也并不比合成皮更"天然"，但要让人们轻而易举抛弃成见可不是一件容易的事。所以，如果我们暂且将真皮视为"天然"的，那么我们对真皮常规加工中"天然性"丧失发出的疑问也是可以理解的。

本书前面章节里提到的那位皮革缺陷专家琼·谈库斯谈到她和丈夫若干年前开的一辆凯迪拉克。她回忆道，"我喜欢那车的座位"。它们舒适、豪华，是真皮质感的。如今他们又有了辆新车，她说，"车子内饰是皮的，但感觉像是人造的"。因此，谈库斯无论冬夏都会在车座上铺一块旧的皮毛一体羊皮，那感觉可比皮革好多了。

220

在竞争激烈的汽车内饰业，真伪悖论时常涌现。美国皮革化学家协会在最近的一场会议上强调了这一商机。据称美国人住在他们的车里：他们把可乐洒在车座上，把巨无霸汉堡的番茄酱溅在车座上。一位与会者说，"在过去的几十年里，汽车已从简单的交通工具变身为车轮上的生活环境"。人们衣着更加休闲——对汽车内饰的要求却更加严苛。曾几何时，开豪车就要配商务正装，而如今开豪车的人可能穿着油渍渍的牛仔裤。汽车内饰要能经受更多的日常磨损和损伤，要能经受亚利桑那州的炙热和明尼苏达州的严寒，挡风玻璃不能起雾，气味也不能难闻。在一项测试中，内饰样品被置入密封容器内，两个小时后打开容器，三位受试者闻过后对气味进行评价：从"察觉不到"到"察觉得到但并不讨厌"再到"难以忍受"。用来制作皮革内饰的皮子在传送带上快速移动时，被高速旋转的喷枪喷上厚厚的保护性颜料和末道漆。"汽车内饰皮革与消费者对优质服装和配饰的期待相距甚远，"行业杂志里的一篇文章提示道，"为了满足 10 年／100000 英里的耐久性标准，皮革的外观和手感常常变得和乙烯塑料差别不多。"

事实上，皮革内饰中很大一部分都是乙烯塑料：真皮"座位表面"是没问题，可内饰的其他部分是配的乙烯塑料。A 表面和 B 表面，此为商业术语，杰夫·波斯特（Jeff Post）说，他曾是乙烯塑料生产商桑达斯基阿瑟尔的副总裁，而今是福特汽车公司颜色和材料设计部的经理。A 表面是与身体接触之处，如车座；B 表面是除此以外的其他所有地方，包括仪表盘、座椅靠背，甚至还包括坐垫侧面。细看有些年头的汽车内饰，尤其是 A、B 表面相接的地方，在接缝处的真皮一边你会发现一条干涸的河床，松散的涂料碎片包在真皮外面，真皮原初的表面早已被剥去。沿着缝线向坐垫侧面看，会看到能联想到真皮的褶皱、起伏和纹理——经年使用后更加光亮，颜色不再相衬，确定无疑是塑料材质的。

这颜色和质感上的差别在一辆旧车里并不要紧，可新车里这两种表面就得把它们的出身差异好好掩盖起来，这就有了"色彩匹配"。 221在瑙加海德项目中，前造型总监迈克尔·科普兰（Michael Copeland）回忆道，开色彩匹配会时，他们会带上一打甚至更多真皮和乙烯塑料样品（各一份），整个会议过程中大家都在对颜色的深浅做细细地评判。桑达斯基阿瑟尔工厂有一个专门的房间用于比较样品在不同光照下的差别——荧光灯模式、自然光模式以及落日光模式。他们会读取一种样品的色彩数值，记下规格偏差，随后据此调整生产流程。一位顶级设计师告诉《汽车工业》（Automotive Industries）杂志说，"乙烯塑料供应商在复制真皮纹理和外观方面做得很好，连我自己都很难分辨两者的差别"，而这仅仅是对理想状态的设想罢了。

波斯特说，他的老东家给克莱斯勒（Chryslers）高端汽车制造了一种具有真皮质感的乙烯塑料材料，名叫萨顿（Sutton），这种材料上压印着凸显"自然"的印记。其中一块样品粒面清晰，显露出毛囊的痕迹，还有……在最中间的地方，纹理被截断了，出现了橡皮擦大小的一块污点——那是蜱虫叮咬过的痕迹，乙烯塑料上居然有一块蜱虫叮咬的痕迹。那时候此种材料在墨西哥生产，波斯特说，当时一名认真的工人向其上司指出了这个瑕疵。这不是瑕疵，工人被告知说，就是这么设计的。

合成物入侵自然王国；颜色相配，有虫咬痕迹的篡位者乙烯塑料和温文尔雅的真皮来一个不体面的拥抱？这是拙劣的模仿。当然，如我们所见，拥抱的双方都是满怀诚意的，因为被涂抹上那么多东西的真皮也已经不天然了，也不再像真皮了。成本压力无时不在，现状无法改变。几年前，和每平方米 50 美元的优质苯胺革（aniline leather）相比，那些需要表面处理的低质皮革更便宜，每平方米只要 20 美元。如一位会议发言者夸耀的那样，有一种新的鞣后处理方法可以将 50 平方英尺的蓝湿皮抻成 58 平方英尺那么大，最终成品皮的质感如何人们却不记得了。毫无疑问，这样的皮子摸起来绝不会丰美。一份对美国汽车抱有敬意的测评抱怨其皮革内饰"看上去很廉价，就像瑙加海德革做的旧夹克一样"。

§§

令真皮汽车内饰在真伪边界上徘徊的不只是其外观和质感。我们现在身处纽约市南边新泽西的黑兹利特（Hazzlat），这里是国际香精香料公司（International Flavors and Fragrances）所在地，该公司销售的价值 20 亿美元的配料奠定了现代食品和家用产品的气味和口味。36 号公路的一边是公司的研发中心，在这里受试者们坐在亭子间或在嗅闻，或在品尝餐点样品，或正从天鹅绒、真皮、棉、雪尼尔布样里盲选出令他们联想到某种气味的样品。在国际香精香料公司的年度报告中，两个女孩正开心地吃着冰砖。其年报介绍了一种叫"可可增量剂"的技术，有了这一技术巧克力生产商可以降低巧克力用量而不影响产出。年报还提及中风患者靠熟悉的味道加速康复。在国际香精香料公司，斯蒂芬·沃伦伯格（Stephen Warrenburg）骄傲地提及一款电子化的气味类辞典。在这里，吉耶尔莫·费尔南德斯（Guillermo Fernandez）的名头是香味开发经理，或称"鼻子"，他的项目服务对象是捷豹、福特、克莱斯勒和通用汽车。在其漫长的气味职业生涯里，他的一项职责是要使真皮具有真皮该有的气味。

"暗黑、野性、高贵、猫科、柔软、天鹅绒——真皮气味激发的全是关于皮肤的想象"，法国作家安妮－劳蕾·盖乐奇（Anne-Laure Quilleriet）在《皮革之书》（*The Leather Book*）中写道。在 20 世纪 60 年代的古着皮具店里，那昏暗的麝香味道引诱着你；你买了一个新钱包，因为你爱上了钱包里飘散出的芳香。要遮盖令人生厌的鞣皮味，皮革与香水并行的历史不可谓不长。盖乐奇指出，法国的香水之都格拉斯最初正是一个鞣皮小镇。调香师也常常从皮革中获取灵感：1996 年推出的摩尔人皮革（Cuir Mauresque）香水据说"给人留下的嗅觉印象是它比实实在在的皮革还要有皮子味"。

"实实在在的皮革"是什么味道呢？沃尔多·卡伦伯格在一个皮革化学网上论坛里发言说，"传统的皮革味"是加脂剂（fat liquor）和鱼油的味道，有时候还要加上植物提取物的味道。如今你可以买到装在喷雾瓶里的皮革味喷剂，并把它喷在车子里。很快还会有看不见的聚氨酯微型胶囊，能在挤压后释放出皮革的香味。在成品皮的内侧喷上皮革水，皮革味不会很快消失。《世界皮革》（*World Leather*）杂志曾如此描述道，"当你头一次钻进一辆新车里，那迎面而来的好闻的皮革内饰香味在很久以后还会萦绕着你"。

一位论坛参与者说，他不希望人们鼓捣真皮的天然味道，尤其不能加上果香或花香："这会带走和真皮绑定在一起的真实感。这样一来，合成皮和真皮之间就没有区别了。"一些鞣皮商可能在调研了不同的植鞣皮后选出味道最好的一种，由调香师调制出来，然后将其喷在成品皮上。可这么做也有问题，这位论坛参与者在写出这段话的当下立刻意识到，"合成皮也可以用气味把自己包装成真皮"。

或许不会。芝加哥一家嗅觉味觉研究基金会报告称，人们更喜欢人造皮的味道。在英国《卫报》看来，这证明了现代生活的非真实性。文章指出："现在在美国，汽车真皮座位都充满了人造皮的味道。"

国际香精香料公司的费尔南德斯身材修长，面部棱角分明，若干年前从古巴移民至美国。他肯定不会告诉你他在精装皮味道里都加了些什么。费尔南德斯的办公室位于公司的创新中心，办公室里的塑料桶是小号厨房垃圾桶，里面装满了皮革样品。他问我最喜欢哪个？我揭开盖子低头去闻，接着，按费尔南德斯的指导，我抬起身闻手臂的顶部——是一种持续的中性味道，约等于品酒间歇吃到的面包味。然后再去闻下一个样品。我能否品出两者的区别呢？不能，即便能我也找不到合适的词语来描述此种不同。但"鼻子"可以，他冲一个塑料桶点点头，向我保证说这个的气味更新鲜更真。

国际香精香料公司一般不会向其客户收取研究费，起码不会直接收取。它要做的是亲自售卖这些香料和香精，多达35000种。调香师下单制作新香型，技师在摆满棕色瓶子的实验室里按方抓药，像费尔南德斯一样的"鼻子"评估此香型能否满足客户需求。公司也同乙烯塑料生产商进行合作，但此刻费尔南德斯的任务是为底特律的一家汽车制造商的真皮内饰提供服务。

他承认，真皮可发挥的余地并不大。豪华轿车制造商要是能提出

20 世纪 30 年代黑帮片里的雪茄味这样的建议就足够了。曾有美国汽车制造商想要不能比一个精致的公文包或一双新鞋的味道更夸张的气味。味道总是要很明确，没人想要一般意义上的新车味道，费尔南德斯解释说，那味道其实是没散去的乙烯塑料和地毯黏结剂味。

224

如今在控温控湿的房间里，他们正在对测试进行收尾，确保出来的气味符合要求。这种玻璃房间大小如同办公室隔间，一共有 6 个，平均分布在过道两边，短短 30 分钟就能清除房间内的空气，以便试验新品。在房间里，椅子上搭着一大块处理好的棕褐色普通皮子，皮子散发着气味，等待费尔南德斯或他的同事拧开隔间的小窗户，把脑袋伸进去闻上一闻，然后宣布这个味道对了。

或者还要再调一调才能达到天然皮革的香味。

v. 材料很重要

在真皮爱好者眼中，最天然的皮子是有苯胺饰面的皮革，或称苯胺革。苯胺染色始创于 19 世纪末，这种操作能给皮革带来丰富而通透的色彩。表面厚涂的颜料就免了吧！苯胺染色过的皮革无论在外观还是质感上都是最纯最好的，皮革原本的纹理都能显现出来。可很多所谓的苯胺革其实都不是真正的苯胺革。尽管它们都宣称自己具有天然的外观，但从化学层面来说，它们都不算是苯胺。20 世纪 90 年代中期，联邦贸易委员会在重审皮革制品标签要求时听取了美国皮革业对苯胺的解释，即苯胺这一术语"并不意味此种皮革一定有苯胺染色"。对此种论断，联邦贸易委员会表示认可。

我们已经看到，皮革屡屡经过严酷的化学洗礼和机械的拉扯与捶打。有瑕疵的皮子要被"纠正"成理想的状态；牛皮要变成鳄鱼皮；

二层皮要装成头层皮。皮革这种无敬畏之心的行径还要持续多久？让我们想想这些年来安在皮革头上的那些令人眼花缭乱的名称吧："羊羔皮"（kidskin），人们猜它可能是小孩或小山羊的皮；"羚羊皮"来自羚羊，即欧洲山地的羚类动物。可实际上，如特尔玛·纽曼（Thelma Newman）在《作为艺术和工艺的皮革》（*Leather as Art and Craft*）一书中所述，在今天，这两个名词通常指代的是经特殊处理的羔羊皮。"摩洛哥皮"原指苏模鞣制（sumac-tanned）的山羊皮，其特征是外表呈红色；"科尔多瓦皮"是马皮；"俄罗斯皮"是涂有桦木油的小牛皮。情况已经不一样了，从业者纽曼写道，我们不得不接受现实，"现代皮革技术已经发展到这样的阶段，仿制品在外观上已经接近其冒充的真皮革了"。

225
皮革是不诚实、不自然、不真实的吗？

在 20 世纪中期的英格兰，没有哪个真皮的拥护者比约翰·W. 沃特勒想得更深。出生于印刷工和教师的家庭，沃特勒在他叔叔的皮具公司当学徒，第一次世界大战后成为公司箱包部门的经理兼首席设计师。四五十岁时，他开始通过文章、著作和广播传播自己对皮革、艺术和设计的看法，其中有些观点还带有道德和伦理的色彩。

沃特勒说，设计中一共有三种不诚实的行为：

> 一种材料把自己伪装成另一种材料，比如织物模仿皮革；一种物品把自己伪装成另一种物品，比如电灯模仿蜡烛；一种东西假装自己是用其他方法制造出来的，比如塑料模具仿造手工木料。

沃特勒于 1977 年去世。在他写作的年代，乙烯塑料正取代漆布一类的仿皮，厚涂着色装饰法正损害着皮革，沃特勒对这一趋势嗤之以鼻：

> 表面来看，经现代整饰处理的皮革或许对一些人更具吸引
> 力，因为其样式繁多、颜色均匀，皮革的许多天然特征被去除或
> 隐藏了起来。但在多数情况下，这类整饰技术的发展导致了强烈
> 的人工化倾向。

这是不行的，皮革必须做真实的自己，否则就会变得"毫无生
气、枯燥无味"。比如，颜色均匀无瑕"会使其看上去像机器做的人
造产品"，令真皮蒙羞。沃特勒将真皮这种可靠的材料看作材料的典
范。打乱真皮和仿皮织物之间的界线"对这两种材料都是不公平的"，
他写道，"两种材料都有其优秀独特的性能，但它们的特性是截然不
同的"。因此，没必要在两者之间建立竞争关系。"如果让一种材料模
仿另一种材料，"沃特勒曾断言，"这就是欺诈！"

这在联邦贸易委员会那里是真正的欺诈。联邦贸易委员会在解释
其新修订的皮革标签指南时强调，"关于皮革内容的表述在消费者看
来指的就是材料"，这事关消费者权益，所以要公平起见：

> 不加限定地使用"真皮"或其他暗示真皮的名称来描述行业
> 产品，除非被描述产品所有关键部位都使用真皮，否则这一做法
> 对消费者是不公平的，具有欺骗性。

226

非真皮制品需要明示其属性。同样地，如我们所见，"用压纹、
染色或其他处理手段来模仿别种皮革"的真皮也要表明其真实属性。
1915 年前后生产的漆布很可能就违反了联邦贸易委员会的规定，

即不能在符号或商标上欺骗消费者，比如使用"鞣制过的皮革或动物剪影形状的章、标、签、卡等"。但这一要求还是给那些"诚实的"材料留有余地。

但指导方针主张的是公开坦诚：

> 仅针对外观类似真皮的非真皮产品。许多合成物之所以要模仿真皮的外观，是因为消费者更喜欢真皮，而其他合成物则一望便知其合成属性。

当你去拜访乙烯基涂层织物的纽约经销商纳西米公司（Nassimi Corporation），坐到公司会议室的高背转椅里时，你当下正在享受和体验的饰面材料并没有多少真皮的迹象。"乙烯基，我为之骄傲"，爱德华·纳西米说。仿皮不需要模仿真皮，意思是加上硝化纤维素、乙烯基塑料或聚氨酯这些仿皮常见涂层的织物不必非模仿真皮不可。这么说可够蠢的。例如，最早出现于 19 世纪 70 年代的人造革能做出各式各样的真皮效果，也能做出块状纹理，这种钻石形凸起的表面一看就是人造的。瑙加海德革也是一样，"海德"① 并不总是模仿牛皮。有些瑙加海德革模仿的是某些纺织品，还有一些瑙加海德革看上去则像是跑偏了的自己。比如其中一种叫"十二宫"（ZODIAC）的瑙加海德革有绿色、金色和亮粉色的，表面还涂有银粉，活脱脱像是刚从拉斯维加斯回来一样，怎么都不像是自然里能见到的东西。此类材料的出现并没有颠倒传统层级——尽管这可能是善待动物组织乐于见到的，而是将所有材料堆在一起，无所谓顶部，也没有底部，没有哪种外

---

① "海德"（hyde）发音与"皮革"（hide）相同。——译者注

观、质感高于别人，每种材料只是它自己。

设计史学家格蕾丝·杰弗斯说，"我的目标是让人们与他们所处的人造世界建立连接"。杰弗斯醉心于塑料的塑料性，瑙加海德革的瑙加海德革性。"我很爱坐在它上面，奇妙的是你能同时感到温热和冰凉。我爱它方便清洁，还爱它所有的颜色，就像包在温热饱满的榛果外面那层亮晶晶的糖衣。"杰弗斯认为设计师们对瑙加海德革的运用过于保守了，瑙加海德革"尚未被推至极限"。

持类似观点的还有杰夫·波斯特，他的整个职业生涯都浸淫在乙烯基塑料里。还在桑达斯基阿瑟尔的时候，他就意识到无论自己和其他的乙烯基塑料生产商如何努力，乙烯基塑料的外观和质感永远都比不上真皮，大多数人只把它看作"夏天会黏在腿上的假皮子"，永远是劣等皮革。但波斯特坚信其实不必如此。为了"重塑乙烯基塑料的视觉品牌身份"，波斯特尝试销售非真皮效果的乙烯基塑料，"既不是瑙加海德革，也不是人造革，不模仿任何东西"，它只是它自己。波斯特当过一阵子演员，在电视圈和好莱坞都还有些人气，他试验了一些特别夸张的图案和色彩，但方案总是被毙掉。每每想出一个新点子，他那些汽车客户就说，"不，还是放上塞拉（SIERRA）吧"，塞拉指的是一种普通的真皮纹理。一次，他求助于一位设计师朋友。开放各种可能性，他告诉她说你能想到的任何印花和压纹都行，只要它不像真皮就行。这位设计师朋友给出了一个设计方案是棕榈叶主题的，充满了黑色、暗色和郁结的绿色，美得令人难忘。为什么不呢？波斯特说，"我的目标消费者都很时髦，他们知道塑料可以变得很酷"。

同样的感受在二战后变得普遍起来。那时候，"塑料就像受到魔法的恩赐一样"，罗伯特·戈特利布（Robert Gottlieb）和弗兰克·马雷斯卡（Frank Maresca）在《某种风格》（*A Certain Style*）中写道。

227

在这本书里，他们充满深情地回望那个璐彩特手袋正流行的年代。那时设计师们用固体塑料创造出天马行空的雕刻造型，有玳瑁色的、奶油硬糖色的，还有珍珠色的，上面有稀奇古怪的装饰，令人想到骆驼鞍子、宝塔和蝴蝶领结。他们把塑料无穷的可塑性毫无保留地展示了出来。

让塑料成为塑料。

§ §

在航班杂志《半球》（*Hemispheres*）的一篇名为《有力说明》（"Speaking Volumes"）的文章中，辛西娅·里斯·麦卡菲蒂（Cynthia Reece McCaffety）饱含深情地回忆起过去上门推销《百科全书》的推销员。她回忆道，推销员一到门口，抽出《百科全书》的第一卷，她和她的父母就被征服了。"面对诱惑，我意志薄弱……手指摩挲着百科全书的人造革封皮，我的呼吸会变得微弱而急促。"许多年以后，她从尘封已久的纸箱里拿出这些书卷。"书的边角有些磨损了，人造革下面的织物露了出来，有点辱没了《百科全书》给人留下的高贵印象。但把它们放到书架上，书皮上的金字仍旧闪闪发光，带着独特、永恒的美感。"

这个故事告诉我们什么呢？这个故事是说无论旧《百科全书》的封皮是不是真皮的，都丝毫不会影响年少的她对《百科全书》的爱？还是说她意识到其与真皮之间的差距会影响自己对《百科全书》的感觉，因此得出结论说封皮材质的确重要吗？

人们在生活里横冲直撞，把生命投入更有戏剧性的工作、爱情和家庭中，忽视了周遭的物质世界。比如，人们不会费心注意书籍的装帧。但有些时候，在我们几乎感觉不到的感知边缘，物质却在向我们靠拢。我们的满足和快乐都受它们影响。本书写到这里应该已经很明了了，我想说是的，物质材料的确很重要。

"人类所处的时代由当时的科技所依赖的材料来区分，如石器时代、铁器时代和青铜器时代。"心理学家厄内斯特·迪希特（Ernest Dichter）在其著作《消费动机手册》（*Handbook of Consumer Motivations*）的序言部分写道。他主导的私人研究所在 20 世纪五六十年代进行了 2500 多项有关人类动机的研究。毫无疑问，我们已进入合成物的时代。未来我们将进入虚拟时代，像素和数字影像将使我们进一步远离皮革、竹子、丝绸、黄金和花岗岩这些人类在过往历史的大部分时间里一直亲手触碰的材料。每一次当我们触摸以前不存在的新材料时，当我们手中握住模仿其他材料外观的仿品时，当我们虚弱地盯着计算机屏幕时，屏幕里的微光闪烁出巴格达清真寺、日本折纸、黑檀木或约翰·列侬的影像，这每一个影像中都是由许多完全相同的发光针点组成，每当这时候我们都更深地滑向虚幻的新纪元。"是仿木，可实用性是真的"，厨房百叶窗产品线的一则宣传标题如是说；聚酯纤维枕头挤走了羽绒。传统材料开始反击了：天然石材理事会对"仿造驱动的产品"表示惋惜；全国圣诞树协会与铝和塑料对战；佛蒙特州北部一间名为岛池木工（Island Pond Woodworkers）的小厂专用"个性木"制造桌椅，"个性木"指的是有条痕和节疤瑕疵的木头。"这种木头身上能看到森林的面貌，"岛池木工说，"如果把它们全部舍弃掉，那还不如直接用富美家呢。" 229

正是这些不为人知的对真假边界的小小突破给 21 世纪带来了独特的韵味。这韵味不是象征意义上的，也不是隐喻层面上的，它真实存在于我们的指尖之上，存在于我们的集体视觉皮层神经突触里。一份 1976 年的德国鞋类杂志指出，"真皮合成物替代品的历史"证明了"人类长久以来发现和利用新材料的动力"。单看它们中的每一个或许都不足挂齿，但把我们一生中遇到的成千上万个替代品、仿效品和仿造物放在一起，它们就会打动我们，就像它们打动了科芬的穿戴者，打动了《百科全书》爱好者麦卡菲蒂女士一样。

它们同样打动了 14 岁的我和我爸，那个时候他每三四年就要往家里开回一辆新车。那一年我爸把一辆敞篷车停在位于布鲁克林的我家房子前，一辆黑色的水星牌（Mercury）大轿车，车座包的是大红色的皮子。我爸？开一辆皮座敞篷车？

酷！

但当我爬进车里，滑下宽宽的红色座椅时，我意识到它们不是真皮。从远处看这座椅没问题，你能看到它表面的凹痕，那些不规则的、有机的斑驳色彩，可一旦近一点观察它、触摸它，你会发现它的棱角和褶皱处泛出的光亮，显然不属于真皮，它对真皮的模仿只限于一张纸的厚度。车座不是真皮的，只要摸一下就会知道。"爸，"我抱怨道，"你为啥不弄个真东西回来？"

大卫·皮耶，那位在材料和材料处理方面见解深刻的评论家，不承认材料之中存在着"品质"。他在《手工艺的艺术与本质》中这样写道："原材料不算什么，'优质材料'本身就是个神话。"上好的英国胡桃木？"大多数胡桃树最后都变成了腐叶堆和柴火。"他坚持认为，只有处理过的材料才谈得上品质。

> 我们说起材料，好像它天生就有品质一样。只有在给稀有材料命名时，如大理石、银、象牙、黑檀，才会激发人们对权力和财富的想象。听到这些名字，人们不会想到尘土飞扬的山上的灰色大石头，也不会想到黑檀木原本的样子——又湿又脏、四分五裂的木头块！

230

就本书的主题来说，上等的小牛皮起初是从屠宰房里新鲜出炉的，还没脱毛的生皮。

但说到底，无论我们能否说得清为什么，物质中存在的某些东西的确重要。有人在度假胜地马略卡岛遇见一块牌子，上书"欢迎来皮革之城，印加（Inca）"。倒不如说是"冒牌之城"，这人在网上发帖子说。他在市场买了一件皮夹克，过后发现这件皮夹克其实是"仿皮的，当初店主却言之凿凿地说这件皮夹克是'高品质羔羊皮'的"。他抱怨的不是皮夹克的款式和做工。说是真皮，结果却不是，仅这一点就令他心生怨恨。

一家邮购公司为卡斯特将军①提供了在最后一战中的"博物馆级公仔"邮购服务，主打逼真度。整个公仔有"33个活动关节"，而20世纪60年代的特种部队（G. I. Joe）公仔仅有21个活动关节。卡斯特的来福枪和手枪都是金属压铸而成的；服装呢？将军戴着真皮的帽子，身着真鹿皮夹克和裤子，就连靴子也是真皮的。不是仿皮，是真皮。卡斯特怎么会穿仿皮呢？

还记得善待动物组织的愤怒吗？它来自每一块皮子背后的苦与痛。当联邦贸易委员会为其标识指南征集意见时，善待动物组织提出，应让皮革制品消费者知晓"此产品曾令动物遭受痛苦"。这一提法看似激进，或吃力不讨好，或两者兼有。如果不考虑成本，消费者在选择护墙板时一般不会放弃木材而选择乙烯基塑料，不会放弃石材而选择富美家，不会像善待动物组织希望的那样，放弃真皮而选择"仿皮"。换个角度来看，善待动物组织的立场也是我们常见和熟悉的：对他们来说，鞋子、皮带、公文包是真皮的还是其他材质的，这件事很重要。

---

① 乔治·阿姆斯壮·卡斯特（George Armstrong Custer，1839-1876），美国内战联邦军将领，领导了最有名的第七骑兵团。——译者注

　　"我坐在喷泉边读了一会儿书"，科幻作家乔·霍尔德曼（Joe Haldeman）的小说《永远的和平》（*Forever Peace*）中的一个人物说道。他拿着这本书，体会着"泛黄的纸张的重量、皮革的手感和发霉的味道。一个多世纪以前死掉的动物的皮，如果是真皮的话"。"如果是真皮的话"，为什么会有这样的疑问？为什么不理所当然地接受它，不管它是真皮与否？可这对霍尔德曼笔下的人物来说很重要。这一点并不奇怪，我们生活在物质的世界里，因而在内心深处想知道这些物质从何而来，它们到底是什么。一份手稿或一幅画来自哪里，它的"来历"有助于拍卖所和美术馆确定它的价值。是银的还是镀银的？是毕加索的真迹吗？是牛皮还是石化工厂造出来的？我们都想知道。

231　1910 年，《华尔街日报》在报道杜邦收购漆布时指出，杜邦的"'近似皮革'就像真皮一样，这一点出人意料"。不知何故，这种材料总令人们禁不住发出这样的疑问。

　　计算机把鲜血、蜡、黄金、气象图和扑克牌都简化成数字影像里均质的"0"和"1"。我们是不是应该再次触碰那些既非塑料又非虚拟的东西了呢？几年前，在韩国的一场仿制品艺术展上，来自费城艺术大学的雕刻家沃伦·西利格（Warren Seelig）表达了他所谓的"材料意义"。他说：

　　　　年轻艺术家们正在远离物理世界，起初是缓慢的，而近几十年来远离的速度越来越快。我们每天在家里、工作场所中，在我们周遭的物品里体验到的材料通常是合成的或是重组的——其表面包覆着氯丁橡胶，被塑化，镶有饰板，镀以金属……经过均质处理，最终都难以辨认。我们的身体待在有温控的家庭、学校、办公室和车子里，牢牢地封锁于外部世界之外。我们透过三层玻璃窗看向外面的世界，我们越来越多地依靠高分辨率的等离子电视屏幕里的镜头和滤镜来体验物理现实。一旦意识到我们被包裹在这样的氛围里，就不难理解艺术家们为什么比过去任何时候都更愿意使用诸如体液、动物尸体、毛发、骨骼、污泥及其他有机的和工业废料一类的材料。他们的目的不单单是要给观者带来震惊的体验，还要帮助我们重拾对肉体和物理世界的敏感性。暴露于原材料的原初现实中，无论这原材料是橡木、花岗岩、铁、黄金、亚麻还是丝绸，对那些与自然世界最近距离的接触仅限于仿木纹富美家的人们来说，这无异于一种令人惊惧的启示。

原材料的原初现实？西利格说："我们本能地被这样的材料吸引，这出于一种深层的生理和心理需求。"

许多年前有这样一本书，叫《木船改造》（*Wooden Boat Renovation*），书中介绍了木材对玻璃纤维正统地位的挑战。书的作者吉姆·特雷费森（Jim Trefethen）曾在大城市的一栋办公楼的公用事业公司工作。那是 20 世纪 60 年代中期，"我穿着聚酯纤维的制服和针织衫，袜子是尼龙的，鞋子是科芬的……办公室里亮着荧光灯，地板铺着沥青砖，我的桌子是金属的，桌面是塑料层压的，椅子是钢的，包着瑙加海德革"。但 20 世纪 90 年代过上新生活的他穿着纯棉和羊毛材质的衣服，鞋子是头层牛皮的。"人造的环境总有什么是不对的，特别不对。"很难说清楚，"但当它不在的时候，我们想念它，想让它回来"。特雷费森不是哲学家，他在书中主要谈论船，但他坚信这是事实，即人们更喜欢天然材料。

有证据吗？没有，但他还是给出了一点证明。他写道：

232

在今天的公司环境中，木头被看作成就的奖赏和地位的象征……当管理人员最终爬上事业顶峰时，他们多半会被安置在一间镶木板的办公室里，桌子是木头的，门也是木头的。橡木地板上铺着羊毛地毯，红木椅子包着真皮。他们已经达成目标，在目标达成的过程中赢得了享有真东西的权利。

真东西是终极奖赏。这是其本性使然？抑或是木头和真皮只是因时尚的变换而又时兴了起来？爱荷华大学纺织品专家莎拉·卡道夫（Sara Kadolph）观察到，曾经有一段时间乙烯基塑料大行其道，且一直持续流行到电影《毕业生》（*The Graduate*）上映以及科芬灭亡之时，即喧嚣的 20 世纪 60 年代带来价值观的变化为止。面对合成物，一位行业刊物的作者指出，鞣皮商打造出这样的形象，说"真皮是为人而生的最佳材料"。这种说法仅仅是一种公关策略吗？还是大的氛围已经形成，人们突然想要生活在天然产品而非合成产品的包围中了？至少对他而言，回潮已经发生，生活里"各个方面已经变得如此非自然"，"对试管里长出来的材料……的反感"已一触即发。

特雷费森的"真东西作为奖赏"理论或许并非一成不变的自然法则，但它正确地指出，无论实验室生产出什么样的新材料，无论时尚的风向如何变换，对木头、羊毛、黄金和真皮的需求即便有所降低，也不会持续很久。在那部歌颂人造物的甜美的小说《逆流》的后半部分，德塞森特决心手工印制他的藏书。纸张要用特殊手工纸，要有"无可挑剔的装帧，古老的丝绸，牛皮压模的，开普敦公羊皮的"。[①] 德塞森特不选仿皮不是因为仿皮供应不足，而是因为对这位"人造王

---

① 此处译文参考余中先译《逆流》，上海译文出版社，2016 年。——译者注

子"来说，只有精美的天然材料才作数。

动机研究顾问厄内斯特·迪希特描述了他称之为"自然之梦"的   233
东西，它是一种难以名状的原始之物，"来自我们内心深处，来自
'我们内心的动物性'"。心理学家把现代性疾病称为异化，但是，"返
回真实之物，那些我们早在动物时期就熟悉的东西的怀抱，会给我们
带来安全感，能治愈我们的异化之病"。"真"东西有深度，它们不完
美，它们会变化，它们活过。迪希特发现，尽管科芬和富美家——他
指名道姓地提到这两种材料——和天然材料相比具有优势，"消费者
还是不断回到天然材料的怀抱，将其视为理想材料。我们不断谈及
'真皮'、'实木'和'天然肥皂'。在许多研究中，我们一遍又一遍发
现当人们被问到他们中意什么样的产品时，人们往往最先想到的还是
天然产品"。

迪希特的这番表述写于 1964 年，40 年过去了，时尚的轮盘也转
了几番。西部红柏木材协会的广告宣传里还在打类似的牌，借此嘲笑
一种名为"塑板"（Plastibord）的人造物竞争者：

> 50 英尺开外，它看上去挺自然！你家的栅栏、棚屋、露台、
> 凉亭、花盆、花架、塔——地精（gnome）领地内的一切设施都
> 因塑料的完美而闪闪发光，因为它们都是由"塑板"精心制作而
> 成的！可是，慢着，还不止这些……你那些鹤立鸡群的"塑板"
> 制品绝对永远不会融入周围的环境。永远不会！

西部红柏木材协会还给塑板编了一句宣传语："有这东西，谁还要自
然？"

莫里斯·考夫曼曾经描写过一种"深植于心的……主观抗拒"，

即抗拒那些要取代木头、羊毛、真皮和植物染料的材料，他把这种抗拒归结为对新事物与生俱来的反感。或许这种反感针对的并非材料的"新"，而是材料的"非天然"？又或许，尽管有那么多科学家、工匠和工程师的努力，人们仍难以改变对这些材料的反感，是因为它们始终是没有生命的东西？

　　大卫·皮耶写道，大规模生产的产品"缺少深度、微妙之处、弦外之音、斑驳的色彩"，以及他称之为"多样性"的东西，即在不同范围和不同远近下可辨别出的丰富的、多种多样的效果。与此同时，精湛的技艺"能给人造环境引入类似于我们已经舍弃掉的自然环境里的东西"。真皮无须从自然中引入，因为它本身生于自然。如果没有颜料和其他表面纹理的过度装饰，真皮在近距离范围内最为出彩。在眼睛和指尖所及的亲密范围内，合成材料的魅力消失了。

　　《生命是什么？》（*What Is Life?*）是量子物理学家埃尔温·薛定谔（Erwin Schrödinger）对物理和生物之间界线的经典思考。在书中，薛定谔就遗传物质可能的样子提出了自己的理论。此书成书的 10 年后，沃森和克里克破解了 DNA 的结构。薛定谔想象出一种"非周期结晶体"（aperiodic crystal），其不规则的形态能携带遗传信息，这一点是单调规则的东西无法实现的。他写道：

　　　　结构上的不同，就如同普通墙纸和刺绣杰作之间的差别一样。前者的图案周期性重复，而后者，以拉斐尔挂毯为例，没有令人乏味的重复，只有大师精巧、连贯而富有意味的设计。

　　20 世纪中期的德国评论家瓦尔特·本雅明（Walter Benjamin）在其著作中提出了艺术品原作的"光晕"（aura）概念，指的是艺术品中的一种特殊的，只限于此时此地存在的特质。真皮可否被视为一种原创艺术品呢？当真皮被一万码洛丽卡仿造时，它是否也失去了本雅明所谓的"光晕"，而开始了薛定谔所谓的"令人乏味的重复"呢？

据说，副本"不会损害由大师之手创作出来的作品的名声"。对真皮这样的材料来说，那位"大师"正是自然本身。

235

第十一章　"真皮"

　　霍华德·施鲁特（Howard Shrut）来自皮革世家，祖上五代都在和皮革打交道。16 岁时，他在位于波士顿皮革区的他爸爸的商店的地下室工作，负责整理皮革。他的公司施鲁特和阿施（Shrut & Asch）据他介绍是尚存的"美国境内唯一一家小山羊皮供货商"，过去公司有员工 30 人。"我以前常爱进到一家鞋店就说，'那个是我的颜色，那个是我的客户'。"如今，他的公司每年销售 50 万平方英尺的皮革，而在 20 世纪 70 年代公司效益最好的时候每年能卖 1600 万平方英尺。如今公司减员，包括他自己在内一共有两名全职工，还有一名兼职工。公司的办公室笼罩在芬威球场（Fenway Park）的阴影里，听得见附近高速公路上来往的车辆。在办公室后面的房间里，木架子搭起的网格上存放着卷起来的皮子，这一季不少皮子都是淡紫红色的。他取下一卷皮子。如果你想要比这个薄一点点的皮子，他不用量就能给你找出来，靠的是两指间的感觉。他谈到皮子的"圆度"（roundness），指的是把皮子卷紧时的感觉。

　　那是 20 世纪 70 年代的一天，他去接一个订单，这份订单来自他那个最大也最稳定的客户。在订货簿上，他记下"1 万英尺海军蓝"，然后抬头问道，"还要黑色的吧？"其实都不用问的，订单无论大小都需要黑色皮革。可这一回，老客户却吞吞吐吐的，最后终于说道："我们进口了一点黑色皮子。"

　　这一刻，在施鲁特的脑海中，是接下来一切的开始，也是美国制革业衰落的开始。几年前，从西班牙和意大利进口的皮革降低了皮革的价格，帮助真皮打败了科芬。衰落的趋势愈演愈烈。如今，美国制革业已濒于崩溃。在波士顿市中心召开的美国皮革业联合会的最近一次年会上气氛肃杀，与会人数低至 20 人左右，而 50 年前，同样的年会却有 75 人参加。大会主席和几乎所有与会人士都悲叹美国制革业的凋敝。美国生产几百万件生皮，但这些生皮都被运往国外，在那里进行鞣制和处理，然后被做成鞋子和钱包运回美国。美国皮革业联合会主席查理·迈尔斯（Charlie Myers）说，美国人购买的鞋子中，不是 90% 来自进口，甚至也不是 95%，而是高达 98%。印度、印度尼西亚、墨西哥、越南和中国的制鞋商吸引鞣皮商落户建厂，而鞣皮商们又吸引化学厂和鞣制机械生产商前往其所在地。最终，这些制鞋商的后院里就有了他们需要的一切，也就没什么理由要购买美国产的皮子了。欧洲的情形也是一样，法国的、西班牙的鞣皮商都成了辉煌往昔的魅影。施鲁特说，如今要想感受格洛弗斯维尔（Gloversville）、纽约、马萨诸塞州的皮博迪等美国老皮革城的辉煌，你只能去中国了。

　　吹哨的声响——这是皮博迪给一位工人留下的最深的印象。二战期间有 2 万人在这里的鞣皮厂工作，100 多间工厂给附近像布罗克顿和林恩这样的制鞋城供应皮革。到处都是鞣皮厂，水道被污染了，工作环境潮湿、肮脏，工作强度高——"气味恶臭，还有各色渣滓、污垢"。在名为《皮灵魂》（_Leather Soul_）的纪录片中，旁白如此说道。这部纪录片讲的是皮博迪制皮业的昨天。虽然如此，但难闻的气味和污秽创造了繁荣的景象和稳定的工作机会。"在我听来就像音乐一样，像莫扎特最好的作品，所有工厂都吹出清脆的哨音"，工人回忆道。

　　乔·库尔特雷拉（Joe Cultrera）的这部纪录片，旁白由独特的广播名人斯特兹·特克尔（Studs Terkel）朗读。片子于 1991 年上映，此时鞣皮厂已不复存在，工作岗位仅剩下几百个，鞣皮厂房已经被改成了公寓楼。片子开头的几个镜头里是破掉的窗户和剥落的油漆。还有一个满脸雀斑的男孩的特写，男孩的厚嘴唇红红的，大概 11 岁。"你听过制革业吗？"画外音问他。

"这……个。"

237　"听说过鞣皮吗？"

"没有。"男孩的脸皱了起来，可能是因为尴尬，也可能是因为没听懂。

美国制革业到底发生了什么？工人和工厂主都给出了自己的看法：有人怪政府，因为政府不征收进口税。

有人说因为污染，治理污染成本过高，动手太晚，已经无法补救了。

有人怪工会。

"因为塑料，"还有人这样说，"这些仿造品把制皮业给挤没了。"

但塑料只是导致美国制皮业衰落的次要原因。2004 年，在圣路易斯召开了美国皮革化学家协会 100 周年的纪念大会。会上约翰·科帕尼（John Koppany）发言回顾了美国制革业过去的 50 年。他说，随着鞋底皮革的衰落，人们确信鞋子、家具装饰和服装用皮革也将遭殃。然而，坏事并未发生：

> 还记得科芬带来的恐慌吗？当美国最好的男鞋制造商开始销售用科芬制作的顶级礼服鞋时，杜邦股票飞涨……幸运的是，后来人们证明科芬鞋的记忆性被夸大了，穿科芬鞋的每一天都要重新经历一遍与"新"鞋的磨合，这时杜邦股票大跌。

> 还记得阿尔坎塔拉吗？那个"神奇"的日本材料据说将终结

山羊皮、小牛皮、绵羊皮和二层皮……可在那时，市面上服装和家具装饰用的二层皮价格却创历史新高。

总的来看，"我们输了一些战役，却也赢了另一些"。

事实上，只谈单一的"制革工业"是有误导性的，真皮与合成材料的交锋是在不同的战线上展开的，这些不同的商业细分市场彼此之间的关联性并不强。以鞋底为例，真皮几乎彻底失败了，在美国上市的鞋子中只有1%用的是真皮底；在鞋帮上，真皮却战胜了科芬，续写着自己的辉煌。服装用皮呢？汽车内饰呢？皮革制品，如钱包和公文包呢？每个领域里，不同材料都厮杀得如火如荼。科帕尼用一张图表展示出不同细分市场中皮革的增长和下降，一些箭头上扬，一些箭头下挫。尽管美国和欧洲的皮革未守住自己的市场，但皮革总的来说保住了它的地位。

占据新闻头版的是亚洲经济的爆炸性增长，而非悄悄发生在材料 238
之间的战争。浏览行业科技期刊会发现很多投稿人名叫拉姆库马尔（Ramkumar）或拉曼伶甘（Ramalingam），他们中的很多人都供职于印度金奈，即前马德拉斯的中央皮革研究所；中国有2万家制鞋厂，很多地方整片区域都是鞣皮工厂。如果我们进行全球化思考，不沉迷或痛苦地聚焦于废弃的美国鞣皮和制鞋厂，我们将清楚地看到，皮革顶住了来自合成材料的挑战。

在未来，皮革会一直如此吗？

在一份未发表的漆布研究中，历史学家小约翰·肯利·史密斯（John Kenly Smith）注意到，杜邦进军人造皮市场的决定"并非某重大战略的序曲，即确立其合成材料带头人地位"，虽然这一决定带来的结果是如此。人造皮只是杜邦为了消化过剩硝化纤维素产量的权宜之计，不是什么"重大"的战略部署。同样地，我们也不应给这些年来的真皮仿造者头上扣上过于"重大"的动机。我们能猜想到，很少有人将模仿自然视为个人追求而全情投入；也很少有人怀着弗兰肯斯坦的抱负，要抹除生命世界和非生命世界之间的界线；更不可能有人想篡夺上帝的功劳。我们虽然在用平淡无奇的世俗眼光看待这些工作，但这并不意味着从事这些工作的技术人员、匠人和工程师不会在某些时候对其试图模仿的材料生出赞叹之情。科芬和奥司维都不是干枯想象力的产物。在长达 150 多年的时间里，发明家们一直在向世界宣告，尽管他们承诺实现的还不够多，但他们从未放弃尝试：

> 1856 年，"皮革仿造物"，英国专利 1862
>
> 1904 年，"类皮物生产"，美国专利 750371
>
> 1919 年，"皮革替代物"，美国专利 1305621
>
> 1955 年，"皮革近似产品及制备"，美国专利 1715588
>
> 1966 年，"人造皮"，日本专利 SHOU57-59353
>
> 1992 年，"将复合仿皮变成外观近似于天然皮革的片材之工艺"，美国专利 5290593
>
> 2005 年，"类麂皮织物"，美国专利 6878407

239

　　这种顽强求索的精神以及皮革自身给人带来的持久的愉悦感贯穿了本书的始终。这种为了创造更新、更好的材料而再试一次的勇气，难道没有一丁点的高贵之处吗？如果用严苛的标准来看待仿皮制作者，那他们就是低劣假货的提供者。但从另一方面来看，他们也给社会带来了福祉——他们带来了价低、量大、对生态环境更负责的材料。这份遗产可不少。

现在为皮革唱一曲挽歌还为时尚早。但在未来的某一天，它是否也会加入象牙、乌木和古塔胶的队伍，成为从人们日常生活里消失的天然材料中的一种呢？毫无疑问，皮革正在经受新的冲击和挑战。在审美层面上，瑙加海德革和科芬对真皮并不构成威胁，真正的威胁来自奥司维和阿玛丽塔，奢华的外表和质感连同透气性和抗撕裂强度一起给它们增添了魅力。

"感性"（kansei），而非仅仅是"理性"（risei）。

1991 年，距离冈本三宣发明奥司维已经过去了 20 年，在日本大津召开的一次会议上，他在谈及源于奥司维的很多"新合纤"时对这两个名词进行了区分。他对台下的外国听众解释说，"理性"指的是普通的功能，如抗拉强度；"感性"意思是情感。由于这个词的含义深植于日本文化语境之中，冈本三宣不得不给出补充释义，一共有 16 条之多。这些含义加在一起的意思是，材料的价值不再仅由其功利性决定，还要结合其审美、感官和情感特性。在《风格的本质》（*The Substance of Style*）中，作者弗吉尼亚·波斯特莱尔（Virginia Postrel）同样强调了材料的美学维度："感官作为我们本性的一部分，和说话、思考一样有效，而且对这两种能力至关重要。人工制品无须因其愉悦了我们的视觉、触觉和情感而为自己辩护。"真皮的温度、光泽和手感等是未来仿造者模仿的目标，因此可以说真皮面临着新的挑战。

如果在未来真皮被更优的外观和质感打败，像象牙一样变成我们陌生的材料，那么在它彻底消失之前，我们是否应该再一次回溯长久以来真皮之于人们的意义呢？

§ §

吃午餐的时候，他们聚集在位于意大利篷特埃戈拉（Ponte a

240

Egola）的一栋老别墅的二楼，这些人代表着皮革业。他们分别来自意大利植鞣革联盟（Consorzio Vera Pelle Italiana Conciata al Vegetale）的31家鞣皮厂。这个联盟推广的是意大利的植鞣皮革——这种皮革在人类社会早期就已经出现，由树皮和植物制成，在奥古斯图斯·舒尔茨开始用铬盐之前的1000年里，人们一直如此鞣制皮革。

我们现在所处的地方是意大利皮革业三颗跳动的心脏中的一颗。由此向南，靠近那不勒斯的是索洛弗拉（Solofra）。由此向北，靠近威尼斯的是阿尔齐尼亚诺（Arzignano），在那里皮革制造的历史可回溯至15世纪，那里的大型鞣皮厂向家具装饰和汽车内饰供货。而在这里，在这两地之间，在比萨和佛罗伦萨之间尘土飞扬的托斯卡纳平原之上是阿尔诺河畔圣克罗切（Santa Croce sull'Arno），这里大概有500家鞣皮厂，其中大多数都是小厂。这里虽然是托斯卡纳，却不是游客流连的托斯卡纳，游客们更愿意去佛罗伦萨欣赏布鲁内莱斯基（Brunelleschi）的穹顶，或者艰难地穿过比萨去看斜塔，很少有人会在圣米尼亚托（San Miniato）小站下车。坐上从比萨开往佛罗伦萨的这趟车，经过破烂的居住区和灌溉渠，车子每隔几分钟就会停在一个小镇上。在圣米尼亚托站下车，你会发现自己来到了皮革之城。

在意大利地图上，圣克罗切地区只是一个小点——面积100平方英里，是罗德岛的十分之一。但就在这一地区，有1500多人从事着皮革行当。每条小路的尽头都有一间鞣皮厂，门口标着意大利语"conceria"，即鞣皮厂，意大利语的"皮"（pelle）和皮革标志随处可见。此处没有占地面积巨大的厂房群落，这里大多数皮革厂都是小型工厂，员工12名左右，厂子之间的距离开车只要一两分钟。中午时分——意大利人午睡前后——街上挤满了皮革厂的工人。

在圣克罗切，皮革制造大多数用铬。穿过阿尔诺，沿路再走上几英里就到了篷特埃戈拉，这里则是意大利的植鞣重镇。这里看不到鞣皮的深坑，鞣皮的过程也不再动辄长达一年之久，也看不到倚在支架上的工人了，如今已不是中世纪了。巨大的木桶旋转着，看上去和路对面以及城外的铬鞣法的一样。传送带静静地把成品皮从二层烘干室里送出。但正如我们在前面几章中所见，意大利植鞣革联盟想要强调的是植鞣法制造出的皮革与一般皮革有明显区别。

意大利植鞣革联盟成立于 1994 年，部分资金来源是植物提取物生产商。在皮革街（via del Cuoio）上的滕佩斯蒂（Tempesti）鞣皮厂旁是成堆堆放着的植物提取物。每个塑料袋里装了 25 公斤细粉，这粉末像小麦粉或可可粉一样细腻、均质——它们是来自秘鲁的塔拉（tara）、含羞草（mimosa）和铁锈红色的白坚木。植鞣法耗时久——要一个多月，而铬鞣法仅需四五天。植鞣法的成本仅为铬鞣法的一半。据意大利植鞣革联盟介绍，其成品是人造皮革里最接近自然的一种。意大利植鞣革联盟称，"用从树木中提取出的天然植物单宁鞣制的皮革更柔软，更有韧性，也更耐久。其颜色会随着使用次数的增多和时间的流逝而逐渐变深，像是被太阳晒黑了一样。这是自然创造的奇迹"。

斯特凡尼娅·米尼亚蒂（Stefania Miniati）是意大利植鞣革联盟的国际推广协调员，她会告诉你铬鞣皮在环境保护方面表现不佳，植鞣皮则更容易降解。"我之前完全不了解革，我来自佛罗伦萨"，她这么说道，听上去好像距离上万英里，其实上下班通勤开车即可。上大学时，她的教授非常了解托斯卡纳植鞣技术，于是，植鞣就成了她的论文题目，而她也成了植鞣皮最狂热的粉丝中的一员。"你得亲手摸它、闻它，"她说，"那味道让你想起树木和美酒。"她的同事，瓦伦蒂娜·斯盖里（Valentina Sgherri）向我介绍植鞣皮的皮带和手袋如

241

何随着时间的流逝而发生变化，进而反映出使用者的人生经历。一模一样的东西几年后就会大不相同。植鞣皮的色泽总是深邃、柔和而自然。

在托斯卡纳，"decalcinazione"指的是皮革软化，"conciatura"指的是皮革鞣制。这里的鞣皮厂都不是很大，每一间鞣皮厂里都有几个大木桶，这些木桶每分钟转五六次。木桶个头不小，连它们所在的简朴的工业结构厂房都几乎容不下它们，事实上这些木桶在转动时已经擦到了厂房的天花板。这里大多数工厂都各有专攻：有的专门分割皮子；有的尽管还没有美国的大型车库大，却能制造鞋底用革，欧洲大多数鞋底用植鞣皮都来自这一地区；还有的远离街道，免于外人窥视和打扰——这家工厂专攻"tamponatura a mano"，即在皮革上手绘复杂的图案。滕佩斯蒂鞣皮厂比有些工厂稍大一点，它能处理肩膀部位的皮革。斯特凡诺·卡塞拉（Stefano Casella）手下的普契尼·阿蒂利奥（Puccini Attilio）眼窝深陷，留着蓬乱的长发和几缕深色的小胡子，是个乐于助人的好人。他往皮子上泼颜料，这皮子就像溅满水滴的浴帘一样。如果像有些见证过意大利皮革业巅峰时期的人所说，意大利皮革制造业已经或正在走向死亡，至少在篷特埃戈拉，一时半会还看不出有这样的迹象。

§§

光亮的棕色真皮座椅三四个排成一排，这一排排座椅被放置在黑色钢管搭成的架子上。这些椅子不是用浅色、柔软的皮子紧包着泡沫垫制成的，这些椅子的坐垫由一块块又宽又厚的植鞣皮松松地包裹着。坐垫上深深的褶皱使你觉得自己正坐在鞍座上而不是椅子上。

椅子的所在地不是行政会议室而是机场，任何人都可以"轰"的一声坐到这样的椅子里。椅子背面的标识上印有"罗马机场"的字样。这些椅子上满是日常使用的痕迹，天知道有多少钥匙、拉链和牛仔钉划过、戳过它们，又有多少污渍和掉色沾染过它们。然而，这些经年使用过的椅子却被打磨得那么美丽、奢华。从天花板打下来的光照在它们身上，令它们通体发光，这些椅子美得令人叫绝。这就是意大利，美是这个国家的国民产业。

和欧洲其他国家及北美相比，中国和印度导致经营了几个世纪的皮革产业大失血这种事似乎离意大利还有十万八千里。尽管产值低于法国、英格兰，当然还低于美国，意大利鞣皮业依旧充满活力，其年产值高达 50 亿美元。英国鞋类制造商每年生产鞋子 3000 万双，美国生产 6000 万双，法国大概生产 7500 万双，意大利生产 3.35 亿双——足有二战后美国制鞋业鼎盛时期的年产量的一半之多。意大利依旧是时尚中心：古驰、范思哲和菲拉格慕仍闪耀在时尚苍穹之中；意大利的鞣皮设备行销全世界，许多卖给中国的鞣皮机械要么是意大利制造的，要么是意大利设计的仿品。一份行业刊物在 2002 年 10 月发文称："意大利皮革业就像一只马蜂：按已有空气动力学定律来说，马蜂应该飞不起来，可正因为不知道自己飞不起来，它恰恰就飞了起来。"

但它飞得越来越不稳。在地面上能听见引擎时爆时停的声音，意大利皮革业正在下坠。纵使年景好的时候，皮革和鞋类制品的销售额仍在下降，其在世界产量中所占的比重越来越小。2002 年，意大利生产的鞋子数量仅为中国的 1/20。3 年后，一份意大利鞣皮业报告的标题是"对未来的深切忧虑"。一直以来，索洛弗拉都在努力摆脱困境；阿尔齐尼亚诺已然沦陷；圣克罗切呢？也不行了。从 2002 年到 2003 年，意大利植鞣革联盟所属鞣皮厂的销量从 1.56 亿欧元下降至 1.3 亿欧元，下降了 17%，尽管从那之后销量又稍有回升。

意大利植鞣革联盟在撬动美国市场方面成效甚微，斯特凡尼娅·米尼亚蒂惋惜道。在美国，谈判最终总要回到价格上——有些时候，谈判似乎只是关于价格。在日本，他们用了4年巩固市场并取得了不错的发展。"那里的人相信传统，他们热爱我们的产品。当然，**243** 你得一连好几天解释个不停。但如果你能把产品的特色解释清楚，他们是会买账的"，而且几乎不考虑价格。可在美国，意大利鞣皮商们要面对来自数字的压力。

中国及其他发展中地区在数字上占有优势，因为他们的劳动力成本更低，并且也正努力进入植鞣皮市场。但托斯卡纳皮只能在托斯卡纳生产，起码按米尼亚蒂的说法。"生产托斯卡纳皮需要匠人"，懂得托斯卡纳干燥的风的匠人，而她说中国、印度或墨西哥没有这样的人。"他们那没有托斯卡纳，他们没有这样的气候，他们没有这样的风。"

但他们在努力，保罗·泰斯蒂（Paolo Testi）说，他是布列塔尼鞣皮厂（Conceria La Bretagna）的副董事长，这个工厂是意大利植鞣革联盟的31位成员之一。他报告说，中国人参加琳琅沛丽皮革展及其他所有展会，他们收买意大利的技术专家和鞣皮机械生产商帮助他们用意大利技术制造皮革。可还是能看出其中的不同，泰斯提说，无论在"抛光修整的深度、手感，还是柔软度上"，托斯卡纳植鞣皮和中国制造的皮子还是有区别的。这自然是官方口径的说法。实际上，泰斯提的信心并不坚定，但也并非盲目的。他们受到了威胁？当然是。"这是我们在这里的原因之一。"这正是意大利植鞣革联盟联合起来要捍卫的东西。

泰斯提正是这六七个人中的一员，此刻他们正在篷特埃戈拉的大房子里通风良好的二楼房间内，一起看向木头大桌子的另一端。从下往上开启的蓝绿色百叶窗旁，垂坠着的窗帘上有熟悉的动物皮标志。在墙上的壁画里，鞣皮匠正把皮子像横幅一样举起。他们不是雅致的时髦人士，他们正在尽全力保护"意大利植鞣真皮"。他们有点不起眼，抽着香烟、雪茄，大声地嚼着比萨饼，匆匆忙忙地制定下次展会的策略。有人穿着运动衫，上面不知为何印有重金属篝火乐队的标志；有人穿着机车外套，留着白色的山羊胡，好像刚从哈雷摩托车上下来。他们已经花了好几个小时想方案。一位扎着马尾的深发色摄影师大步走到夹着纸的画架前描画起来，他用蓝色的马克笔写下"托斯卡纳手，造托斯卡纳皮"。

"触摸皮子的感觉很棒，"泰斯提说，"不知道为什么，你就是会感觉很好。"普契尼·阿蒂利奥，一个竞争对手，拿出一个普通的夹子，里面是一些厚实的皮革样品——类似罗马机场座椅的皮子——这些是用来制造行李箱、包和皮带的皮子。皮子的颜色（巧克力色、橙色、蓝色）能渗到皮革表面以下一英里深。瑙加海德革和阿玛丽塔都做不到这样。

> 我们的产品由"真皮"即真牛皮制成。即使经过非常精确的初选，也未必能排除所有小瑕疵和脉纹缺陷。因此，不能将其看作真皮的缺点，而应视其为天然产品的特质。

你可以把这视为一种夸张的宣传手段，也可以说它体现出人们对真皮的热爱。

"稳健的市场营销"，一份行业刊物如此描述意大利植鞣革联盟采取的策略。宣传册的设计简直是杰作，视频演示里充满了各种各样的色彩和给人催眠的节奏。每年有那么几次，意大利植鞣革联盟要去东京、纽约的古根海姆博物馆、巴黎的蓬皮杜中心或是米兰，邀请记者、设计师和皮具制造商参加他们的季节大秀——占领审美的高地，

244

贩卖自然的声望。

他们把这些时尚潮流评论称为"自然感受"（natural sensations）。一本小册子用意大利式英语热情地赞美道，"在自然和文化的发现之旅中，当自然的动力转化成文化的多样表达时，自然感受探索的正是此刻的本质"。接着是鲜花、海滩边的海草和贝壳的特写图片，还有种子荚、干草堆、岩石上潺潺流过的溪水，总之是色彩和形状的大爆发。这是自然的力量和质感，丝毫没有人类的痕迹，没有艳丽的意大利模特让人走神、分心。只有最诱人的自然，这是真皮——离自然如此之近，存在于自然之中，是自然的一部分——所代表的含义。

如果我们一定要在这些图像和文字的美感冲击里找出错误来呢？毫无疑问，它们太迎合廉价的怀旧感了——托斯卡纳这个地方、它的传统以及此地匠人的高超技艺可不是简单的怀旧所能包含的。但换个角度来看，这些宣传正是对那些普通材料给世界带来的乏味的功能至上主义所作出的回应。通过我们的感官，美丽的材料们——所有那些材料——进入我们的生命：我们抚摸它们，它们也抚摸着我们。对这些托斯卡纳的鞣皮匠们即这几百个男人和女人们来说，这古老的天然材料赠人以美、授人以乐，呼唤着永久的生命力。

参考文献及致谢

本书的研究部分基于对已出版书籍、文章的文献整理，同时也十分倚重访谈、档案记录、私人文件以及作者对产业设施的亲访。本书参考了期刊文章、技术术语表、美国政府报告、学术论文、广告、年报、宣传册、热门文章、专利、网站、线上论坛；本书还参考了主题更为广泛的虚构类文学作品以及作者本人作为业余皮革匠的经历。在接下来的内容里，我将尽力向读者呈现本书的成书过程。通过这一逆向操作，我料想，读者或许会对整个主题形成另一种认识。

在书中，我具体谈及了若干专利，而实际涉及的天然及仿皮专利共有几千个之多。因此，我不得不对其进行系统性梳理，找出其中的规律——如后面引用的阿曼达·林赛的关于超细纤维的博士论文呈现的一样。感谢特丽萨·里奥丹（Theresa Riordan）帮我浏览和查阅专利系统。

在成书的过程中，我浏览了如下大量专业及行业期刊：《美国工艺》（*American Craft*）、《美国制鞋业》（*American Shoemaking*）、《鞋靴记录》、《杜邦杂志》、《日本纺织新闻》（*Japan Textile News*）、《皮革工匠及马具杂志》（*Leather Crafters and Saddlers Journal*）、《皮革制造商》、《美国皮革化学家协会学报》、《涂层织物期刊》（*Journal of Coated Fabrics*）、《皮革专家和化学家协会学报》（*Journal of the Society of Leather Technologists and Chemists*）及《世界皮革》。在这些期刊中，我通常只引用最重要的以及本书主题最为倚重的文章。

本书提及的产品和材料在 5 年或 50 年前尚未出现。因此，在接下来的注释中，我一般不会选取商业产品周边的常规新闻公告、年报、商业网

247

站、信息手册及类似的广告。需要澄清的是，以上内容的确有助于我理解厂商眼中的产品以及这些产品是如何被推向世界的。

最重要的是，我要感谢许多人，他们的名字将在下面出现。这些人或和我面对面，或通过电话，或两者皆有，他们给我提供了有关真皮及其仿造者的相关信息；这些人准许我拜访他们的鞣皮厂、商店和其他营业场所；这些人与我进行大量的电邮往来；这些人向我分享他们的知识、观念和回忆。毫无疑问，他们与书中可能出现的错误、遗漏及误读没有丝毫关系。

参考文献及致谢部分的结构如下：

一、真皮

1. 历史、文化、传统
2. 皮革生产
3. 皮革鞣制
4. 皮革制品、产品、工艺
5. 全球市场

二、仿皮

1. 焦木素
2. 乙烯基塑料
3. 科芬
   3.1. 未发表文献
   3.2.《威廉·罗西集》(*William Rossi Collection*)
   3.3. 发表文献概览
   3.4. 科芬问世前夕
   3.5. 技术文章

三、越界

一、真皮

我对真皮及其生产者、制造过程和历史的了解得益于在工业和商业场所的亲身体验。在此，我要向这些人给予我的知识、耐心和善意表示感谢。他们是辛辛那提格里芬工业（Griffin Industries）的麦克·惠伦（Mike Whalen），缅因州哈特兰欧文制革公司的理查德·C. 拉罗谢勒（Richard C. Larochelle），辛辛那提大学皮革研究实验室的尼克·科里、卡迪尔·登梅兹（Kadir Donmez）及已故的兰迪·罗尔斯，托斯卡纳意大利植鞣革联盟的斯特凡尼娅·米尼亚蒂、瓦伦蒂娜·斯盖里和保罗·夸利（Paolo Quagli），滕佩斯蒂鞣皮厂的乔治·滕佩斯蒂（Giorgio Tempesti），普契尼·阿蒂利奥鞣皮厂的斯特凡诺·卡塞拉以及波士顿施鲁特和阿施皮革公司的霍华德·施鲁特。

在构思本书的过程中，我参与了美国皮革化学家协会的活动，出席了在圣路易斯召开的协会 100 周年年会。在我需要的时候，他们向我提供了联络和信息方面的帮助。我尤其要感谢美国皮革化学家协会皮革论坛的发起人沃尔多·卡伦伯格。在我融入他和他同事们的 3 年里，他对皮革制品的迷恋也传染给了我。我还要感谢琼·谈库斯，她允许我造访她的地下实验室并在那里与我愉快地谈论皮革。我还要感谢迈克·雷德伍德，他对于其身处其中的行业的洞见给我带来许多启发。

与吉姆·贝茨、塞尔焦·科斯特罗（Sergio Castro）、吉恩·基利克（Gene Killik）、约翰·科帕尼、大卫·拉比诺维奇（David Rabinovich）和保罗·泰斯蒂的交谈也令我受益匪浅。我还要感谢美国皮革业联合会的成员查理·迈尔斯、杰克·米切尔（Jack Mitchell）、莉莎·豪利特（Lisa Howlett）和琼·安·费尔斯通（Jean Ann Firestone）；感谢史蒂夫·卢瓦尔（Steve Lubar）和彼得·利布霍尔德（Peter Liebhold）允许我使用史密森学会的设施，并给我展示了为 1876 年博览会所特制的靴子以及他们与靴子制造商马伦霍尔茨公司的往来信函；感谢沃尔特·林德（Walter Lind）在新罕布什尔州的温尼珀索基湖（Lake Winnipesaukee）中央想起了《皮灵魂》这部关于马萨诸塞州皮博迪的优秀纪录片。最后，感谢位于宾夕法尼亚州温德穆尔（Wyndmoor）的东部地区研究中心的化学研究员埃莉诺·布朗（Eleanor Brown），感谢她检查了本书的若干部分。若书中仍存有错误，责任在我，不在她。

在几千年的时间里，经男男女女之手，皮革引发了大量与之相关的文献。现附上其中的一部分：

1. 历史、文化、传统

American Leathers. New York: American Leather Producers, 1929.

Cameron, Esther, ed. *Leather and Fur*. London: Archetype Publication Ltd., 1998, pp. 1-56.

Clarkson, L. A. "The Organization of the English Leather Industry in the Late Sixteenth and Seventeenth Centuries," *The Economic History Review*,

New Series, vol. 13, no. 2, 1960, pp. 245-256.

Cochrane, Charles H. *Modern Industrial Progress*. Philadelphia: J. B. Lippincott, 1911, pp. 527-537.

Dana, Richard Henry. *Two Ears Before the Mast*. New York: Signet Classics, 1964.

Davis, Charles Thomas. *The Manufacture of Leather*. Philadelphia: Henry Carey, Baird & Co., 1885.

Diderot, Denis. *A Diderot Pictorial Encyclopedia of Cades and Industy*, vol. 2, Charles Couston Gillispie, ed. New York: Dover Publications, 1993.

Donham, Richard. "Problems of the Tanning Industry," *Harvard Business Review*, July 1930, pp. 474-481.

Ellsworth, Lucius F. *The American Leather Industry*. Chicago: Rand McNally, 1969.

Frankfort, Lew. *Portrait of a Leathergoods Factory*. New York: Coach Leatherware, 1991.

Leather Facts. Peabody, MA: New England Tanners Club, 1994.

Leather Soul: Working for a Life in a Factory Town. Documentary. Directed by Joe Cultrera. Narrated by Studs Terkel. Picture Business Productions, 1991, 46 minutes.

Les Tanneurs de Marrakech. Documentary. Directed by J. Aityoussef. Service du Film de Recherche Scientifique, 1967, 21 minutes.   250

Lock, Charles G. Warnford, ed. *Spons' Encyclopedia of the Industrial Arts, Manufactures, and Raw Commercial Products*. London: E. & F. N. Spon, vol. 11, 1882, pp. 1213-1228.

"Nothing Takes the Place of Leather: A Brief History of Leather and a Description of Tanning." *Booklet*. New York: American Sole & Belting Leather Tanners, 1924.

Pritchett, V. S. *Nothing Like Leather*. New York: Macmillan, 1935.

Quilleriet, Anne-Laure. *The Leather Book*. New York: Assouline Publishing, 2004.

Redwood, Mike. "Nature's High Performance, Breathable Material," *Leather Industry Companion*, from a lecture given to the "Survival-90" conference at the University of Leeds, March 1990; "Technical Leathers in an Active World." Transcript of lecture given in Shanghai, October 6, 1993.

Spiers, C. H. "Sir Humphrey Davy and the Leather Industry," *Annals of Science*, vol. 24, no. 2, June 1968, pp. 99-113.

Spindler, Konrad. *The Man in the Ice*. New York: Harmony Books, 1994.

Thomas, S., et al. "Leather Manufacture Through the Ages," proceedings of the 27th East Midlands Industrial Archaeology Conference, October 1983, 35 pp.

Thomson, Roy. "Leather Manufacture in the Post-Medieval Period with Special Reference to Northamptonshire," *Post-Medieval Archaelogy*, vol. 15, 1981, pp. 161-175.

Tree, Christina, James Sutton, and John Moynihan. "Leather Through the Ages," *The Leather Manufacturer*, June 1973, 14 pp.

Wagner, Rudolf. *Wagner's Chemical Technology 1872*. New York: Lindsay Publications, 1988, pp. 508-523.

Waterer, John W. *Leather in Life, Art and Industry*. London: Faber and Faber Limited, 1943; *Leather and the Warrior*. Northampton: Museum of Leathercraft, 1981.

2. 皮革生产

Bailey, David G., et al. "Leather," *Kirk-Othmer Encyclopedia of Chemical Technology*, 3rd ed., vol. 14. New York: John Wiley & Sons, 1981.

Fuchs, Karlheinz H. F. *Chemistry and Technology of Novelty Leathers*. Rome: Food and Agriculture Organization of the United Nations, 1976.

Heidemann, Eckhardt. "Leather," *Ullmann's Encyclopedia of Industrial*

Chemistry, 5th ed., vol. A15. New York: Wiley-VCH, 1990.

"Mini-Symposium on Soft Leathers," 71st Annual Meeting of American Leather Chemists Association, June 23, 1975.

O'Flaherty, Fred, William T. Roddy, and Robert M. Lollar. *Chemistry and Technology of Leather*, 4 vols. New York: Reinhold, 1956-1965.

"Overview of Leather and Parchment Manufacture." Online at: Koninklijke Bibliotheek, National Library of the Netherlands. http://www.kb.nl/cons/leather/chapterl-en.html.

Portavella i Casanova, Manuel. *Leather. . . this natural wonder La Piel. . . esteprodigio naural*. Vic (Barcelona): Colomer Munmany, S. A., 2000.

Reed, R. *Ancient Skins, Parchments, and Leathers*. London: Seminar Press, 1972.

Roddy, William T. "The Wondrous Inside World of Leather," *Boot and Shoe Recorder*, September 1, 1966, 8 pp.

The Story of Leather: A Trip Through a Modern Leather Plant. Girard, Ohio: Ohio Leather Co.,ca. 1949.

Taeger, Tilman. "Progress in Leather Chemistry: What Kind of Milestones Are to Be Expected?" *Journal of the American Leather Chemists Association*, vol. 91, 1996, pp. 211-225.

Tancous, Jean J. *Skin, Hide and Leather Defects*, 2nd ed. Cincinnati: Leather Industries of America, 1992.

Wood, J. T. "Fermentation in the Leather Industry," *Journal of the Society of Chemical Industry*, March 31, 1894.

Wood, Joseph Turney. *The Puering, Bating & Drenching of Skins*. London: E. & F. N. Spon, 1912.

3. 皮革鞣制

Atkinson, J. H. "Vegetable Tannage-Past, Present and Future," *Journal of the Society of Leather Technologists and Chemists*, vol. 77, pp. 171-173.

251

Bienkiewicz, K. J. "Leather-Water: A System?" *Journal of the American Leather Chemists Association*, vol. 85, 1990, pp. 303-325.

Brodsky, Barbara, et al. "Collagens and Gelatins," in *Polysaccharides and Polyamides in the Food Industry*, Alexander Steinbüchel and Sang Ki Rhee, eds. Weinheim: Wiley-VCH, 2005, pp. 119-128.

Covington, A. D. "Theory and Mechanism of Tanning: Present Thinking and Future Implications for Industry," *Journal of the Society of Leather Technologists and Chemists*, vol. 85, 2001, pp. 24-33.

Daniel, Richard. "Back to Basics," *Leather Basics*, March-April 2003, pp. 49-50.

Dewhurst, J. "Oil Tan Buff Leather-Man's First Leather?" *Journal of the Society of Leather Technologists and Chemists*, vol. 88, pp. 260-262.

Harlan, J. W., and S. H. Feairheller. "Chemistry of the Crosslinking of Collagen During Tanning," *Advances in Experimental Medicine and Biology*. New York: Plenum Press, 1977, pp. 425-440.

Haslam, E. *Chemistry of Vegetable Tannins*. London: Academic Press, 1966.

Hatchett, Charles. "On an Artificial Substance Which Possesses the Principal Characteristic Properties of Tannin," *Philosophical Transactions of the Royal Society of London*. London: The Royal Society, 1805, pp. 211-224.

Moore, W. R. "The Structure and Properties of Natural and Synthetic High Polymers," *Journal of the Society of Leather Trades' Chemists*, vol. 50, no. 3, March 1966, pp. 94-109.

Procter, H. R. "Chrome and Iron Tannages," in *Principles of Leather Manufacture*, 2nd ed. London: E. & F. N. Spon, 1922.

Ramasami, Thirumalachari. "Approach Toward a Unified Theory for Tanning: Wilson's Dream," *Journal of the American Leather Chemists Association*, vol. 96, 2001, pp. 290-304.

Seligsberger, Ludwig. "Leather Research and Technology in the Age of Chrome," *Journal of the American Leather Chemists Association*, vol. 86, 1991, pp. 245-258.

Stellmach, Joseph J. "The Commercial Success of Chrome Tanning: A Study and Commemorative," *Journal of the American Leather Chemists Association*, vol. 85, 1990, pp. 407-424.

Wachsman, Hubert. "The Theory of Tanning," *World Leather*, April 2004, pp. 30-31.

Ward, A. G. "Collagen, 1891-1977: Retrospect and Prospect," *Journal of the Society of Leather Technologists and Chemists*, vol. 62, pp. 1-13.

Welch, Peter C. "A Craft That Resisted Change: American Tanning Practices to 1850," *Technology and Culture,* 1963, pp. 299-317; *Tanning in the United States to 1850.* Washington, DC: Museum of History and Technology, Smithsonian Institution, 1964, pp. 2-29.

4. 皮革制品、产品、工艺

以上部分不包括鞋类相关的文献，在后面的"越界"一节中将有关于鞋类文献的详述。

Buirski, David, ed. *Sitting Comfortably: Upholstery Leathers Into the New Millennium.* Liverpool: World Trades Publishing, 1999.

De Recy, George. *The Decoration of Leather.* Translated by Maude Nathan. London: Archibald Constable & Co. Ltd., 1905.

Dowd, Anthony, compiler. *The Anthony Dowd Collection of Modern Bindings.* Manchester: The John Rylands University Library of Manchester, 2002.

Flanders, John. *The Craftsman's Way: Canadian Expressions.* Introduction, Hart Massey. Toronto: University of Toronto Press, 1981.

Hirschberg, Lynn. "In the Beginning, There Was Leather. . ." *New York Times Magazine*, November 30, 2003, pp. 114-115.

252

Hulme, E. Wyndham, et al. *Leather for Libraries*. London: Sound Leather Committee of the Library Association, 1905.

Hunter, George Leland. *Decorative Textiles*. Philadelphia: J. B. Lippincott Company, 1918.

Kanigel, Robert. "Made in USA-by Me," *The Leather Craftsman*, September 1987, p. 58.

Macgregor, Neil. *A Catalogue of Leather in Life, Art and Industry*. Northampton: Museum of Leathercraft, 1992.

The Market for Leather Goods in North America and Selected Western European Countries. Geneva: International Trade Centre, 1969.

Mobilio, Albert. "Genteel Readers of the World, Dig Deep," *Salon*, December 16, 1997.

Roth, Philip. *American Pastoral*. New York: Vintage, 1997.

Saddlemaking in Wyoming: History, Utility, Art. Catalog. Laramie: University of Wyoming Art Museum, 1993.

Taylor, Frederick W. "Notes on Belting," in *Two Papers on Scientific Management*. London: George Routledge & Sons, 1919.

Thomson, R. S. "Bookbinding Leather: Yesterday, Today and Perhaps Tomorrow," *Journal of the Society of Leather Technologirts and Chemists*, vol. 85, pp. 66-71.

Waterer, John W. *Leather Craftmanship*. New York: Frederick A. Praeger, 1968.

Willcox, Donald J., and James Scott Manning. *Leather*. Chicago: Henry Regnery Company, 1972.

5. 全球市场

美国和欧洲皮革业所处的艰难境地，他们之于发展中国家的失败以及某个具体公司和工业地区的命运并非本书的主题，但在与鞣皮从业者相处这么久之后，这些话题对我来说不再遥不可及。感谢迈克·雷德伍德对

20 世纪 70 年代圣克罗切的回忆，感谢篷特埃戈拉好客的人们，还要感谢以上列出的美国鞣皮从业者们。

Amos, T. "Is the UK Leather Industry 'Finished'?" *Journal of the Society of Leather Technologists and Chemists*, vol. 85, pp. 199-202.

Blakey, R. "The Challenge of Change," *Journal of the Society of Leather Technologists and Chemists*, vol. 86, 2002, pp. 229-239.

Chan, Dominic S. "The Wonder of the Footwear Industry-China," *World Footwear*, July-August 2002, pp. 12-14.

"Deep-Seated Concerns for the Future," *World Leather*, October 2005, pp. 13-18.

"Italy-Fighting to Maintain Its Place in the World Market," *World Leather*, October 2004, pp. 17-35.

Koppany, E. John. "A Geopolitical Essay of the Leather Industry Over the Past 50 Years," *Journal of the American Leather Chemists Association*, vol. 99, no. 12, 2004, pp. 485-493.

"Pits, Aniline Dyes and Arsenic Paints?" *Leather International*, April 2002, pp. 53-54.

Redwood, Mike. "The Role of Marketing in Active Sportswear and Equipment," *Leather Industry Companion,* from a paper presented at the 37th International Man-Made Fibres Congress, Dornbirn, Austria, September 16-18, 1998; "The Marketing of Leather and Leather Goods in Difficult and Changing Times," *Leather Industry Companion*, Winter 1998.

"Still Leaders but Times Are Hard," *Leather International*, May 2004, pp. 18-20.

"Still Leaving a Giant Footprint," *World Leather*, October 2002, pp. 27-35.

二、仿皮

我将人类对人造皮的追寻大致划分为四大类：1. 基于焦木素的仿皮，

如漆布；2. 基于乙烯基塑料的材料，如瑙加海德革；3. 科芬及其"多孔聚合物"亲戚；4. 基于超细纤维的合成皮，如奥司维。因此，书目列表将从这四种类型开始，之后再转向更早期的合成皮，以期全面把握人造皮种类。与此同时，我也会涉及若干特殊行业和技术，如针刺法和压花。

1. 焦木素

254　本部分包括以焦木素为涂层的漆布人造皮在研发初期的相关信函和报告，时间跨度为 1908 年至 1925 年，大部分信息来自海格利博物馆和图书馆的档案馆。承蒙小约翰·肯利·史密斯长达几年的实验站研究报告，还有联邦政府对杜邦的反垄断行动记录以及关于漆布的日常通信，我得以较早接触到其中一些材料。

感谢纽堡城市记录管理处（City of Newburgh's Record Management）的贝琪·麦基恩（Betsy Mckean），她帮助我找到 1913 年前后漆布工厂原址的平面图；感谢纽堡历史协会（Newburgh Historical Society）的拉塞尔·兰格（Russell Lange）；感谢纽堡免费图书馆（Newburgh Free Library）的查克·托马斯（Chuck Thomas）和丽塔·福里斯特（Rita Forrester）帮我找到当地有关漆布的文章、名为《漆布人》（*The Fabtonian*）的杜邦漆布项目员工简报以及 1915 年 12 月 28 日召开的"杜邦漆布敲门人俱乐部第五届圆桌会议晚宴"的节目单，那里面就有那首流芳百世的《漆布之歌》的歌词。

涉及焦木素涂层人造皮的文章、技术报告和著作如下：

Chase, Herbert. "How One Make of Artificial Leather Is Manufactured," *Automotive Industries*, vol. 49, August 2, 1923, pp. 224-227.

"Collier's Binds a Million Books in Fabrikoid," *Du Pont Magazine*, September-October 1921, pp. 4-5.

"Du Pont Advertising: Its Value to the Trade," *Du Pont Magazine*, March 1919.

Fabrikoid: An Improvement on Leather. Wilmington, DE: E. I. Du Pont de Nemours & Company, 1911.

Ginsberg, Ismar. "The Manufacture of Artificial Leather," *Scientific American Monthly*, October 1921, pp. 300-304.

Given, Guy Cumston. "Artificial Leather," *Industrial and Engineering Chemistry*, September 1926, vol. 18, no. 9, pp. 957-958.

Howell, William R. "The Manufacture of Du Pont Fabrikoid," *News-Letter*, Princeton Engineering Association, March 1929, pp. 67-69.

Marx, Carl. "Schoenbein, Discoverer of Cellulose Nitrate," *Plastics*, vol. 2, no. 1, January 1926, pp. 9+.

Meikle, Jeffrey L. "Presenting a New Material: From Imitation to Innovation with Fabrikoid," *Journal of the Decorative Arts Society*, vol. 19, 1995, pp. 8-15.

Neuberger, Rudolf. "History and Development of the Leather Cloth Industry," *Upholstering*, vol. 1, no. 4, July 1934, pp. 6+.

Patterson, J. R. "Bookbinding and the Newer Binding Materials." *Library Journal*, 1928.

Smith, John Kenly, Jr. "Fabrikoid-The Lesson of Leather," unpublished manuscript.

The Story of Du Pont Fabrikoid. Newburgh, NY: E. I. Du Pont de Nemours, 1931.

"Uncle Sam Says Not Enough," Du Pont American Industries advertisement. *The Tech* (Massachusetts Institute of Technology) , August 14, 1917, p. 4.

Wescott, N. P. "How Coated Textiles Have Served," *Du Pont Magazine*, September 1927, pp. 28-29.

"When Lacquer and Fabric Meet," *Scientific American*, vol. 148, April 1933, pp. 228+.

Worden, Edward Chauncey. *Nitrocellulose Industry*. New York: D. Van Nostrand, 1911.

255

2. 乙烯基塑料

瑙加海德革和其他基于乙烯基塑料的仿皮都是现代生活不可或缺的一部分，它们的故事既有关工业也有关社会，而我尽力把这两方面都包括进来。我的记述部分归功于迈克尔·S. 科普兰、马丁·雅各布（Martin Jacob）、格蕾丝·杰弗斯、爱德华·纳西米、杰夫·波斯特、保罗·瓦格纳（Paul Wagner）和鲍伯·扬。感谢杰夫·波斯特安排我拜访桑达斯基阿瑟尔工厂；感谢拉尔夫·马利奥（Ralph Maglio）协助安排我拜访克朗普顿图书馆（Crompton library），那里是瑙加海德革和美国橡胶公司的信息资源库；我还要感谢克朗普顿图书馆馆员帕特里夏·安·哈蒙（Patricia Ann Harmon）给我的帮助；感谢兰迪·梅茨（Randi Mates）提供了她收藏的瑙加海德革文档。

涉及聚氯乙烯、基于乙烯基塑料的仿皮以及瑙加海德革的文章和著作如下：

Kaufman, Morris. *The First Century of Platics: Celluloid and Its Sequel.* London: The Plastics and Rubber Institute, 1963; *The Chemistry and Industrial Production of Polyvinyl Chloride.* New York: Gordon and Breach, 1969.

Lois, George, with Bill Pitts. *What; the Big Idea?* NewYork: Plume, 1993, pp. 33-42.

Pitts, Bill, and George Lois. *The Art of Advertising: George Lois on Mass Communication.* New York: Harry N. Abrams, 1977.

The Research and Development Capability of the United States Rubber Company, United States Rubber Company, 1962.

Semon, Waldo Lonsbury. Internet biography. Online at: http://www. bouncing-balls.com/ timeline/people/s-semon. htm.

Semon, Waldo L., and G. Allan Stahl. "History of Vinyl Chloride Polymers," B. F. Goodrich Research and Development Center, 1980.

The Story of US. United States Rubber Company, October 1948.

The Story of US. Naugahyde: The Finest in Plastic Upholstery. United

States Rubber Company, ca. 1950.

3. 科芬

尽管科芬已成为美国商业失败的标志性案例，但直到最近，除基本
事实外，尚没有更多的相关内容结集成书。我对科芬源起和兴衰的记录 256
基于许多原始资料，在这里有必要将其划分为如下几类。首先，我要向
以下各位表示感谢，他们通过面谈和电话方式向我回忆了科芬项目的始
末：莉比·费伊、汉密尔顿·费什、理查德·赫克特^①、露丝·霍尔登、约
瑟夫·李·霍洛韦尔、约翰·科伦科、萨姆·兰格、约翰·勒纳德（John
Learnard）、托马斯·J. 伦纳德^②、查尔斯·林奇、罗恩·莫尔腾布雷、约
翰·皮卡德、约翰·C. 理查兹、乔·里弗斯以及鲍勃·威尔逊。我要
特别感谢莫尔腾布雷先生和约翰·诺布尔，感谢他们不厌其烦地通过电
子邮件给我提供科芬制造的相关信息；当然还要感谢约翰·皮卡德和玛
丽·安·皮卡德的款待和好意。

3.1　未发表文献

我的记述中用到的档案信息资源、杜邦内部文件及其他未发表文献有
许多来自海格利博物馆和图书馆，尤其是在科芬成为科芬之前的早期研究
相关资料。其中包含大量记录，尤其是 1949 年至 1951 年关于开创研究所
（Pioneering Research Division）的记录。

已故的约瑟夫·利维^③将其持有的大量资料交予海格利博物馆和图书
馆保存，这大大丰富了海格利的资料库，这些资料在我拜访海格利时尚未
编入目录。感谢玛吉·麦克宁奇（Marge McNinch）提醒我注意到这批材
料，它们最终被证明是价值无量的。

---

① 此处原文为 Dick Heckert，其中 Dick 是 Richard 的缩写昵称，故此处为保持译
　　名一致，仍将此处译为理查德·赫克特。——编者注
② 此处原文为 Learnard，疑似原文拼写错误，应为 Leonard，此处结合上下文翻
　　译为伦纳德。——编者注
③ 此处的 Joseph Leavy 疑似为前文的 Joe Leavy，Joe 是 Joseph 的昵称。但无证据
　　确定，故两处人名翻译不统一。——编者注

小约翰·肯利·史密斯好心让我参考他和大卫·霍恩谢尔在写作他们1988 年的著作《科学与企业战略》(*Science and Corporate Strategy*)时收集的与科芬相关的资料；约翰·皮卡德允许我参考他 1949 年 8 月 30 日的报告《无纺布——I》(Non-woven Fabrics—I)，这份报告回顾了他早期对类皮材料的研发。

感谢约瑟夫·李·霍洛韦尔允许我参考他未发表的手稿《从马毯到高级时装》("Horse Blankets to Haute Couture"，2001 年 10 月 22 日)。

纽堡城市记录管理处的贝琪·麦基恩帮我找到了 20 世纪 50 年代后期杜邦的地产图，彼时科芬项目正在积聚势能。

257　从这些来源中收获的富有启发性的资料如下：

"1966 'A' Bonus Recommendation," Du Pont Fabrics and Finishes Department typescript, March 29, 1967.

Adams, Carol. National Family Opinion, Inc., questionnaire. American Marketing Association, Toledo Chamber of Commerce.

Batson, H. E. "Report on Retailer Calls," Du Pont Fabrics and Finishes Department typescript, January 22, 1970.

Borsch, Richard C. "1970 Western Region Marketing Plan," Du Pont Poromeric Products Division typescript, January 6, 1970.

Burton, J. R. A. "Competition for Corfam," Du Pont typescript, January 1967.

"Corfam: A Research to Reality Case History," Du Pont typescript, ca. 1966.

"Corfam Technical Information," as defined in Article IV. a. and IV. 2. of the "Technical Information Sale Agreement" between E. I. du Pont de Nemours and Polimex-Cekop, Ltd., with respect to the production of poromeric materials in Poland, ca. 1972. (Hagley ACC. 1801).

Heckert, R. E. "Whither Corfam," Du Pont Fabrics and Finishes report to the Executive Committee, typescript, November 20, 1969.

Indoctrination and Training Manual, Du Pont Poromeric Products Division, ca. 1968.

Lawson, W. D. Du Pont typescript of talk given at the press introduction of Corfam in New York, October 2, 1963; "History and Analysis of Corfam," typescript, November 1972.

Leavy, J. B. "Corfam: Retail Sales Training," Du Pont Corfam Retail Marketing Bulletin, March 19, 1964; Handwritten notes for Corfam presentations during the 1960s, including that at the Fashion Institute of Technology, November 4, 1968.

Lessing, Lawrence. "The Fast Footrace of Corfam," typescript, apparently commissioned by Du Pont, sent to editors as "a natural follow-up" to Lessing's 1964 article in *Fortune*, cited below, November 2, 1966.

Moyer, James E. "Corfam: An Advertising Case History." University of Illinois, College of Communications, ca. 1965. (Note on title page: "Prepared in collaboration with Du Pont personnel.")

Ogden, C. H. "1970 Territory Plan, Chicago-Wisconsin Territory," Du Pont Poromeric Products Division typescript.

"Question-Answer Fact Sheet: Corfam Poromeric Shoe Upper Material," Product Information Service, Du Pont Public Relations Department, January 17, 1964.

Rivers, Joe. Interview, conducted by David A. Hounshell, transcript, January 20, 1986.

Yuan, E. L. "The Structure and Property Relationships of Poromeric Materials," typescript, 1970.

3.2 《威廉·罗西集》

威廉·罗西长期担任《鞋靴记录》的执行主编。感谢档案及图书管理员妮科尔·图兰若（Nicole Tourangeau）和她的助理学生山姆·加布里埃尔森（Sam Gabrielson）、卡拉·麦克马纳斯（Caragh McMaus）。他们帮助 258

我从《威廉·罗西集》中找到许多资料。这其中最重要的材料如下：

Condensation of talk given by William A. Rossi, Executive Editor, *Boot and Shoe Recorder*, at New England Tanners Production Club, typescript, Hawthorne Hotel, Salem, MA, January 17, 1964.

"Corfam: A Bright Star in Genesco's Future," in unknown Genesco company publication, February 1964.

"Corfam and Clarino Patent Pact Settles Conflict on Poromerics," *Footwear News*, March 6, 1969, p. 32.

Danzig, Fred. "Du Pont's Corfam: What Went Wrong?" *Advertising Age*, April 5, 1971, pp. 6+.

"Death Warrant for Corfam," *Footwear News*, March 18, 1971, pp. 1+.

"Poromerics, '60s Belle, Now Aging Spinster," *Footwear News*, October 28, 1971, pp. 1+.

"A Resume of the Presentation by E. I. Du Pont de Nemours & Co., Inc. to the International Shoe Company on Behalf of Corfam," typescript, ca. 1964.

Roddy, J. T. "U.S. Scientific Assessment of 'Corfam' Material Completed," *Leather*, May 22, 1964, p. 280; "The Challenge of Synthetic Upper Materials," *Leather and Shoes*, April 1, 1967, pp. 40-45; "The Case for Leather vs. Man-Made Materials," *Leather and Shoes*, April 20, 1968, pp. 16-23.

Technical Information on Shoemaking, Du Pont technical guide, October 12, 1965. Note in Rossi collection: "Prepared by W. A. Rossi for Du Pont-1963. For educational use by Corfam Division as introduction to basic shoe knowledge for Du Pont personnel."

3.3　发表文献概览

多年来出现了不少关于科芬事业的广泛述评，其中包括：

Carlson, Laurence Dale. "A Historical and Analytical Study of the New Product Introductions of a Man-Made Leather Shoe Bottom, Neolite, and Upper, Corfam." Dissertation, Ohio State University, 1967.

Jenkins, G. I., and H. G. Drinkwater. "Corfam Versus Cowhide: The Complete Case History," *The Director*, May 1969.

Lawson, William D., Charles A. Lynch, and John C. Richards. "Corfam: Research Brings Chemistry to Footwear," *Research Management*, vol. 8, no. 1, 1965, pp. 5-26.

Lessing, Lawrence. "Synthetics Ride Hell-Bent for Leather," *Fortune*, November 1964.

Littler, D. A., and A. W. Pearson. "Marketing a New Industrial Good: A Case Study," *Industrial Marketing Management*, vol. 3, 1972, pp. 299-307.

Pepper, K. W. "The Challenge of Corfam," The Director's Annual Lecture at the National Leathersellers College, February 18, 1965, published later in *Journal of the Society of Leather Trades*.

"The Story of 'Corfam': 25-year Journey from Dream to Reality," *Boot and Shoe Recorder*, October 1, 1963.

259

3.4 科芬问世前夕

科芬的到来给皮革业及制鞋业带来了巨大的危机。我对产业及商业历史中这一关键时刻的理解有赖于如下资料：

Boot and Shoe Recorder coverage, 1961—1964.

"Du Pont Plans for Synthetic Leather Output Heighten Rivalry for Huge Shoe Market," *Wall Street Journal*, December 27, 1962.

O'Flaherty, Fred. "Imitations and Substitutes," *Leather and Shoes*, September 24, 1960; "The Invasion of the Tanning Industry," *The Leather Manufacturer*, December 1961.

"The Tanning Industry and Artificial Leather," confidential marketing research report, April 1962, prepared for the Dewey and Almy Chemical Company, including an extensive digest of trade articles and patent history bearing on artificial leather.

3.5 技术文章

Beck, P. J., and E. P. Lhuede. "The Case for Leather as a Shoe Upper

Material," *Australian Leather Journal,* vol. 74, no. 11, March 1972, pp. 20-28.

Bossan, Louis Paul. "Advantages of 'Corfam' to the Shoe Manufacturer," *Rubber and Plastics Age*, February 1966, pp. 152-153.

Brooks, F. W., and R. G. Mitton. "Wear Trials for the Comparison of Leather and Synthetic Upper Materials in Shoes," *American Shoemaking*, October 11, 1967, pp. 8-19.

"Corfam—Leather—Substitute in Shoes Is Put to the Test of Use," *Consumer Bulletin*, vol. 48, no. 1, January 1965, pp. 25-26.

"Corfam vs. Leather for Shoe Uppers," *Consumer Reports*, November 1964, pp. 517-518.

Durst, Peter. "The PU Coagulation Process and Its Success in PUCF's," *Journal of Coated Fabrics*, vol. 13, January 1984, pp. 175-183.

Hole, L. G. "Poromerics: Their Structure and Use," *Rubber Journal*, April 1970, pp. 72-76.

Hole, L. G., and J. G. Butlin. "The Impact and Future of Man-Made Upper Materials," *Journal of the British Boot & Shoe Institution*, vol. 15, 1968, pp. 79-93.

Lawson, William D. "The Status of Man-Made Materials," *Boot and Shoe Recorder*, June 1, 1966.

Payne, A. R. *Poromerics in the Shoe Industy.* Amsterdam: Elsevier, 1970.

"Poromerics: How They're Manufactured," *Chemical Engineering News*, March 9, 1970, pp. 62-63.

Zorn, Bruno. "Porous Polyurethane Films and Coatings," *Journal of Coated Fabrics*, vol. 13, January 1984, pp. 166-173.

260

3.6　其他出版物

Anders, John. "This Cloth Has Been Fabricated," *The Dallas Morning News*, January 20, 1988.

"Another Nylon," *Forbes*, October 15, 1964, pp. 15-16.

Barnfather, Maurice. "Polish Joke," *Forbes*, March 2, 1981, p. 46.

Cortz, Dan. "The $100-Million Object Lesson," sidebar to "Bringing the Laboratory Down to Earth," *Fortune*, January 1971.

Culberson, Fred Ray. "The Corfam Failure." Dissertation, University of Texas at Austin, 1971.

Davis, Harry E. "'Corfam': First Focus Is Footwear," *Du Pont Magazine*, November-December 1963, pp. 2-5.

"Du Pont Does It," *Forbes*, December 15, 1969, pp. 22-24.

"Exit Corfam," *Barron's National Business and Financial Weekly*, March 22, 1971, p. 1.

"Fiber Fact Finders," *Du Pont Magazine*, January-February 1961, pp. 19-21.

Flanigan, James J. "Stepping Ahead with Corfam," *New York Herald Tribune*, December 8, 1963.

"Getting Corfamiliar," *Leather and Shoes*, vol. 146, no. 15, October 12, 1963.

Hemp, Paul. "Free the Wrinkle," *Boston Globe*, September 11, 1994.

Lawson, W. D. "Status of Corfam," *Boot and Shoe Recorder*, vol. 171, July 1967, p. 51.

May, Roger B. "Du Pont Faces a Race as Big Competitors Take a Shine to Synthetic-Leather Market," *The Wall Street Journal*, September 19, 1966, p. 32.

McCormick, James H. "When Do You Drop a Product?" *Du Pont Magazine*, June-July 1957, pp. 14-15.

"New Laboratory Issue." *The Fabtonian*, July 1948.

Pepper, K. W. "The Challenge of Synthetics to Leather," *Chemistry and Industry*, December 10, 1966, pp. 2079-2085.

"Reflections on the Reader's Digest Case," *Leather and Shoes*, vol. 147, no. 13, March 28, 1964, p. 4. See also: Don Wharton. "Nylon—a Triumph of Research," *Textile World*, January 1940, pp. 50-52; "Big News in Shoes," *Readers Digest*, March 1964; and brief biography of Wharton in Don Wharton Papers, University of North Carolina at Chapel Hill, Southern Historical Collection.

"Research: If the Shoe Fits, Another Winner for Industry," *Newsweek,* April 6, 1964.

Robertson, Andrew. "How Du Pont's Corfam Took a $100m Tanning," *Sunday Times*, March 21, 1971.

Sloane, Leonard. "Advertising: Bout with Manmade 'Leather'," *New York Times*, July 26, 1964, p. F12; "Du Pont's $100-Million Edsel," *New York Times*, April 11, 1971, p. F3.

"Synthetics: Good Fit in Footwear," *Chemical Week*, May 1, 1965, p. 45.

"The Withdrawal of Corfam," from "Poromerics Progress," *SATRA*, vol. 3, no. 2, April 1971, pp. 77-82.

4. 超细纤维

我尤其要感谢冈本三宣。在长达数月的电子邮件往来中，他的回忆、洞见以及他关于早期奥司维研发的技术说明对我的记述至关重要。冈本先生对我用英文发来的询问一向耐心回答，他甚至一度用简笔画的形式向我解释早期的一项关键性实验，这幅画已经被我装裱起来，永久地挂在墙上了。冈本先生用日文写就的研究备忘录有助于我进一步理解他的工作，这部分资料已由霍默·里德（Homer Reid）从日文翻译成英文，并在下面的引用中列出。感谢伊恩·康德里（Ian Condry）和长谷好美（Yoshimi Nagaya）帮助我获得译文；感谢格雷格·奥尔纳托夫斯基（Greg Ornatowski）和卡尔·阿尔卡多（Carl Accardo）与我分享他们对日本企业生活的洞见。

我还见到了可乐丽株式会社的熊野淳和巴帕索幸子以及东丽公司的滨田良文、高木康弘（Yasuhiro Takagi）和原利纪（Toshinori Hara）；我还要特别感谢米拉·日夫科维奇使我得以窥见她参与推广阿玛丽塔的创意过程。

　　我对洛丽卡的描述部分源于我对撒丁岛洛丽卡工厂的造访，以及 2005 年 3 月我对乔治·萨维尼、朱塞佩·穆纳福和恩里科·拉凯利历时两天的访问；感谢拉凯利先生在我和他的同事间充当翻译。

　　我的描述还得益于阿曼达·林赛关于超细纤维的博士论文，此篇论文已列入引用。此外，还有这篇论文引发的电子邮件交流与思考。

　　帮助我讲述基于超细纤维人造皮故事的有如下文章和著作：

Ajgaonkar, D. B. "Microfibres," *Man-Made Textiles in India*, September 1992, pp. 327-337.

Dullea, Georgia. "Machine-Washable 'Suede'," *New York Times*, March 23, 1976.

Hoashi, Koji. "Suede-Type Man-Made Leather for Clothing," *Japan Textile News*, no. 269, April 1977, pp. 92-95.

Hongu, Tatsuya, and Glyn O. Phillips. *New Fibers*, 2nd ed. Cambridge: Woodhead Publishing, 1997.

Ivins, Molly. "The Fabrics That Define Republican Women," *Dallas Times Herald*, August 27, 1984.

Japan Business History Institute, ed. *The Hictory of Toray 70: 1926-1996*. Tokyo: Toray Industries, 1999.

Lindsay, Amanda. "The Evolution of Microfibre Through Technology and Market Pressure." Dissertation, University of Sussex, 1999; "Product and Process Innovation in the Chemical Fibre Industry: Patenting in Microfibres." Unpublished manuscript. London Metropolitan University, London, August 17, 2002.

May-Plumlee, Traci, and Thomas F. Gilmore. "Ultrasuede: Nonwoven Technology—Lessons from Nature." *International Nonwovens Journal*, vol. 7, no. 3, 1995, pp. 39-48; "Ultrasuede: Nonwovens Imitate Nature." Papers of INDA-TEC 95. Association of the Nonwoven Fabrics Industry, 1995, pp. 237-255.

Mukhopadbyay, Samrat, "Microfibres—an Overview," *Indian Journal of*

262

Fibre & Textile Research, vol. 27, September 2002, pp. 307-314.

Nakajima, T. *Advanced Fiber Spinning Technology*, English edition, K. Kajiwara and J. E. McIntyre, eds. Cambridge: Woodhead Publishing, 1994.

Neff, Robert. "Toray May Have Found the Formula for Luck," *Business Week*, June 25, 1990, p. 57.

Okamoto, M. "Ultra-fine Fiber and Its Application," *Japan Textile News*, two parts. November 1977, pp. 94-97, and January 1978, pp. 77-81; "Ultra-Fine Fibres: A New Dimension for Polyester," in *Polyester: 50 Years of Achievement*, David Brunnschweiler and John Hearle, eds. Manchester: The Textile Institute, 1993, pp. 108-111; "An Unprecedented New Suede-like Material: A Research Memoir," *Gubrafr-to-ki* (Expected Materials for the Future) , two parts, vol. 5, nos. 1 and 2, 2005. Translated by Homer Reid.

Okamoto, M., and K. Kajiwara. *Shingosen: Past, Present, and Future*. Technomic Publishing Co., 1970.

Robertson, James, and Michael Grieve, eds. *Forensic Examination of Fibres*, 2nd ed. London: Taylor and Francis, 1999, pp. 408-419.

Wedemeyer, Dee. "Ultra Demand for Versatile Ultrasuede," *New York Times*, February 26, 1977.

5. 早期仿皮

关于日本皮革纸的背景知识，我要感谢东京津田塾大学的菅靖子；我还要感谢纽约古柏－惠特博物馆的格雷格·赫林肖给我展示了日本皮革纸及其模仿对象西班牙皮。

以下文章及著作加深了我对早期仿皮包括日本皮革纸的理解：

Barrett, Timothy. *Japanese Papermaking: Traditions, Tools, and Techniques*. New York: Weatherhill, 1983.

Christie, Guy. *Storeys of Lancaster, 1848—1964*. London: Collins, 1964.

Hall, J. Sparkes. *The Book of the Foot: A Histoy of Boots and Shoes*. New York: William H. Graham, 1847.

Hughes, Sukey. *The World of Japanese Paper*, Tokyo: Kodansha International, 1978.

Leatherette（*Harrington & Co.'s New Substitute for Leather*）. London: Richards, White & Co., 1875.

Madru, René. "Quelques notes sur les cuirs artificiels," *Collegium*, May 1913, pp. 209-213.

Rein, J. J. *The Industries of Japan*. New York: A. C. Armstrong, 1889.

Thorp, Valerie. "Imitation Leather: Structure, Composition and Conservation," *Leather Conservation Newsletter*, vol. 6, no. 2, Spring 1990, pp. 7-15.

Watererer, John W. *Spanish Leather*. London: Faber and Faber, 1971.   263

Yokoyama, Yuko. "Takashi Ueda's Kinkarakami," March 2003. Online at: http://www. handmadejapan. comle-/index-e. html.

6. 概况及述评

我力图将所有我遇到的有关人造皮的有用概况和述评列在下面：

"Artificial Leathers—Their Manufacture, Properties, and Uses," *Proceedings of the First SATRA International Conference*, Blackpool, England, 1971.

Buirski, David. "Genuine or Not—It's Here to Stay," *World Leather*, October 2002, pp. 89-93.

Civardi, F. P., and G. R. Hutter. "Leatherlike Materials," *Encyclopedia of Chemical Technology*, 3rd ed., vol. 14. New York: John Wiley & Sons, 1978—1984, pp. 231-249.

"The Evolution of Synthetics for the Shoe Industry," *Journal of Coated Fabrics*, vol. 6, January 1977, pp. 176-181.

Hayashi, Takafumi. "Man-Made Leather," *Chemtech*, January 1975, pp. 28-33.

Hioki, Katsumi, "Leather-like Materials," *Kirk-Othmer Encyclopedia of*

Chemical Technology, 4th ed., vol. 15. New York: John Wiley & Sons, 1991—1998.

Hole, L. Geoffrey. "Artificial Leathers," *Reports on the Progress of Applied Chemistry During 1972*, vol. 57, 1973, pp. 181-206.

Hollowell, J. L. "Leather-like Materials," *Encyclopedia of Polymer Science and Technology*, vol. 8. New York: Interscience Publisher, 1964—1972, pp. 210-231.

Kruse, Hans-Hinrich, and J. H. Benecke. "Leather Imitates," *Ullmann's Encyclopedia of Industrial Chemistry*, 5th ed. Buchholz: VCH, 1990.

List of United States, British and German Patents Covering the Manufacture of Leather Substitutes, compiled by Mock & Blum, patent lawyers, 1918.

Nagoshi, Kazuo. "Clarino, Man-Made Leather," *International Progress in Urethanes*, vol. 3, 1981, pp. 193-217.

Nagoshi, K. "Leatherlike Materials," *Encyclopedia of Polymer Science and Engineering*, 2nd ed., vol. 8. New York: John Wiley & Sons, 1985—1989.

Payne, A. R. "Trends in Poromerics and Coated Fabrics in the Footwear and Allied Industries," presented at the Fifth Shirley International Seminar on the Place of Textiles in the Economy of a Developed Country. Manchester, England: Shirley Institute, 1972.

Sittig, Marshall. *Synthetic Leather from Petroleum*. Park Ridge, NJ: Noyes Development Corporation, 1969.

Süskind, Stuart P. "Man-Made Leather Substrates," *Journal of Coated Fibrous Materials*, vol. 2, April 1973, pp. 187-195.

Swedberg, Jamie. "The Truth About Faux Leather," *Industrial Fabric Products Review*, April 1999, pp. 26-30.

Whittaker, R. E. "Structure and Viscoelastic Properties of Poromerics," *Journal of Coated Fibrous Materials*, vol. 2, July 1972, pp. 3-23.

7. 技术及工艺 [①]

我对仿皮和真皮制造中所使用的压花辊的理解得益于对弗吉尼亚州沙石镇的斯丹刻印厂的拜访和参观。在那里，麦克斯·勒伦（Max Roelen）、格尔德·莫斯钦、汤米·奥斯丁等人带我参观场内设施；我尤其要感谢莫斯钦先生拨冗陪同并与我长时间通话，向我解释其中的复杂细节。

除前面已引用过的材料以外，有关人造皮生产技术及工艺的著作及文章均已列出：

Albrecbt, Wilheml, Hilmar Fuchs, and Walter Kittlemann, eds. *Nonwoven Fabrics,* Weinheim: Wiley-VCfl, 2003.

Durst, Peter. "PU Transfer Coating of Fabrics for Leather-like Fashion Products," *Journal of Coated Fabrics*, vol. 14, April 1985, pp. 227-241.

Edwards, Kenneth N. "A History of Polyurethanes," in *Organic Coatings Their Origin and Development*, R. B. Seymour and 11. E Mark, eds. Amsterdam: Elsevier, 1990.

"Embossing Leather Substitutes," *Du Pont Magazine*, February 1919, pp. 26-27.

Lomax, Robert. "Recent Developments in Coated Apparel," *Journal of Coated Fabrics*, vol. 14, October 1984, pp. 91-99.

Liinenschloss, J., and W Chichester Albrecht, eds. *Non-Woven Bonded Fabrics*. New York: Halsted Press, 1985.

The Nonwovens Handbook. New York: INDA, Association of the Nonwoven Fabrics Industry, 1988.

Oertel, Günter, ed. *Polyurethane Handbook*, 2nd ed. Cincinnati: Hanser Gardner Publications, 1993.

Schore, Elias. "Electroforming, Embossing, and Graining plates," *Metal*

---

① 此处原文为 Trades and Technologies，与前文的目录不一致，据上下文将此处改为技术及工艺。——编者注

Finishing, January 1954, pp. 74-76.

　　Smith, Philip A. '"The Technology of Non-Woven Fabrics for Artificial Leathers," in "Artificial Leathers-Their Manufacture, Properties, and Uses," *Proceedings of Me First SATRA International Conference*, Blackpool, England, 1971, pp. 107-115.

　　Vaughn, Edward A. "Historic Needlepunch Developments," *Nonwovens Industry*, March 1992, pp. 44-46.

三、越界

　　本书不可避免地要跨越天然与合成、真与假之间的边界，并对其进行考察和研究。以下是对我研究的各个不同领域文献和资源的汇总。

1. 鞋类

　　一直以来，真皮都和鞋子联系在一起。制鞋业是真皮与合成材料尤其是科芬竞争的重要战场。我对鞋子的欣赏不单单因其是实用之物，同时也考虑到它的审美价值。我对鞋类材料及脚感的理解，多归功于迈克·雷德伍德和杰克·埃里克森（Jack Erickson）。他们好意安排我拜访位于马萨诸塞州布罗克顿市的足乐鞋厂；还要感谢约翰·勒纳德，他带我参观布罗克顿鞋类博物馆；还有梅根·奥格尔维（Megan Ogilvie），她曾是我在麻省理工学院开设的研究生课程"科学写作"的学生，感谢她分享给我她参观多伦多的巴塔鞋类博物（Bata Shoe Museum）馆时记的笔记；我还要感谢无数的鞋业销售人员，这其中包括波士顿鞋类旅行推销协会的成员，感谢他们的洞见和回忆。

　　以下列出的书籍、文章及档案记录中有一些涉及科芬对真皮发起的挑战，这部分材料经证明尤为有用。以下列出的未发表文档可在特拉华州威尔明顿的海格利博物馆和图书馆查询到。

　　"2000 Miles to Minneapolis," *Du Pont Magazine*, vol. 59, no. 6, November-December 1965.

　　Bilger, Burkhard. "Sole Survivor," *The New Yorker*, February 14 and 21,

2005.

Bitlisli, B. O., et al. "Importance of Using Genuine Leather in Shoe Production in Terms of Foot Comfort," *Journal of the Society of Leather Technologists and Chemists*, vol. 89, pp. 107-110.

Brooks, F. W., and R. G. Mitton. "Wear Trials for the Comparison of Leather and Synthetic Upper Materials in Shoes," *American Shoemaker*, October 11, 1967, pp. 8+.

Burton, J. R. A. "Physiological and Hygienical Aspects of the Use of Corfam Poromeric Material in Footwear." Draft of presentation intended for the German Medical Association, according to Du Pont cover letter, August 2, 1967; "Corfam-Foot Comfort and Health." Du Pont typescript, May 1, 1968.

Carey, Bill. "King Maxey," chapter in *Fortunes, Fiddles & Fried Chicken: A Nashville Business History*. Franklin, TN: Hillsboro Press, 2000.

Cohen, Richard L., ed. *The Footwear Industry: Profiles in Leadership*. New York: Fairchild Publications, 1967.

Cohn, Walter E. *Modern Footwear Materials & Processes*. New York: Fairchild Publications, 1969.

DeLano, Sharon, and David Rieff. *Texas Boots*. New York: Viking Press, 1981.

Diebschlag, Wilfried, and Wolfgang Nocker. "A Comparative Analysis of the Comfort of Leather and Substitute Materials, Especially for Footwear," *Journal of the American Leather Chemists Association*, vol. 73, 1978, pp. 307-332.

Diebschlag, Wilfried, et al. "The Influence of Several Socks and Linings on the Microclimate in Shoes with Upper Material of Leather or Synthetic," *Journal of the American Leather Chemists Association*, vol. 71, no. 6, June 1976, pp. 293-306.

"Footwear Fundamentals," parts 1-8, various authors, *World Footwear*,

266

March-April 2002 to May-June 2003.

Garley, Tony, "Leather Cutting: Yield Versus Quality," *World Footwear*, September-October 2002, pp 33-34.

Heath, Arthur L. "Nurses' Service Shoe Wear Test," Du Pont typescript, November 6, 1967.

Hill, L. M., and S. G. Shuttleworth. "Comfort Factors in Shoe Upper Materials," *Journal of the American Leather Chemists Association*, 1971, pp. 5-20.

Hole, L. G., and B. Keech. "Foot Comfort Properties of Natural and Artificial Leathers," in "Artificial Leathers-Their Manufacture, Properties, and Uses," *Proceedings of the First SATRA International Conference*, Blackpool, England, 1971, pp. 405-424.

Hoover, Edgar M., Jr. *Location Theory and the Shoe and Leather Industries*. Cambridge: Harvard University Press, 1937.

Kennedy, J. E. "A Study of the Microclimate in Footwear," *Journal of the American Leather Chemists Association*, vol. 62, no. 5, May 1967, pp. 310-333.

Maeser, Mieth. "An Engineer Looks at Leather," *Journal of the American Leather Chemists Association*, vol. 58, August 1963, pp. 456-493.

Meldman, Edward C., and Arthur E. Helfand. "Compatibility of Du Pont Corfam with Efficient Foot Function," *Journal of the American Podiatry Association*, May 1965, pp. 351-355.

O'Flaherty, Fred. "Technical Developments in Shoe Leathers," *The Leather Manufacturer*, April 1961; "Leather Breathing: Contribution to Foot Comfort," *Leather & Shoes*, January 25, 1963.

O'Keefe, Linda. *Shoes: A Celebration of Pumps, Sandals, Slippers & More*. New York: Workman Publishing, 1996.

Redwood, Mike. "The Demands Made on Leather by New Processes for the Manufacture of Footwear and Other Goods," *Leather Industry Companion*,

Donald Burton Prize Essay, 1969.

Swann, June. *Shoes*. New York: Drama Book Publishers, 1982.

Vass, László, and Magda Molnbr. *Handmade Shoes for Men*. Cologne: Konemann, 1999.

Venkatappaiah, B. *Introduction to the Modern Footwear Technology*. Chennai: Central Leather Research Institute, 1997.

Vickers, Robert A., and Fred O'Flaherty. "Transpiration and Other Inherent Properties of Leather," reprinted from *The Leather Manufacturer*, ca. 1950.

2. 汽车座椅

真皮和人造皮争夺的另一战场是汽车内饰。2004 年在圣路易斯召开的美国皮革化学家协会第一百周年年会就曾将此作为会议主题，并且在接下来的若干个月里这一主题也一再出现在协会的期刊中。

"Heated Seats: Getting Too Hot," *World Leather*, April 2005, pp. 23-26.

Hur Yoon-Sook and Se-Jin Park. "Evaluation of Comfort Properties with Covering Textiles of Car Seats," *Human Factors in Driving, Vehicle Seating, and Rear Ksion, Proceedings of the 1998 SAW International Congress & Exposition*, February 23-26, Detroit, MI, pp. 63-70.

Phelan, Mark. "Interiors Slip Into Something Leather," *Automotive Industries*, May 1998.

Tanaka, N., and J. Tanaka. "New Man-Made Leather for the Automotive Industry," *Melliand International*, vol. 6, June 2000, pp. 137-138.

Taub, Bernard. "Urethane Coated Fabrics for Automotive Upholstery Applications," *Journal of Coated Fibrous Materials*, vol. 2, January 1973, pp. 135-146.

"Testing Automotive Leather," *Leather International*, May 2003, 2 pp.

Winter, Drew. "A Second Look at Vinyl," *War & Auto World*, July 1, 1995.

267

3. 其他商业领域

"Agricultural Raw Materials: Competition with Synthetic Substitutes,"

Commodities and Trade Division, Food and Agriculture Organization of the United Nations, Rome 1984.

　　Booth, Hannah. "Great Comfort," *Design Week*, September 5, 2002, pp. 27-28.

　　"Impact of Synthetics on Markets for Natural and Traditional Materials," European Association for Industrial Marketing Research ECMRA Conference, Aix-en-Provence, 1973.

　　Lee, W. K. "Textile Leather and Poromerics," in two parts, *Extile Asia*, March and April 1977, 8 and 6 pp, respectively.

　　Lunden, Bo, and Ference Schmel. "Soft Leather Substitute Materials and Their Impact on the International Leather and Leather Products Trade," *Journal of Coated Fabrics*, vol. 14, July 1984, pp. 9-35.

　　McCaffety, Cynthia Reece. "Speaking Volumes," *Hemispheres*, September 2004, pp. 56-60.

　　Morley, Derek. "Coated Fabrics for Upholstery," *Journal of Coated Fabrics*, vol. 14, July 1984, pp. 46-52.

　　Saada, Michael, and John McWethy. "Man-Made Leather: Synthetic Battles Way Into More Billfolds, Shoes and Suitcases," *The Wallstreet Journal*, October 22, 1951.

　　Thon, Bernard. "The Plastic Saddle," *Western Horseman*, vol. 51, no. 1, pp. 6-7.

　　Wilstein, Steve. "Leather Balls Go Way of Wooden Rackets and Bats," Associated Press, May 16, 2002.

4. 时尚及流行文化

　　真皮及其模仿者在时尚和流行文化中占据着重要的位置，它们时不时地会出现在有关动物权利、性及其他有争议的议题中。我要感谢以下人士接受我的采访并就此类议题分享他们的观点：米歇尔·布赖恩特、弗朗西丝卡·斯特拉奇（Francesca Sterlacci）、瓦莱丽·斯蒂尔、格蕾丝·杰弗斯、艾瑞卡·库贝尔斯基（Erika Kubersky）和莎拉·库贝尔斯基（Sara Kubersky）；感谢何塞·马德拉允许我旁听他在纽约时装技术学院开设的皮革服装课；感谢纽约库珀—休伊特设计博物馆的珍妮弗·科尔曼（Jennifer Cohlman）；感谢爱荷华大学纺织品和服装专业的莎拉·J.卡道夫；感谢史密森学会社会历史分部的谢莉·富特；感谢麻省理工学院的文学教授爱德华·特克（Edward Turk）；还要感谢我在新英格兰恋物展上交谈过的许多人。善待动物组织的公开立场在《动物时代》（*Animal Times*）及该组织的其他出版物中被强有力地传达出来。

268

Bronski, Michael. *The Pleasure Principle*. New York: St. Martin's Press, 1998, pp. 88-108.

Dichter, Ernest. *Handbook of Consumer Motivations*. New York: McGraw-Hill, 1964; *Motivating Human Behavior*. New York: McGraw-Hill, 1971.

Foster, Vanda. *Bags and Purses*. New York: Drama Book Publishers, 1982.

Gottlieb, Robert, and Frank Maresca, eds. *A Certain Style: The Art of the Plastic Handbag, 1949-59*. New York: Alfred A. Knopf, 1988.

Gross, Elaine, and Fred Rottman. *Halston: An American Original*. New York: HarperCollins, 1999.

Hass, Nancy. "Losing the Fur War, PETA Advances Attack on Leather," *New York Times*, March 23, 2000.

Hine, Thomas. *Populuxe*. New York: MJF Books, 1999.

Johnson, Anna. *Handbags: The Power of the Purse*. New York: Workman Publishing, 2002.

Lurie, Alison. "Fashion and Sex," in *The Language of Clothes*. New York: Random House, 1981, pp. 230-234.

Mohr, Richard D. *Gay Ideas: Outing and Other Controversies*. Boston: Beacon Press, 1992.

Postrel, Virginia. *The Substance of Style: How the Rise of Aesthetic Value Is Remaking Commerce, Culture, and Consciousness*. New York: HarperCollins,

2003.

Singer, Peter. *Animal Liberation: A New Ethics for Our Treatment of Animals*. New York: Avon Books, 1975.

Specter, Michael. "The Extremist," *The New Yorker*, April 14, 2003, pp. 52+.

Steele, Valerie. *Fetish: Fashion, Sex and Power*. New York: Oxford University Press, 1966.

Steele, Valerie, and Laird Borrelli. *Handbags: A Lexicon of Style*. New York: Rizzoli, 1999.

Wilcox, Claire. *A Century of Bags: Icons of Style in the 20th Century*. New York: Chartwell Books, 1997.

Williams, Rosalind. *Dream World: Mass Consumption in Late Nineteenth-Century France*. Berkeley: University of California Press, 1982.

5. 人类感官

合成材料一直模仿的不只是真皮的功能，还有真皮的美感和感觉。我要感谢门德亚姆·斯里尼瓦桑、克里斯托弗·摩尔①和塞沙德里·拉姆库马尔（Seshadri Ramkumar），感谢他们向我清楚地解释触觉的机制；感谢斯蒂芬·沃伦伯格和吉耶尔莫·费尔南德斯引领我进入嗅觉的世界；感谢威廉·范艾克（Willem van Eijk）协调安排，使我得以参观坐落在新泽西州黑兹利特的国际香精香料公司。

Alexander, K. T. W., and R. G. Stosic. "A New Non-Destructive Leather Softness Test," *Journal of the Society of Leather Technologists and Chemists*, vol. 77, March 1993, pp. 139-142.

Bishop, D. P. "Fabrics: Sensory and Mechanical Properties," *Textile Progess*, vol. 26, no. 3, pp. 1-64.

269

---

① 此处原文为 Chris Moore，Chris 应为 Christopher 的昵称缩写，故此处人名翻译为克里斯托弗。——编者注

Hancock, Elise. "X Primer on Touch," *Johns Hopkins Magazine*, September 1996.

Kleban, Martin. "Leather with an Aroma," *World Leather*, April 2002, pp. 69-70.

Landman, W. W., R. G. Stosic, J. Vaculik, and M. Hanson. "Softness-an International Comparison," *Journal of the Society of Leather Technologists and Chemists*, vol. 78, January 1994, pp. 88-92.

Long, A. J., et al. "The Use of Acoustic Emission as an Aid to Evaluating the Handle of Leather," *Journal of the Society of Leather Technologies and Chemists*, vol. 85, no. 5, September-October 2001, pp. 159-163.

Mathes, Sharon, and Kay Flatten. "Performance Characteristics and Accuracy in Perceptual Discrimination of Leather and Synthetic Basketballs," *Perceptual and Motor Skills*, vol. 55, 1982, pp. 128-130.

Pye, David. *The Nature and Art of Workmanship*. Bethel, CT: Cambium Press, 1995.

Su Zhenwei, Yin Guofu, and Zhuo Zhaofei. "Objective Evaluation of Leather Handle with Artificial Neural Networks," *Journal of the Society of Leather Technologists and Chemists*, vol. 80, November 1995, pp. 106-109.

Troy, D. J. "The Appearance of Poromeric Materials," in "Artificial Leathers-Their Manufacture, Properties, and Uses," *Proceedings of the First SATRA International Conference*, Blackpool, England, 1971, pp. 426-444.

6. 塑料及聚合物

Barthes, R. "Plastic," in *The Everyday Life Reader*. B. Highmore, ed. London: Routledge, 2002.

Brooke, Walter. Interview. *Fresh Air*, NPR, January 8, 2003.

Fenichell, Stephen. *Plastic: The Making of a Synthetic Century*. New York: HarperCollins Publishers, 1996.

Friedel, Robert. *Pioneer Plastic: The Making and Selling of Celluloid.*

Madison: University of Wisconsin Press, 1983, pp. 59-89.

Furukawa, Yasu. *Inventing Polymer Science: Staudinger, Carothers, and the Emergence of Macromolecular Chemistry*. Philadelphia: University of Pennsylvania Press, 1998.

Hermes, Matthew. *Enough for One Lifetime: Wallace Carothers, Inventor of Nylon*. Washingon, DC: American Chemical Society and the Chemical Heritage Foundation, 1996.

Mark, H. "Coming to an Age of Polymers in Science and Technology," *History of Polymer Science and Technology*, R. B. Seymour, ed. New York: Marcel Dekker, 1982.

McKie, Douglas. "Wohler's 'Synthetic' Urea and the Rejection of Vitalism: A Chemical Legend," *Nature*, vol. 153, May 20, 1944, pp. 608-610.

Meikle, Jeffrey L. *American Plastic: A Cultural History*. New Brunswick, NJ: Rutgers University Press, 1995.

Nunberg, Geoffrey. "Plastic: The Word Has Gone Undercover," *The Mercury News*, January 5, 2003.

Slack, Charles. *Noble Obsession*. New York: Hyperion, 2002.

Staudinger, Hermann. "Macromolecular Chemistry," Nobel Lecture, December 11, 1953.

Wöhler, F. "On the Artificial Production of Urea," *Annalen der Physik und Chemie*. Leipzig, 1828.

270

几乎所有关于合成材料的记述都离不开杜邦这一中心议题，其生产的两种产品漆布和科芬在我的记述里占据突出的位置。杜邦是被研究得最多的公司，关于它已经积攒出了厚厚的文献记录。我的叙述多来自霍恩谢尔和史密斯的重要著作，已在下面列出；尤其要感谢小约翰·肯利·史密斯允许我查阅他的论文以及他关于漆布的未发表的记述；感谢德布·利兹维克（Deb Liczwek）带我参观实验站；感谢特鲁迪·贝特利克（Trudy Batelic）带我参观位于纽约州纽堡的杜邦老研究实验室；再次感谢海格利博物馆和图书馆的玛吉·麦克宁奇。http://heritage.dupont.com 这一网址内有很多关于杜邦公司历史的有用参考信息。

Carey, Bill. "Gunpowder & Fighter Planes," in *Fortunes, Fiddles & Fried Chicken: A Nashville Business History*. Franklin, TN: Hillsboro Press, 2000.

Du Pont: The Autobiography of an American Enterprise. Wilmington, DE: E. I. Du Pont de Nemours & Co., 1952.

Du Pont de Nemours, E. I. *Our Old Hickory Heritage*. Wilmington, DE: E. I. Du Pont de Nemours & Co., 1982.

Hounshell, David A., and John Kenly Smith, Jr. *Science and Corporate Strategy: Du Pont R&D, 1902—1980*. Cambridge: Cambridge University Press, 1988.

Kinnane, Adrian. *Du Pont: From the Banks of the Brandywine to Miracles of Science*. Baltimore: Johns Hopkins University Press, 2002.

"The Master Technicians." *Time*. November 27, 1964, 5 pp.

Neumann, Laura Diann. "Strategic Marketing of High Price, High Quality Fashion Products: A Du Pont Case Study." Dissertation, University of Missouri-Columbia, 1993.

7. 材料

Edwards, Clive. *Encyclopedia of Furniture Materials, Trades and Techniques*. Ashgate Publishing, 2000.

Lupton, Ellen. *Skin: Surface, Substance and Design*. New York: Princeton Architectural Press, 2002.

Menzel, Peter. *Material World. A Global Family Portrait*. San Francisco: Sierra Club Books, 1994.

Okamoto, Miyoshi. "Polymer Materials Which Appeal to Kansei," in *Progress in Paczjic Polymer Science* 2, Y. Imanishi, ed. Berlin: Springer-Verlag, 1992, pp. 345-353.

Patton, Phil. "A Wealth of Materials That Say 'Material Wealth,'" *New*

York Times, May 9, 2005, p. D8.

Seelig, Warren. "Thinking Aloud: Contemporary Fiber, Material Meaning," *American Craft*, vol. 65, no. 4, August-September 2005, pp. 42+.

Simpson, Pamela H. *Cheap, Quick, & Easy*. Knoxville: University of Tennessee Press, 1999.

271

8. 真与伪

2001 年 5 月 18 日到 19 日在马萨诸塞州剑桥市迪布纳（Dibner）科学技术史研究所召开的名为"人工与天然：古老的辩论及其现代后裔"的会议由威廉·纽曼和贝尔纳黛特·邦索德－文森特召集，正是这次会议最早引领我迈入天然与合成、模仿与拷贝、真与假这个有着无穷魅力的世界。

Alsberg, Carl L. "Economic Aspects of Adulteration and Imitation," *Quarterly Journal of Economics*, vol. 46, no. 1, December 1931, pp. 1-33.

April Fool: Folk Art Fakes and Forgeries. Catalog of exhibition at Museum of American Folk Art, New York, April 1-30, 1988.

Barash, David P. "Nature Takes Only Tiny Steps but Still Surpasses Our Reckoning," *The Chronicle of Higher Education*, April 18, 2003; "The Tyranny of the Natural," *The Chronicle of Higher Education*, November 2, 2001.

Bartindale, Becky. "The Perfect Tree?" *Mercury News*, November 27, 2005.

Barton, Laura. "Flight from Reality," *The Guardian*, August 16, 2003. Online at: http:// www.guardian.co.uk.

Baudrillard, Jean. *Simulacra and Simulation*. Translated by Sheila Faria Glaser. Ann Arbor: University of Michigan Press, 1994.

Benjamin, Walter. "The Work of Art in the Age of Mechanical Reproduction," in *Illuminations*, Hannah Arendt, ed., translated by Harry Zohn. New York: Schocken Books, 1969.

Berg, Maxine. "From Imitation to Invention: Creating Commodities in Eighteenth-Century Britain," *Economic History Review*, vol. LV, no. 1, 2000, pp. 1-30.

Boyle, David. *Authenticity: Brands, Fakes, Spin and the Lust for Real Life.* London: Flamingo, 2003.

Coleman, David. "Reality Check—Imitation Is the Sincerest Form of Flattery, Not the Chicest," *Vogue*, May 2001.

Dean, Irene Semanchuk. *Faux Surfaces in Polymer Clay: 30 Techniques That Imitate Precious Stones, Metals, Wood & More.* New York: Lark Books, 2003.

Des Jardins, Andrea. "Determining the 'Naturalness' of a Product." Online at: http:// www. herc.org.

Garfield, Simon. *Mauve: How One Man Invented a Color That Changed the World.* New York: W.W. Norton, 2000.

Gayford, Martin. "It Makes You Think," *The Spectator*, December 29, 2001.

Gorman, Barbara. "Women's Attitudes Toward Simulated Furs," Du Pont typescript report, August 17, 1976. Hagley Museum.

Huysmans, Joris-Karl. *Against Nature*, translated by Robert Baldick. New York: Penguin, 1959.

Leland, John. "Beyond File-Sharing, A Nation of Copiers," *New York Times*, September 14, 2003.

Lewis, Michael J. "It Depends on How You Define 'Real' ," *New York Times*, June 23,2002.

Marx, Leo. *The Machine in the Garden.* New York: Oxford University Press, 2000. Marx conceives a "middle landscape" between the natural and human-built worlds. Leather—rooted in nature, transformed by art—would seem a particularly comfortable inhabitant in it. 272

Newman, Morris. "A Different Sort of Mall for a California Town," *New York Times*, November 3, 2004.

Newman, William R. *Promethean Ambitions: Alchemy and the Quest to Perfect Nature*. Chicago: University of Chicago Press, 2004.

Orvell, Miles. *The Real Thing: Imitation and Authenticity in American Culture, 1880—1940*. Chapel Hill: University of North Carolina Press, 1989.

Paradis, James, and Thomas Postlewait, eds. *Victorian Science and Victorian Values: Literary Perspectives*. New Brunswick, NJ: Rutgers University Press, 1985.

Pohl, Otto. "A Defense from Portugal for the Noble Wine Cork," *New York Times*, October 14, 2001.

"Reproducing Amber," *Du Pont Magazine*, March 1921, pp. 10+.

Robertson, Sarah. "Faking It," *The Wall Street Journal*, February 28,2003.

Rockwell, John. "Artifice Can Be Art's Ally as Well as Its Enemy," *New York Times*, March 12, 2004.

Rozhon, Tracie, and Rachel Thorner. "They Sell No Fake Before Its Time," *New York Times*, May 26, 2005.

Schröedinger, Erwin. *What Is Life?* Cambridge: Cambridge University Press, 1992.

Schwartz, Hillel. *The Culture of the Copy*. New York: Zone Books, 1998.

Tagliabue, John. "The End of Chocolate（as a Chocolatier Knows It）," *New York Times*, September 5, 2003.

Tompkins, Joshua. "When Technology Imitates Art," *New York Times*, July 22, 2004.

"Tortoise Shell and Shell Pyralin," *Du Pont Magazine*, April 1921, p. 13.

Trefethen, Jim. *Wooden Boat Renovation*. Camden, NJ: International Marine, 1993.

"Vermont Woodworkers a Certified Success," *AMC Outdoors*, October 2003, p. 22.

Vogel, Steven. "Unnatural Acts," *The Sciences*, July-August 1999.

Wood, Gaby. *Edison's Eve: A Magical History of the Quest for Mechanical Life*. New York: Alfred A. Knopf, 2002.

四、更多感谢

我要感谢罗莎琳德·威廉姆斯和梅里特·罗·史密斯（Merritt Roe Smith）卓越的思想和引领；感谢吉姆·帕拉迪斯（Jim Paradis）帮我挤出时间，使我兼顾写作与在麻省理工学院的工作；感谢麻省理工学院图书馆众多部门称职的工作人员；感谢我的麻省理工学院"科学写作"研究生课程的学生们。

我还要诚挚地感谢时任麻省理工学院人文、艺术及社会科学学院院长的菲利普·库利（Philip Khoury）和斯隆基金会的多伦·韦伯（Doron Weber），感谢他们对本书的慷慨支持；感谢我能干的编辑杰夫·罗宾斯（Jeff Robbins）以及助我完成此书的约瑟夫·亨利出版社（Joseph Henry Press）的其他同仁；感谢玛西亚·巴尔图沙克（Marcia Bartusiak）提醒我关注约瑟夫·亨利出版社；感谢外部评审弗兰克·E. 考劳斯（Frank E. Karasz）和爱德华·J. 克雷默（Edward J. Kramer）给我提供有价值的建议；感谢苏珊娜·马丁（Susanne Martin）和香农·拉金（Shannon Larkin）一直以来给予我的帮助和耐心。 273

感谢大卫给本书命名；感谢拉凯莱（Rachele）、莱尔德（Laird）、杰西（Jessie）和妈妈；感谢爸爸，尽管他在我开始写作本书之前不久去世了，但我坚信他会对这本书很感兴趣。

无论如何都道不尽我对莎拉的谢意，她给我的生命带来了光亮。 274

索　引

① 此处原文如此，结合上下文，应为史密森学会的谢莉·富特（Shelly Foote）。——编者注

M

U

---

① 原书此处为 Wyzenbeck test，核查后应为 Wyzenbeek test。——编者注